大数据创新人才
培养系列

Flink
编程基础
Java 版

林子雨◎编著

[FLINK PROGRAMMING WITH JAVA]

人民邮电出版社
北京

图书在版编目（CIP）数据

Flink编程基础：Java版 / 林子雨编著. -- 北京：
人民邮电出版社，2024.7
（大数据创新人才培养系列）
ISBN 978-7-115-64149-6

Ⅰ. ①F… Ⅱ. ①林… Ⅲ. ①数据处理软件 Ⅳ.
①TP274

中国国家版本馆CIP数据核字(2024)第068866号

内 容 提 要

本书将Java作为开发Flink应用程序的编程语言，系统地介绍Flink编程的基础知识。全书共6章，内容包括大数据技术概述、Flink的设计与运行原理、大数据实验环境搭建、Flink环境搭建和使用方法、DataStream API、Table API&SQL等。书中根据章节内容安排了入门级的编程实践操作，以便读者更好地学习和掌握Flink编程方法，并且提供全套的在线教学资源，包括PPT、习题、源代码、软件包、数据集、授课视频、上机实验指南等。

本书可以作为高等院校大数据、计算机、软件工程等相关专业的进阶级大数据课程教材，用于指导Flink编程实践，也可供相关技术人员参考。

◆ 编　著　林子雨
　　责任编辑　孙　澍
　　责任印制　陈　犇

◆ 人民邮电出版社出版发行　北京市丰台区成寿寺路11号
　邮编　100164　电子邮件　315@ptpress.com.cn
　网址　https://www.ptpress.com.cn
　三河市祥达印刷包装有限公司印刷

◆ 开本：787×1092　1/16
　印张：17　　　　　　　　　　2024年7月第1版
　字数：469千字　　　　　　　2024年7月河北第1次印刷

定价：69.80元

读者服务热线：(010)81055256　印装质量热线：(010)81055316
反盗版热线：(010)81055315
广告经营许可证：京东市监广登字20170147号

前 言

"大数据"时代的来临,使各行各业发生了深刻的变革。大数据像能源、原材料一样,已经成为提升国家和企业竞争力的关键要素,被称为"未来的新石油"。正如电力技术的应用引发了生产模式的变革,基于互联网技术发展起来的大数据应用,将对人们的生产和生活产生颠覆性的影响。党的二十大报告明确提出要加快发展数字经济,而加速推进大数据技术与应用的创新,对数字经济的发展具有十分重要的意义。

大数据正处于快速发展的阶段,不断有新的技术涌现,Hadoop 和 Spark 等技术成为其中的佼佼者。在 Spark 流行之前,Hadoop 已然成为大数据技术的主流,在企业中得到了广泛的应用,但其本身还存在诸多缺陷,主要缺陷之一是 MapReduce 计算模型延迟过高,无法满足实时、快速计算的需求,因而只适用于离线批处理的应用场景。Spark 在设计上充分吸收、借鉴了 MapReduce 的精髓并对其缺陷加以改进,同时采用了先进的 DAG 执行引擎,以支持循环数据流与内存计算,因此在性能上与 MapReduce 相比有了大幅度提升,从而迅速获得了学界和业界的广泛关注。作为大数据计算平台的后起之秀,Spark 在 2014 年打破了 Hadoop 保持的基准排序纪录,此后逐渐发展成大数据领域热门的计算平台之一。

但是,Spark 的短板在于无法满足毫秒级的企业实时数据分析需求。Spark 的流计算组件 Spark Streaming 的核心原理是将流数据分解成一系列短小的批处理作业,每个短小的批处理作业都可以使用 Spark Core 进行快速处理。然而,Spark Streaming 在实现了高吞吐量和高容错性的同时,牺牲了低延迟和实时处理能力。由于 Spark Streaming 组件的延迟较高,最快响应时间都是秒级,无法满足一些企业应用需要更快响应时间的需求,所以 Spark 社区又推出了 Structured Streaming。Structured Streaming 是一种基于 Spark SQL 引擎构建的可扩展且容错性高的流处理引擎,包括微批处理和持续处理两种处理模型。采用微批处理模型时,Structured Streaming 最快响应时间为 100ms,无法支持毫秒级响应。采用持续处理模型时,Structured Streaming 可以支持毫秒级响应,但只能支持"至少一次"的一致性,无法支持"精确一次"的一致性。

因此,市场需要一款能够实现毫秒级响应并且支持"精确一次"的一致性、高吞吐量、高性能的流处理框架,而 Flink 是当前唯一能够满足上述要求的产品,它正在成为大数据领域流处理的标配组件。

作者带领的厦门大学数据库实验室团队,是国内高校较早从事大数据教学的团队之一。在编写本书之前,我们已经做了大量的相关工作。十年来,作者出版了 9 本大数据教材,内容涵盖选修课、导论课、入门级和进阶级专业课及实训课,包括《大数据导论——数据思维、数据能力和数据伦理(通识课版)》(用于开设全校公共选修课)、《大数据导论》(用于开设大数据专业导论课)、《数据采集与预处理》(用于开设大数据专业课)、《大数据技术原理与应用——概念、存储、处理、分析与应用》(用于开设入门级大数据专业课)、《大数据基础编程、实验和案例教程》(用于开设入门级大数据专业课)、《Spark 编程基础(Scala 版)》(用于开设进阶级大数据专业课)、《Spark 编程基础(Python 版)》(用于开设进阶级大数据专业课)、《大数据实训案例——电影推荐系统(Scala 版)》(用于开设大数据实训课)和《大数据实训案例——电信用户行为分析(Scala 版)》(用于开设大数据实训课)等。这些教材被国内高校广泛使用，并获得了广大一线教师的高度认可和好评。学习 Flink 需要一定的大数据基础知识，因此，建议读者在学习本书之前，先学习《大数据技术原理与应用——概念、存储、处理、分析与应用》。为了帮助读者更好地学习本书，我们为本书配套建设了"高校大数据课程公共服务平台"。截至 2023 年，平台累计访问量已经突破 2200 万人次，在全国高校中具有广泛的影响力，相关成果荣获"2022 年福建省高等教育教学成果奖特等奖"和"2018 年福建省高等教育教学成果奖二等奖"。为了帮助高校教师更好地教授大数据课程，我们每年举办大数据师资培训交流班，已经累计为全国 500 多所高校培养了 700 余位大数据教师。上述所有工作，使编者对撰写一本优秀的 Flink 教材有了更深的认识和更强的信心。

　　本书共 6 章，详细介绍了 Flink 的环境搭建和基础编程方法。第 1 章为大数据技术概述，帮助读者形成对大数据技术的总体认识并了解 Flink 在其中所扮演的角色；第 2 章介绍 Flink 的设计与运行原理；第 3 章介绍大数据实验环境搭建；第 4 章介绍 Flink 环境搭建和使用方法，为开展 Flink 编程实践铺平道路；第 5 章介绍 DataStream API；第 6 章介绍 Table API&SQL。

　　在本书编写过程中，厦门大学计算机科学与技术系硕士研究生周凤林、吉晓函、刘浩然、周宗涛、黄万嘉和曹基民等做了大量辅助性工作，在此，向这些同学表示衷心的感谢。同时，感谢夏小云老师在书稿校对过程中的辛勤付出。

　　本书免费提供配套教学资源，支持在线浏览和下载。Flink 是进阶级大数据课程，读者在使用本书的过程中会涉及大量相关大数据基础知识及各种大数据软件的安装和使用，我们推荐读者访问厦门大学数据库实验室建设的高校大数据课程公共服务平台，以获得相关辅助学习内容。

　　在本书的编写过程中，作者参考了大量网络资料和相关图书，对 Flink 技术进行系统梳理，有选择性地把一些重要知识纳入书中，在此向相关作者表示感谢。由于编者能力有限，本书难免存在不足之处，望广大读者不吝赐教。

林子雨

厦门大学数据库实验室

2024 年 6 月

目录

第1章 大数据技术概述 1
1.1 大数据概念与关键技术 1
1.1.1 大数据概念 1
1.1.2 大数据关键技术 2
1.2 代表性大数据技术 3
1.2.1 Hadoop 3
1.2.2 Spark 7
1.2.3 Flink 10
1.2.4 Beam 11
1.3 在线资源 12
1.4 本章小结 13
1.5 习题 13

第2章 Flink 的设计与运行原理 14
2.1 Flink 简介 14
2.2 为什么选择 Flink 15
2.2.1 传统数据处理架构 15
2.2.2 大数据 Lambda 架构 16
2.2.3 流处理架构 16
2.2.4 Flink 是理想的流计算框架 17
2.2.5 Flink 的优势 18
2.3 Flink 应用场景 19
2.3.1 事件驱动型应用 19
2.3.2 数据分析应用 20
2.3.3 数据流水线应用 21
2.4 Flink 中的统一数据处理方式 22
2.5 Flink 核心组件栈 23
2.6 Flink 工作原理 23
2.7 Flink 编程模型 25
2.8 Flink 的应用程序结构 25
2.9 Flink 程序的并行度 26
2.10 Flink 中的数据一致性 27
2.10.1 有状态计算 27
2.10.2 数据一致性 28
2.10.3 异步屏障快照机制 28
2.11 本章小结 29
2.12 习题 29

第3章 大数据实验环境搭建 30
3.1 Linux 系统的安装 30
3.1.1 下载安装文件 30
3.1.2 Linux 系统的安装方式 31
3.1.3 安装 Linux 系统 32
3.2 Hadoop 的安装 38
3.2.1 Hadoop 版本简介 38
3.2.2 安装 Hadoop 前的准备工作 38
3.2.3 Hadoop 的 3 种安装模式 41
3.2.4 下载 Hadoop 安装文件 41
3.2.5 单机模式配置 41
3.2.6 伪分布式模式配置 42
3.2.7 分布式模式配置 45
3.3 MySQL 的安装 56

3.3.1 执行安装命令 …… 56
3.3.2 启动 MySQL 服务 …… 56
3.3.3 进入 MySQL Shell 界面 …… 56
3.3.4 解决 MySQL 出现的中文乱码问题 …… 57
3.4 Kafka 的安装 …… 58
　3.4.1 Kafka 简介 …… 58
　3.4.2 Kafka 的安装和使用 …… 59
3.5 本章小结 …… 60
3.6 习题 …… 60
实验1 Linux、Hadoop 和 MySQL 的安装和使用 …… 60

第4章 Flink 环境搭建和使用方法 …… 63

4.1 安装单机模式 Flink …… 63
　4.1.1 基础环境 …… 63
　4.1.2 安装 Java 环境 …… 63
　4.1.3 下载安装文件 …… 64
　4.1.4 修改配置文件 …… 64
　4.1.5 启动 Flink …… 64
　4.1.6 查看 Web 管理页面 …… 65
　4.1.7 运行样例程序 …… 65
　4.1.8 停止 Flink …… 65
4.2 使用 IntelliJ IDEA 开发 Flink 应用程序 …… 65
　4.2.1 下载和安装 IDEA …… 66
　4.2.2 启动 IDEA …… 66
　4.2.3 使用 IDEA 开发 WordCount 程序 …… 66
4.3 向 Flink 提交运行程序 …… 70
　4.3.1 使用命令提交运行程序 …… 70
　4.3.2 在 Web 管理页面中提交运行程序 …… 71

4.4 设置任务并行度 …… 73
4.5 Flink 集群（Standalone 模式）搭建 …… 74
　4.5.1 配置集群基础 …… 74
　4.5.2 在集群中安装 Java 环境 …… 75
　4.5.3 设置 SSH 无密码登录 …… 75
　4.5.4 安装和配置 Flink …… 75
　4.5.5 启动 Flink 集群 …… 77
　4.5.6 查看 Flink 集群信息 …… 77
　4.5.7 运行 WordCount 样例程序 …… 78
　4.5.8 关闭 Flink 集群 …… 79
4.6 运行模式 …… 79
　4.6.1 会话模式 …… 79
　4.6.2 单作业模式 …… 80
　4.6.3 应用模式 …… 80
4.7 Standalone 部署模式下的不同运行模式 …… 81
4.8 YARN 部署模式下的不同运行模式 …… 81
　4.8.1 YARN 模式集群配置 …… 82
　4.8.2 配置会话模式 …… 83
　4.8.3 配置单作业模式 …… 85
　4.8.4 配置应用模式 …… 86
4.9 历史服务器 …… 87
4.10 本章小结 …… 88
4.11 习题 …… 88
实验2 Flink 的安装和使用 …… 89

第5章 DataStream API …… 90

5.1 DataStream 编程模型 …… 90
　5.1.1 数据源 …… 91
　5.1.2 数据转换 …… 100

5.1.3 数据输出 123
5.2 窗口的划分 126
5.3 时间概念 127
5.4 窗口计算 128
　5.4.1 窗口计算程序的结构 128
　5.4.2 窗口分配器 129
　5.4.3 窗口计算函数 132
　5.4.4 触发器 140
　5.4.5 驱逐器 143
5.5 水位线 146
　5.5.1 水位线原理 146
　5.5.2 水位线的设置方法 149
　5.5.3 内置水位线生成策略 149
5.6 延迟到达数据处理 162
5.7 基于双流的合并 165
　5.7.1 窗口连接 165
　5.7.2 间隔连接 167
5.8 状态编程 171
　5.8.1 状态的定义 172
　5.8.2 状态的类型 172
　5.8.3 键控状态 174
5.9 处理函数 183
　5.9.1 处理函数的功能和作用 183
　5.9.2 处理函数的分类 184
　5.9.3 KeyedProcessFunction 184
　5.9.4 ProcessAllWindowFunction 189
　5.9.5 KeyedProcessFunction 192
5.10 本章小结 198
5.11 习题 198
实验 3　Flink DataStream API 编程实践 198

第 6 章　Table API&SQL 203

6.1 流处理中的表 203
　6.1.1 传统关系数据库的 SQL 处理与流处理的区别 203
　6.1.2 动态表和持续查询 204
　6.1.3 将流转换为动态表 204
　6.1.4 用 SQL 持续查询 205
　6.1.5 将动态表转换为流 206
6.2 编程模型 207
　6.2.1 程序执行原理 207
　6.2.2 程序结构 208
　6.2.3 TableEnvironment 210
　6.2.4 输入数据 210
　6.2.5 查询表 215
　6.2.6 输出数据 218
　6.2.7 表和 DataStream 的相互转换 221
　6.2.8 时间属性 223
6.3 Table API 224
　6.3.1 Table API 应用实例 224
　6.3.2 扫描、投影和过滤 225
　6.3.3 列操作 226
　6.3.4 聚合操作 227
　6.3.5 连接操作 229
　6.3.6 集合操作 230
　6.3.7 排序操作 231
　6.3.8 插入操作 231
　6.3.9 滚动窗口 231
　6.3.10 滑动窗口 231
　6.3.11 会话窗口 232
　6.3.12 基于行的操作 232

6.4	SQL ·· 239	6.6	自定义函数 ································ 253
	6.4.1 Flink SQL Client ············· 239		6.6.1 标量函数 ······················· 253
	6.4.2 数据定义 ······················· 241		6.6.2 表值函数 ······················· 255
	6.4.3 数据查询与过滤操作 ······ 245		6.6.3 聚合函数 ······················· 256
	6.4.4 聚合操作 ······················· 245		6.6.4 表聚合函数 ··················· 257
	6.4.5 连接操作 ······················· 249	6.7	本章小结 ································ 259
	6.4.6 集合操作 ······················· 250	6.8	习题 ······································ 259
6.5	Catalog ····································· 251	实验 4	Table API&SQL 编程实践 ······ 259
	6.5.1 Catalog 的分类 ··············· 251		
	6.5.2 JdbcCatalog ···················· 252	参考文献 ··· 264

01 第1章 大数据技术概述

"大数据"时代的到来,带来了信息技术发展的巨大变革,并深刻影响着社会生产和人民生活的方方面面。大数据已经不是镜中花、水中月,它的影响力和作用力正迅速触及社会的每个角落,所到之处,或是颠覆,或是提升,都让人们深切感受到了大数据实实在在的威力。

本章首先介绍大数据概念与关键技术,然后重点介绍具有代表性的大数据技术,包括 Hadoop、Spark、Flink、Beam 等,最后给出与本书配套的相关在线资源。

1.1 大数据概念与关键技术

随着"大数据"时代的到来,"大数据"已经成为互联网信息技术行业的流行词。本节介绍大数据概念与关键技术。

1.1.1 大数据概念

关于"什么是大数据"这个问题,学界和业界比较认可关于大数据的"4V"说法,也就是大数据的 4 个特点:数据量(Volume)大、数据类型(Variety)繁多、处理速度(Velocity)快和价值(Value)密度低。

(1)数据量大。根据国际数据公司(International Data Corporation,IDC)的估测,人类社会产生的数据量大约将以每年 50%的速度增长,也就是说,数据量每两年就大约增加一倍,这被称为"大数据摩尔定律"。这意味着,人类在最近两年产生的数据量相当于之前产生的全部数据量之和。

(2)数据类型繁多。大数据的数据类型丰富,包括结构化数据、半结构化数据和非结构化数据。其中,结构化数据占 10%左右,主要指存储在关系数据库中的数据;半结构化数据和非结构化数据共占 90%左右,类型繁多,主要包括邮件、音频、视频、应用程序信息、位置信息、链接信息、手机呼叫信息、网络日志等。

(3)处理速度快。大数据时代的很多大数据应用都需要基于快速生成的数据给出实时分析结果,用于指导生产和生活实践,因此,数据处理和分析的速度通常要达到秒级,这一点使得大数据技术和传统的数据挖掘技术有着本质的不同,后者通常不要求给出实时分析结果。

（4）价值密度低。大数据的价值密度远远低于传统关系数据库中已经有的数据的价值密度，在大数据时代，很多有价值的信息都是分散在海量数据中的。

1.1.2 大数据关键技术

大数据的基本处理流程，主要包括数据采集、存储和管理、处理与分析、结果呈现等环节。因此，从数据分析全流程的角度来看，大数据主要包括数据采集与预处理、数据存储和管理、数据处理与分析、数据可视化、数据安全和隐私保护等技术层面的内容（具体见表1-1）。

表1-1 大数据的不同技术层面及其功能

技术层面	功能
数据采集与预处理	利用ETL（Extract Transformation Load，抽取、转换、装载）工具将分布在异构数据源中的数据，如关系数据、平面数据等，抽取到临时中间层后进行清洗、转换、集成，最后装载到数据仓库或数据集市中，成为联机分析处理、数据挖掘的基础；也可以利用日志采集工具（如Flume、Kafka等）把实时采集的数据作为流计算系统的输入，进行实时处理与分析
数据存储和管理	利用分布式文件系统、数据仓库、关系数据库、NoSQL数据库、云数据库等，实现对海量结构化、半结构化和非结构化数据的存储和管理
数据处理与分析	利用分布式并行编程模型和计算框架（比如MapReduce、Spark和Flink等），结合机器学习和数据挖掘算法，实现对海量数据的处理和分析
数据可视化	对分析结果进行可视化呈现，帮助人们更好地理解数据、分析数据
数据安全和隐私保护	在从大数据中挖掘潜在的巨大商业价值和学术价值的同时，构建隐私数据保护体系和数据安全体系，有效保护个人隐私和数据安全

此外，大数据技术及其代表性产品种类繁多，不同的技术都有其适用和不适用的场景。总体而言，不同的企业应用场景对应着不同的大数据计算模式，根据不同的大数据计算模式，企业可以选择相应的大数据计算产品，具体如表1-2所示。

表1-2 大数据计算模式及对应的代表性产品

大数据计算模式	针对方面	代表性产品
批处理计算	针对大规模数据的批量处理	MapReduce、Spark等
流计算	针对流数据的实时计算	Flink、Storm、Spark Streaming、S4、Flume、Stream、Puma、DStream、Super Mario、银河流数据处理平台等
图计算	针对大规模图结构数据的处理	Pregel、GraphX、Giraph、PowerGraph、Hama、GoldenOrb等
查询分析计算	针对大规模数据的存储、管理和查询分析	Dremel、Hive、Cassandra、Impala等

批处理计算主要针对大规模数据的批量处理，这是数据分析工作中非常常见的一类数据处理需求。具有代表性的批处理计算框架包括MapReduce、Spark等。比如，爬虫程序把大量网页抓取并存储到数据库中以后，我们可以使用MapReduce对这些网页数据进行批量处理，生成索引，加快搜索引擎的查询速度。

流计算主要用于实时处理来自不同数据源的、连续到达的流数据，经过实时处理与分析，给出有价值的分析结果。比如，用户在访问淘宝网等电子商务网站时，在网页中每次单击的相关数据（比如选取了什么商品）都会像水流一样实时汇聚到大数据分析平台，平台采用流计算技术对这些数据进行实时处理与分析，构建用户"画像"，为其推荐可能感兴趣的其他相关商品。具有代表性的流计算框架包括Flink和Storm等。Storm是一个免费、开源的分布式实时计算框架，其对于实时计算的意义类似于Hadoop对于批处理的意义。Storm可以简单、高效、可靠地处理流数据，并支持多种编程语言，还可以方便地与数据库系统进行整合，从而开发出强大的实时计算系统。Storm可用于许多领域,如实时分析、在线机器学习、持续计算、RPC(Remote Procedure Call,远程过程调用)以及数据 ETL 等。由于 Storm 具有可扩展、高容错性、能可靠地处理消息等特点,目前已经广泛应用于流计算应用中。

许多大数据都是以大规模图或网络的结构呈现的,如社交网络、传染病传播途径、交通事故对路网的影响等,非图结构的大数据也常常会被转换为图结构后再进行处理与分析。图计算框架是专门针对图结构数据开发的,在处理大规模图结构数据时可以获得很好的性能。Pregel 是一种基于整体同步并行计算模型(Bulk Synchronous Parallel Computing Model,BSP 模型)实现的图计算框架。为了解决大型图的分布式计算问题,Pregel 搭建了一套可扩展的、有容错机制的平台,该平台提供了一套非常灵活的 API(Application Program Interface,应用程序接口),可以描述各种各样的图计算。Pregel 作为分布式图计算框架,主要用于图遍历、最短路径计算、PageRank 计算等。

查询分析计算也是一种在企业应用场景中常见的大数据计算模式,主要针对大规模数据的存储、管理和查询分析,用户一般只需要输入查询语句,如 SQL(Structure Query Language,结构查询语言)语句,就可以快速得到相关的查询结果。具有代表性的查询分析计算产品包括 Dremel、Hive、Impala 等。其中,Dremel 是一种可扩展的、交互式的实时查询系统,用于只读嵌套数据的分析。通过结合多级树状执行过程和列式数据结构,它能做到几秒内完成对万亿张表的聚合查询。该系统可以扩展到成千上万的 CPU(Central Processing Unit,中央处理器)上,满足谷歌上万用户操作 PB 级数据的需求,并且可以在 2~3s 内完成 PB 级数据的查询。Hive 是一个构建于 Hadoop 顶层的数据仓库工具,允许用户输入 SQL 语句进行查询。Hive 在某种程度上可以看作用户编程接口,其本身并不存储和处理数据,而是依赖 HDFS(Hadoop Distributed File System,Hadoop 分布式文件系统)来存储数据,依赖 MapReduce 来处理数据。Hive 作为现有比较流行的数据仓库工具之一,得到了广泛的应用,但是由于 Hive 采用 MapReduce 来完成大规模数据的批量处理,因此,它的实时性不好,查询延迟较高。Impala 作为新一代开源大数据分析引擎,支持实时计算,它提供了与 Hive 类似的功能,通过 SQL 语句能查询存储在 HDFS 和 HBase 上的 PB 级海量数据,并且在性能上比 Hive 高许多倍。

1.2 代表性大数据技术

大数据技术的发展速度很快,不断有新的技术涌现,这里着重介绍目前市场上具有代表性的一些大数据技术,包括 Hadoop、Spark、Flink、Beam 等。

1.2.1 Hadoop

Hadoop 是 Apache 软件基金会旗下的一个开源分布式计算平台,为用户提供了系统底层细节透明的分布式计算架构。Hadoop 是基于 Java 语言开发的,具有很好的跨平台特性,并且可以部署在廉价的计算机集群中。Hadoop 的核心是 Hadoop 分布式文件系统和 MapReduce。借助 Hadoop,程序员可以轻松地编写分布式并行程序,将其运行在廉价的计算机集群上,完成海量数据的存储与计算。经过多年的发展,Hadoop 生态系统不断完善和成熟,目前已经包含多个子项目(如图 1-1 所示)。除了核心的 HDFS 和 MapReduce 以外,Hadoop 生态系统还包括 YARN(Yet Another Resource Negotiator,另一种资源协调者)、ZooKeeper、HBase、Hive、Pig、Mahout、Kafka、Flume、Ambari 等组件。

这里简要介绍几个重要组件的功能,要了解 Hadoop 的更多细节内容,可以访问本书官网,学习《大数据技术原理与应用——概念、存储、处理、分析与应用》在线视频的内容。

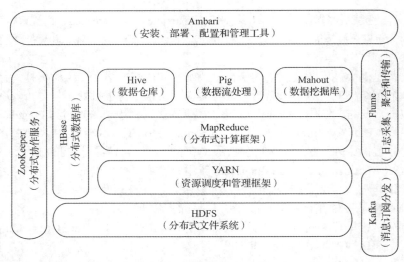

图 1-1 Hadoop 生态系统

1. HDFS

HDFS 是针对谷歌文件系统（Google File System，GFS）的开源实现，它是 Hadoop 两大核心之一，提供了在廉价服务器集群中进行大规模分布式文件存储的能力。HDFS 具有很好的容错能力，并且兼容廉价的硬件设备，因此，可以以较低的成本利用现有机器实现大流量和大数据量的数据读写。

HDFS 采用了主从（Master-Slave）结构模型，一个 HDFS 集群包括一个名称节点（NameNode）和若干个数据节点（DataNode），如图 1-2 所示。名称节点作为中心服务器，负责管理文件系统的命名空间及客户端（Client）对文件的访问。集群中的数据节点的工作方式一般是一个节点运行一个数据节点进程，数据节点负责处理文件系统客户端的读/写请求，在名称节点的统一调度下进行数据块的创建、删除和复制等操作。

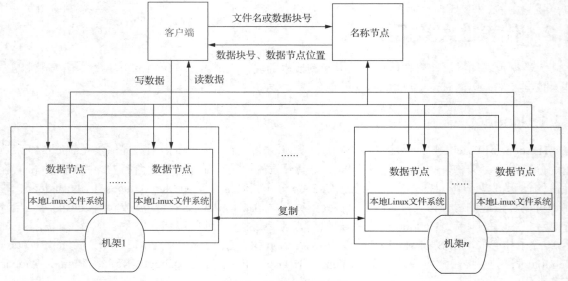

图 1-2 HDFS 的结构模型

用户在使用 HDFS 时，仍然可以像在普通文件系统中那样，使用文件名来存储和访问文件。实际上，在系统内部，一个文件会被切分成若干个数据块，这些数据块被存储到若干个数据节点上。

当客户端需要访问一个文件时，首先把文件名或数据块号发送给名称节点，名称节点根据文件名或数据块号找到对应的数据块（一个文件可能包括多个数据块），其次根据每个数据块信息找到实际存储各个数据块的数据节点的位置，并把数据节点位置发送给客户端，最后，客户端直接访问这些数据节点获取数据。在整个访问过程中，名称节点并不参与数据的传输。这种设计方式，使得一个文件的数据能够在不同数据节点上实现并发访问，大大提高了数据访问速度。

2. MapReduce

在大数据时代，数据处理任务往往需要对全量数据进行计算，而全量数据很难使用传统关系数据库进行批量计算，例如关系数据库适用于在线事务处理的场景，查询和更新是其设计的要点，索引是其主要的设计方案，但是，在大规模数据集的场景下，索引的效率往往不如全表扫描的效率。因此，MapReduce 应运而生。MapReduce 是一种分布式并行编程模型，用于大规模数据集（大于 1TB）的并行运算，它将复杂的、运行于大规模集群上的并行计算过程高度抽象到两个函数 Map 和 Reduce 中。MapReduce 极大地方便了分布式编程工作，程序员在不会分布式并行编程的情况下，也可以很容易地将自己的程序运行在分布式系统上，完成海量数据集的计算。

MapReduce 的工作流程如图 1-3 所示。一个存储在分布式文件系统中的大规模数据集，会被切分成许多独立的小数据块，这些小数据块可以被多个 Map 任务并行处理。MapReduce 框架会为每个 Map 任务输入一个数据块，Map 任务生成的结果会继续作为 Reduce 任务的输入，最终由 Reduce 任务输出最后的结果，并写入分布式文件系统。

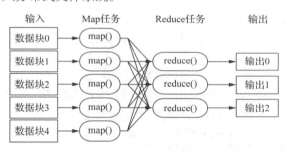

图 1-3 MapReduce 的工作流程

MapReduce 的一个设计理念就是"计算向数据靠拢"，而不是"数据向计算靠拢"，因为移动数据需要大量的网络传输开销，在大规模数据环境下，这种开销尤为惊人，所以移动计算比移动数据更加经济。本着这个理念，在一个集群中，只要有可能，MapReduce 框架就会将 Map 任务就近地在 HDFS 数据所在的节点运行，即将计算节点和存储节点放在一起运行，从而减少节点间的移动数据开销。

3. YARN

YARN 是负责集群资源调度管理的框架，它的目标就是实现"一个集群多个框架"，即在一个集群上部署一个统一的资源调度管理框架 YARN，在 YARN 之上可以部署其他各种计算框架（见图 1-4），比如 MapReduce、Tez、Storm、S4、Giraph、Spark、OpenMPI、Search、Weave 等。YARN 为这些计算框架提供统一的资源调度管理服务（包括 CPU、内存等资源），并且能够根据各种计算框架的负载需求，调整各框架占用的资源，实现集群资源共享和资源弹性收缩。通过这种方式，YARN 可以实现一个集群上的不同应用负载混搭，有效提高了集群的利用率，同时不同计算框架可以共享底层存储，并且在一个集群上集成多个数据集，使用多个计算框架来访问这些数据集，可以避免数据集跨集群移动，大大降低了企业运维成本。和 YARN 一样提供类似功能的其他资源管理调度框架还包括 Mesos、Torca、Corona、Borg 等。

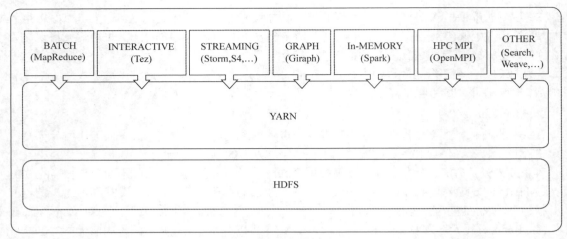

图 1-4　在 YARN 上部署各种计算框架

4. HBase

HBase 是针对谷歌 BigTable 的开源实现，是一个高可靠、高性能、面向列、可伸缩的分布式数据库，主要用来存储非结构化和半结构化的松散数据。HBase 支持超大规模数据存储，可以通过水平扩展的方式，利用廉价计算机集群处理由超过 10 亿行数据和数百万列元素组成的数据表。

图 1-5 描述了 Hadoop 生态系统中 HBase 与其他部分的关系。HBase 利用 MapReduce 来处理 HBase 中的海量数据，实现高性能计算；利用 ZooKeeper 作为协同服务，实现稳定服务和失败恢复；利用 HDFS 作为高可靠的底层数据存储方式；利用廉价集群提供海量数据存储能力。当然，HBase 也可以在单机模式下使用，直接使用本地文件系统而不是 HDFS 作为底层数据存储方式。不过，为了提高数据可靠性和系统的健壮性，发挥 HBase 处理大数据量的数据等功能，一般使用 HDFS 作为 HBase 的底层数据存储方式。此外，为了方便在 HBase 上进行数据处理，Sqoop 为 HBase 提供了高效、便捷的 RDBMS（Relational Database Management System，关系数据库管理系统）数据导入功能，Pig 和 Hive 为 HBase 提供了高层语言支持。

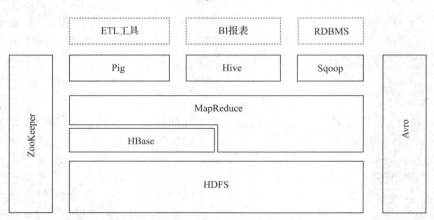

图 1-5　Hadoop 生态系统中 HBase 与其他部分的关系

5. Hive

Hive 是一个基于 Hadoop 的数据仓库，可对存储在 Hadoop 文件中的数据集进行数据整理、特殊查询和分析。Hive 的学习门槛比较低，因为它提供了类似关系数据库 SQL 的查询语言——HiveQL，开发者可以通过 HiveQL 语句快速实现简单的 MapReduce 统计。Hive 自身可以自动将 HiveQL 语句快速转换成 MapReduce 任务运行，不必开发专门的 MapReduce 应用程序，因而十分适用于数据仓库的统计分析。

6. Flume

Flume 是 Cloudera 公司开发的一个高可用、高可靠、分布式的海量日志采集、聚合和传输的系统。Flume 支持在日志系统中定制各类数据发送方，用于采集数据；同时，Flume 具有对数据进行简单处理并写到各种数据接收方的能力。

7. Kafka

Kafka 是由 LinkedIn 公司开发的一种高吞吐量的分布式消息订阅分发系统，用户通过 Kafka 系统可以分发大量的消息，同时也能实时订阅消费消息。公司的大数据生态系统可以把 Kafka 作为数据交换枢纽，不同类型的分布式系统（如关系数据库、NoSQL 数据库、流处理系统、批处理系统等）可以统一接入 Kafka，从而实现和 Hadoop 各个组件之间的不同类型数据的实时、高效交换，较好地满足各种企业的应用需求。

1.2.2 Spark

1. Spark 简介

Spark 最初诞生于加利福尼亚大学伯克利分校的 AMP（Algorithms，Machines，and People，即算法、机器和人）实验室，是一个可应用于大规模数据处理的快速、通用引擎，如今是 Apache 软件基金会旗下的顶级开源项目之一。Spark 最初的设计目标是使数据分析更快——不仅程序运行速度更快，也要能更快、更容易地编写程序。为了使程序运行速度更快，Spark 提供了内存计算和基于 DAG（Directed Acyclic Graph，有向无环图）的任务调度执行机制，减少了迭代计算时的 I/O（Input/Output，输入输出）开销；为了使编写程序更容易，Spark 使用简练、优雅的 Scala 语言编写，基于 Scala 提供了交互式的编程体验。同时，Spark 支持 Scala、Java、Python、R 等多种编程语言。

Spark 的设计遵循"一个软件栈满足不同应用场景"的理念，逐渐形成了一套完整的生态系统，既提供内存计算框架，也可以支持 SQL 即席查询（利用 Spark SQL）、流式计算（利用 Spark Streaming）、机器学习（利用 MLlib）和图计算（利用 GraphX）等。Spark 可以部署在资源调度管理框架 YARN 之上，提供一站式的大数据解决方案。因此，Spark 所提供的生态系统同时支持批处理、交互式查询和流数据处理。

2. Spark 与 Hadoop 的对比

Hadoop 中的 MapReduce 计算框架存在以下缺陷。

（1）表达能力有限。计算都必须转化成 Map 和 Reduce 两个操作，但这并不适用于所有的情况，且 MapReduce 难以描述复杂的数据处理过程。

（2）磁盘 I/O 开销大。每次执行时都需要从磁盘读取数据，并且在计算完成后需要将中间结果写入磁盘中。

（3）延迟高。一次计算可能需要分解成一系列按顺序执行的 MapReduce 任务，任务之间的衔接由于涉及 I/O 开销，会产生较高的延迟。而且，在前一个任务执行完成之前，其他任务无法开始，因此，难以完成复杂、多阶段的计算任务。

Spark 在借鉴 MapReduce 优势的同时，很好地解决了 MapReduce 所存在的缺陷。相比 MapReduce，Spark 主要具有如下优势。

（1）Spark 的计算模型也属于 MapReduce，但不局限于 Map 和 Reduce 操作，还提供了多种数据集操作类型，即它的编程模型比 MapReduce 更灵活。

（2）Spark 提供内存计算功能，中间结果直接放到内存中，带来了更高的迭代运算效率。

（3）Spark 基于 DAG 的任务调度执行机制，这一机制要优于 MapReduce 的迭代执行机制。

如图 1-6 所示，对比 MapReduce 与 Spark 的执行流程可以看到，Spark 最大的特点之一就是将计算数据、中间结果都存储在内存中，大大减少了 I/O 开销，因而，Spark 更适用于迭代计算比较多的数据挖掘与机器学习运算。

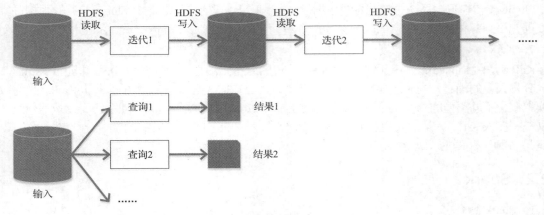

（a）MapReduce的执行流程

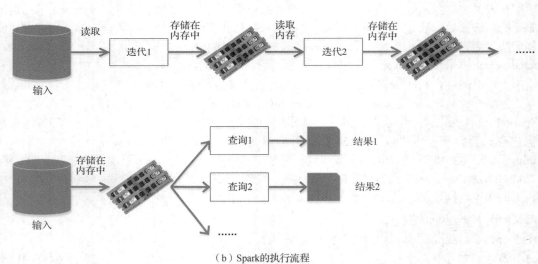

（b）Spark的执行流程

图 1-6　MapReduce 与 Spark 的执行流程对比

使用 MapReduce 进行迭代计算非常耗费资源，因为每次迭代都需要向磁盘中写入、从磁盘中读取中间数据，I/O 开销大。而 Spark 将数据载入内存，之后的迭代计算都可以直接使用内存中的中间结果，避免了从磁盘中频繁读取数据。如图 1-7 所示，Hadoop 与 Spark 在执行逻辑斯谛回归（Logistic Regression）时所需的时间相差巨大。

在实际进行开发时，使用 Hadoop 需要编写不少相对底层的代码，不够高效。相对而言，Spark 提供了多种高层次、简洁的 API，通常情况下，对于实现相同功能的应用程序，Hadoop 的代码量是 Spark 代码量的 2～5 倍。更重要的是，Spark 提供了实时交互式编程反馈，可以方便地验证、调整算法。

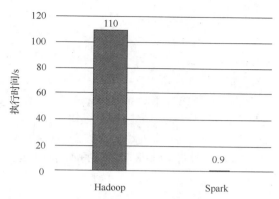

图 1-7　Hadoop 与 Spark 执行逻辑斯谛回归所需的时间对比

近年来，大数据机器学习和数据挖掘的并行化算法设计，成为大数据领域一个较为重要的研究热点。在 Spark 崛起之前，学界和业界普遍关注的是 Hadoop 平台上的并行化算法设计。但是，MapReduce 的网络和磁盘 I/O 开销大，难以高效地实现需要大量迭代计算的机器学习和数据挖掘的并行化算法。因此，近年来国内外的研究重点开始转向如何在 Spark 平台上实现各种机器学习和数据挖掘的并行化算法设计。为了方便一般应用领域的数据分析人员使用熟悉的 R 语言在 Spark 平台上完成数据分析，Spark 提供了一个称为 Spark R 的编程接口，使得一般应用领域的数据分析人员可以在 R 语言的环境里方便地使用 Spark 的并行化编程接口和强大计算能力。

3. Spark 与 Hadoop 的统一部署

Spark 正以其结构一体化、功能多元化的优势，逐渐成为当今大数据领域最热门的大数据计算平台之一。目前，越来越多的企业放弃 MapReduce，转而使用 Spark 开发企业应用。但是，Spark 作为计算框架，只是取代了 Hadoop 中的计算框架 MapReduce，而 Hadoop 中的其他组件依然在企业大数据系统中发挥着重要的作用。比如，企业依然需要依赖 HDFS 和分布式数据库 HBase 来实现不同类型数据的存储和管理，并借助 YARN 实现集群资源的管理和调度。因此，在许多企业的实际应用中，Hadoop 和 Spark 的统一部署是一种比较现实、合理的选择。由于 MapReduce、Storm 和 Spark 等框架都可以运行在资源调度管理框架 YARN 之上，因此，企业可以在 YARN 之上统一部署各个计算框架（见图 1-8）。这些不同的计算框架统一运行在 YARN 中，可以带来如下好处。

（1）计算资源按需伸缩。
（2）不用负载应用混搭，集群利用率高。
（3）共享底层存储，避免数据跨集群迁移。

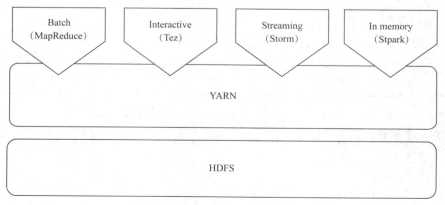

图 1-8　Hadoop 和 Spark 的统一部署

1.2.3 Flink

1. Flink 简介

Flink 是 Apache 软件基金会旗下的顶级项目之一，是一个针对流数据和批数据的分布式计算框架，它的设计思想主要来源于 Hadoop、MPP（Massively Parallel Processing，大规模并行处理）数据库、流计算系统等。Flink 主要是由 Java 代码实现的（部分模块是由 Scala 代码实现的），目前主要依靠开源社区的贡献而发展。Flink 所要处理的主要对象是流数据，批数据只是流数据的一个特例而已，也就是说，Flink 会把所有任务当成流来处理。Flink 可以支持本地的快速迭代任务以及一些环形的迭代任务。

Flink 的典型特性如下。

（1）提供了"批流一体"（同时支持批处理和流处理）的 DataStream API。

（2）提供了多种候选部署方案，比如本地（Local）模式、集群（Cluster）模式和云（Cloud）模式。对于集群模式而言，Flink 可以采用 Standalone、YARN 或者 Kubernetes。

（3）提供了一些类库，包括 Table（用于逻辑表查询处理）、FlinkML（用于机器学习处理）、Gelly（用于图像处理）和 CEP（用于复杂事件处理）。

（4）提供了较好的 Hadoop 兼容性，不仅可以支持 YARN，还可以支持 HDFS、HBase 等。

2. Flink 和 Spark 的比较

目前开源大数据计算引擎有很多种，典型的流计算框架包括 Storm、Samza、Flink、Kafka、Spark 等，典型的批处理框架包括 Spark、Hive、Pig、Flink 等。而同时支持流处理和批处理的计算引擎只有两个：一个是 Spark，另一个是 Flink。因此，这里有必要对二者进行比较。

Spark 和 Flink 都是 Apache 软件基金会旗下的顶级项目，二者具有很多共同点，具体如下。

（1）都是基于内存的计算框架，因此都可以获得较好的实时计算性能。

（2）都有统一的批处理和流处理 API，都支持类似 SQL 的编程接口。

（3）都支持很多相同的转换操作，编程都使用类似 Scala Collection API 的函数式编程模式。

（4）都有完善的错误恢复机制。

（5）都支持"精确一次"的语义一致性。

表 1-3～表 1-5 分别给出了 Flink 和 Spark 在 API、支持语言、部署环境方面的比较结果，从中也可以看出二者具有很大的相似性。

表 1-3　Flink 和 Spark 在 API 方面的比较结果

API	Spark	Flink
底层 API	RDD	Process Function
核心 API	DataFrame/DataSet	DataStream
SQL	Spark SQL	Table API&SQL
机器学习	MLlib	FlinkML
图计算	GraphX	Gelly
其他		FlinkCEP

表 1-4　Flink 和 Spark 在支持语言方面的比较结果

支持语言	Spark	Flink
Java	√	√
Scala	√	√
Python	√	√
R	√	借助第三方工具
SQL	√	√

表1–5　Flink 和 Spark 在部署环境方面的比较结果

部署环境	Spark	Flink
Local（Single JVM）	√	√
Standalone Cluster	√	√
YARN	√	√
Mesos	√	√
Kubernetes	√	√

需要说明的是，在支持语言方面，从 Flink 1.17 版本开始，Flink 把所有的 Scala API 都标记为"废弃"（Deprecated），并将在未来彻底移除这些 API，所以，不建议使用 Scala 语言编写 Flink 程序。另外，从 Flink 1.17 版本开始，Gelly 也被从 Flink 中移除了。

Flink 和 Spark 还存在一些明显的区别，具体如下。

（1）Spark 的技术理念是基于批处理来模拟流计算，而 Flink 的技术理念则完全相反，是基于流计算来模拟批处理。从技术发展方向来看，基于批处理来模拟流计算有一定的技术局限性，并且这个局限性可能很难突破。而 Flink 基于流计算来模拟批处理，在技术上有更好的扩展性。

（2）Flink 和 Spark 都支持流计算，二者的区别在于，Flink 是一条一条地处理数据，而 Spark 是基于 RDD（Resilient Distributed Dataset，弹性分布式数据集）进行小批量处理，所以，Spark 在流处理方面，不可避免地会增加一些延迟，实时性没有 Flink 好。Flink 的流计算性能和 Storm 差不多，但可以支持毫秒级的响应，Spark 则只能支持秒级响应。

（3）当 Flink 和 Spark 都运行在 Hadoop YARN 之上时，Flink 的性能要略好于 Spark，因为 Flink 支持增量迭代，具有对迭代进行自动优化的功能。

总体而言，Flink 和 Spark 都是非常优秀的基于内存的分布式计算框架，二者各有优势。Spark 在生态上更加完善，在机器学习的集成和易用性上更有优势；而 Flink 在流计算上有绝对优势，并且在核心架构和模型上更加通透、灵活。相信在未来很长一段时期内，两者将互相促进、共同成长。

1.2.4　Beam

在大数据处理领域，开发者经常要用到很多不同的技术、框架、API、开发语言和 SDK（Software Development Kit，软件开发工具包）。根据不同的企业业务系统开发需求，开发者很可能会用 MapReduce 进行批处理，用 Spark SQL 进行交互式查询，用 Flink 实现实时流处理，还有可能用到基于云端的机器学习框架。大量的开源大数据产品（比如 MapReduce、Spark、Flink、Storm、Apex 等）在为大数据开发者提供丰富的工具的同时，也增加了开发者选择合适工具的难度，尤其对于新入行的开发者来说更是如此。新的分布式处理框架可能带来更高的性能、更强大的功能和更低的延迟，但是，用户切换到新的分布式处理框架的代价也非常大——需要学习一个新的大数据处理框架，并重写所有的业务逻辑。解决这个问题的思路包括两个部分：首先，需要一个编程范式，能够统一、规范分布式数据处理的需求，例如统一、规范批处理和流处理的需求；其次，生成的分布式数据处理任务应该能够在各个分布式执行引擎（如 Spark、Flink 等）上执行，用户可以自由切换分布式数据处理任务的执行引擎与执行环境。Apache Beam 的出现就是为了解决这个问题。

Beam 是由谷歌贡献的 Apache 软件基金会旗下的顶级项目，它的目标是为开发者提供一个易于使用的、强大的数据并行处理模型，能够支持流处理和批处理，并兼容多个运行引擎。Beam 是一个开源的、统一的编程模型，开发者可以使用 Beam SDK 来创建数据处理管道，然后，这些程序可以在任何支持的执行引擎上运行。Beam SDK 定义了开发分布式数据处理任务的业务逻辑 API，即提供一个统一的编程接口给上层应用的开发者，开发者不需要了解底层具体的大数据平台的开发接口，直接通过 Beam SDK 的接口就可以开发数据处理的加工流程，不管输入的是用于批处理的有限数据集,还是用于流处理的无限数据集。对于有限或无限的数据集来说,Beam SDK 都使用相同的类来表现,并且使用相同的转换操作进行处理。

如图 1-9 所示,终端用户用 Beam 来实现自己所需的流计算功能,使用的终端语言可能是 Python、Java 等,Beam 为每种语言提供了一个对应的 SDK,用户可以使用相应的 SDK 创建数据处理管道,用户写出的程序可以被运行在各个 Runner 上,每个 Runner 都实现了从 Beam 管道到平台功能的映射。目前主流的大数据处理框架 Flink、Spark、Apex 以及谷歌的 Cloud Dataflow 等,都有了支持 Beam 的 Runner。通过这种方式,Beam 使用一套高层抽象的 API 屏蔽了多种执行引擎的区别,开发者只需要编写一套代码就可以使其运行在不同的执行引擎之上。

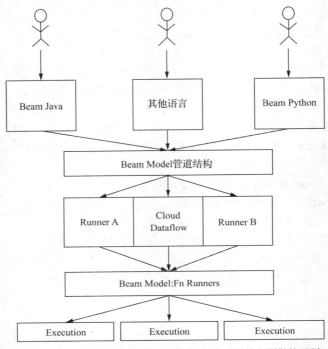

图 1-9　Beam 使用一套高层抽象的 API 屏蔽多种执行引擎的区别

1.3　在线资源

本书官网提供了全部配套资源,支持在线浏览和下载。本书官网的栏目内容说明如表 1-6 所示。

表 1-6　本书官网的栏目内容说明

官网栏目	内容说明
命令行和代码	网页上给出了本书出现的所有命令行语句、代码、配置文件等,读者可以直接从网页中复制代码并执行,不需要自己手动输入代码
实验指南	详细介绍了本书中涉及的各种软件安装方法和编程实践细节
下载专区	包含本书各个章节所涉及的软件、代码文件、讲义 PPT、习题和答案、数据集等
在线视频	包含与本书配套的在线授课视频
先修课程	包含与本书中内容相关的先修课程及其配套资源,并提供了相关大数据基础知识的补充;需要强调的是,先修课程只是建议学习,不是必须学习,读者即使不学习先修课程,也可以顺利完成相应的学习
综合案例	提供了免费共享的 Flink 课程综合实验案例
大数据课程公共服务平台	提供大数据教学资源一站式免费在线服务,包括课程教材、讲义 PPT、课程习题、实验指南、学习指南、备课指南、授课视频和技术资料等,本书涉及的相关大数据技术在平台上都有相关的配套学习资源

需要说明的是，本书属于进阶级大数据课程教材，在学习本书内容之前，建议（不是必须）读者具备一定的大数据基础知识，了解大数据基本概念以及 Hadoop、HDFS、MapReduce、HBase、Hive 等大数据技术。本书官网提供了两本入门级大数据课程教材及其配套资源，包括《大数据技术原理与应用——概念、存储、处理、分析与应用》和《大数据基础编程、实验和案例教程》，可以作为先修课程教材。其中，《大数据技术原理与应用——概念、存储、处理、分析与应用》教材以"构建知识体系、阐明基本原理、开展初级实践、了解相关应用"为原则，旨在为读者搭建起通向大数据知识空间的桥梁，并为读者在大数据领域深耕细作奠定基础、指明方向，教材系统论述了大数据的基本概念、大数据处理架构 Hadoop、分布式文件系统 HDFS、分布式数据库 HBase、NoSQL 数据库、云数据库、分布式并行编程模型 MapReduce、数据仓库 Hive、大数据处理架构 Spark、流计算、流计算框架 Flink、图计算、数据可视化，以及大数据在互联网、生物医学和物流等各个领域的应用。《大数据基础编程、实验和案例教程》是《大数据技术原理与应用——概念、存储、处理、分析与应用》教材的配套实验指导书，侧重于介绍大数据软件的安装、使用和基础编程方法，并提供了丰富的实验和案例。

1.4 本章小结

大数据技术是一个庞杂的知识体系，Flink 作为基于内存的分布式计算框架，只是其中一种代表性技术。在具体学习 Flink 之前，非常有必要建立对大数据技术体系的整体认识，了解 Flink 和其他大数据技术之间的关系。因此，本章从总体上介绍了大数据关键技术以及具有代表性的大数据计算框架。

与本书配套的相关资源，是帮助读者更加快速、高效地学习的重要保障，因此，本章最后详细列出了与本书配套的各种在线资源，读者可以通过网络自由访问。

1.5 习题

（1）请阐述大数据的基本处理流程。
（2）请阐述大数据的计算模式及对应代表性产品。
（3）请列举 Hadoop 生态系统的各个组件及其功能。
（4）分布式文件系统 HDFS 的名称节点和数据节点的功能分别是什么？
（5）请阐述 MapReduce 的基本设计思想。
（6）YARN 的主要功能是什么？使用 YARN 可以带来哪些好处？
（7）请阐述 Hadoop 生态系统中 HBase 与其他部分的关系。
（8）数据仓库 Hive 的主要功能是什么？
（9）Hadoop 主要有哪些缺陷？相比之下，Spark 具有哪些优势？
（10）如何实现 Spark 与 Hadoop 的统一部署？
（11）相对 Spark 而言，Flink 在实现机制上有什么不同？
（12）Beam 的设计目标是什么？具有哪些优点？

第2章　Flink的设计与运行原理

近年来，流处理应用场景在企业中出现得越来越频繁，由此带动了企业数据架构由传统数据处理架构、大数据 Lambda 架构向流处理架构的演变。Flink 就是一种具有代表性的开源流处理架构，具有十分强大的功能。Flink 目前已经在全球范围内得到了广泛的应用，大量企业已经开始大规模使用 Flink 作为企业的分布式大数据处理引擎。

本章首先给出 Flink 简介，并探讨为什么选择 Flink 以及 Flink 应用场景；然后介绍 Flink 的统一数据处理方式、核心组件栈、工作原理、编程模型、应用程序结构以及程序的并行度；最后介绍 Flink 中的数据一致性。

2.1　Flink 简介

Flink 是为分布式、高性能、随时可用以及准确的流处理应用程序打造的开源流处理框架，可以同时支持实时计算和批计算。Flink 起源于 Stratosphere 项目，该项目是在 2010—2014 年由德国柏林工业大学、柏林洪堡大学和哈索·普拉特纳研究院联合开展的，开始研究的是批处理，后来转向了流计算。2014 年 4 月，Stratosphere 代码被贡献给 Apache 软件基金会，成为 Apache 软件基金会孵化器项目，并开始在开源大数据行业内崭露头角。在项目孵化期间，为了避免与另一个项目重名，Stratosphere 被重新命名为 Flink。在德语中，Flink 是"快速和灵巧"的意思，使用这个词作为项目名称，可以彰显流计算框架的执行速度快和灵活性强的特点。项目使用一只枚红色的松鼠图案作为标识（见图 2-1），因为松鼠具有行动快速、灵活的特点。

图 2-1　Flink 的标识

2014年12月，Flink项目成为Apache软件基金会旗下的顶级项目。截至2023年，Flink是Apache软件基金会旗下5个最大的大数据项目之一，在全球范围内拥有350多位开发人员，并在越来越多的企业中得到了应用。在国外，优步、网飞、微软和亚马逊等已经开始使用Flink。在国内，包括阿里巴巴、美团、滴滴等在内的互联网企业，都已经开始大规模使用Flink作为企业的分布式大数据处理引擎。在阿里巴巴，基于Flink搭建的平台于2016年正式上线，并从阿里巴巴的搜索和推荐这两大场景开始实现。截至2023年，阿里巴巴所有的业务，包括阿里巴巴所有子公司的业务都采用了基于Flink搭建的实时计算平台，服务器规模已经达到数万台，这种规模等级在全球范围内也是屈指可数的。阿里巴巴的Flink平台内部积累的状态数据已经达到PB级规模，每天在平台上处理的数据量已经超过万亿条，平台在峰值期间可以承担每秒超过4.72亿次的访问，最典型的应用场景之一是阿里巴巴"双11"大屏。

Flink具有十分强大的功能，可以支持不同类型的应用程序，其主要特性包括：批流一体化、精密的状态管理、事件时间支持以及"精确一次"的状态一致性保障等。Flink不仅可以运行在包括YARN、Mesos、Kubernetes等在内的多种资源管理框架上，还支持在裸机集群上独立部署。当采用YARN作为资源调度管理器时，Flink计算平台可以运行在开源的Hadoop集群之上，并使用HDFS作为数据存储方式，因此，Flink可以和开源大数据软件Hadoop实现无缝对接。在启用高可用选项的情况下，Flink不存在单点失效问题。事实证明，Flink已经可以扩展到数千核心，其状态数据可以达到TB级，且仍能保持高吞吐量、低延迟的特性。世界各地有很多要求严苛的流处理应用都运行在Flink之上。

2.2 为什么选择Flink

数据架构设计领域正在发生一场变革，即企业数据架构开始由传统数据处理架构、大数据Lambda架构向流处理架构演变，在这种全新的架构中，基于流的数据处理流程被视为整个架构设计的核心。这种演变把Flink推向了分布式计算框架舞台的中心，使它可以在现代数据处理中扮演重要的角色。

2.2.1 传统数据处理架构

传统数据处理架构的一个显著特点就是采用一个中心化的数据库系统，用于存储事务性数据。比如，在一个企业内部，会存在ERP（Enterprise Resource Planning，企业资源计划）系统、订单系统、CRM（Customer Relationship Management，客户关系管理）系统等，这些系统的数据一般被存放在关系数据库当中（见图2-2）。这些数据反映了当前的业务状态，比如系统当前的登录用户数、网站当前的活跃用户数、每个用户的账户余额等。当应用程序需要较新的数据时，就会访问这个中心化的数据库系统。

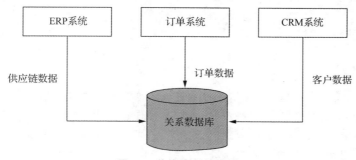

图 2-2 传统数据处理架构

在应用的初期，这种传统数据处理架构的效率很高，在各大企业应用中成功服务了几十年。但是，随着企业业务量的不断增大，数据库的负载不断增加，最终将不堪重负，而一旦数据库系统发生问题，整个业务系统就会受到严重影响。此外，采用传统数据处理架构的系统一般拥有非常复杂的异常问题处理方法，当出现异常问题时，很难保证系统还能很好地运行。

2.2.2 大数据 Lambda 架构

随着信息技术的普及和企业信息化建设步伐的加快，企业逐步认识到建立企业范围内统一的数据存储方式的重要性，越来越多的企业建立了企业数据仓库。企业数据仓库有效集成了不同部门、不同地理位置和不同格式的数据，为企业管理者提供了企业范围内的单一数据视图，从而为综合分析和科学决策奠定了坚实的基础。

起初数据仓库主要借助 Oracle、SQL Server、MySQL 等关系数据库进行数据的存储，但是，随着企业数据量的不断增长，关系数据库已经无法满足海量数据的存储需求。因此，越来越多的企业开始构建基于 Hadoop 的数据仓库，并借助 MapReduce、Spark 等分布式计算框架对数据仓库中的数据进行处理与分析。但是，数据仓库中的数据一般是周期性进行加载的，比如每天一次、每周一次或者每月一次，这样就无法满足一些对实时性要求较高的应用的需求。为此，业界提出了一套大数据 Lambda 架构方案来处理不同类型的数据，从而满足企业不同应用的需求。大数据 Lambda 架构主要包含两层，即批处理层和流处理层，如图 2-3 所示。批处理层采用 MapReduce、Spark 等技术进行批量数据处理，流处理层则采用 Storm、Spark Streaming 等技术进行实时数据处理。

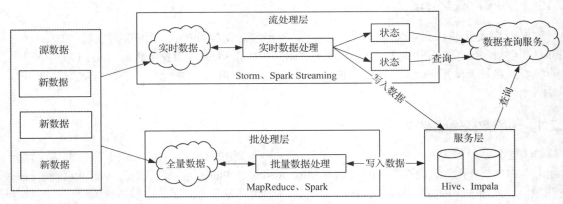

图 2-3 大数据 Lambda 架构

分开处理连续的实时数据和有限批次的批量数据，可以使系统构建工作变得更加简单，这种架构在一定程度上解决了不同计算类型的问题，但是也将管理两套系统的复杂性留给了系统用户。由于存在太多的框架，导致平台复杂度过高、运维成本高，因为在一套资源管理平台中管理不同类型的计算框架是比较困难的事情。

2.2.3 流处理架构

作为一种新的选择，流处理架构解决了企业在大规模系统中遇到的诸多问题。以流为基础的架构设计，让数据记录持续地从数据源流向应用程序，并在各个应用程序间持续流动。集中存储在数据库中的全局状态数据将不再被需要，取而代之的是共享且永不停止的流数据，它是唯一正确的数据源，记录了业务数据的历史。

为了高效地实现流处理架构，一般需要设置消息传输层和流处理层（见图 2-4）。消息传输层从各种数据源采集连续事件产生的数据，并将其传输给订阅了这些数据的应用程序；流处理层会持续地将数据在应用程序和系统间移动，聚合并处理事件，同时在本地维持应用程序的状态。这里所谓的"状态"就是计算过程中产生的中间计算结果，在每次计算中，新的数据进入流系统，都是在中间计算结果的基础上进行计算，最终产生正确的计算结果的。

图 2-4　流处理架构

流处理架构的核心是使各种应用程序互连在一起的消息队列（见图 2-5），消息队列连接应用程序，并作为新的共享数据源，这些消息队列取代了从前的大型集中式数据库。流处理器从消息队列中订阅数据并加以处理，处理后的数据可以流向另一个消息队列，这样，其他应用程序都可以共享流数据。在一些情况下，处理后的数据会被存放到本地数据库中。

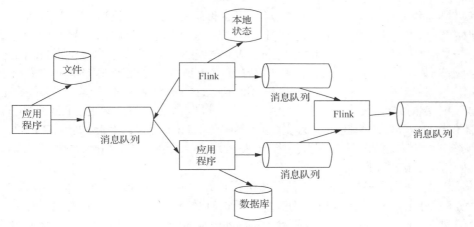

图 2-5　流处理架构中的消息队列

流处理架构正在逐步取代传统数据处理架构和大数据 Lambda 架构，成为企业数据架构的一种演变趋势。一方面，由于流处理架构中不存在大型集中式数据库，因此避免了传统数据处理架构中存在的"数据库不堪重负"的问题。另一方面，在流处理架构中，批处理被看成流处理的一个子集，因此，可以用面向流处理的框架进行批处理，这样就可以用一个流处理框架来统一处理流计算和批计算，避免了大数据 Lambda 架构中存在的"多个框架难管理"的问题。

2.2.4　Flink 是理想的流计算框架

流处理框架需要具备低延迟、高吞吐量和高性能的特性，而目前从市场上已有的产品来看（见表 2-1），只有 Flink 可以满足要求。Storm 虽然可以做到低延迟，但是无法实现高吞吐量，也不能在故障发生时准确地处理计算状态。Spark 的流计算组件 Spark Streaming 通过采用微批处理方法实现了高吞吐量和高容错性，但是牺牲了低延迟和实时处理能力。Flink 实现了谷歌 Dataflow 流计算模型，是一种兼具高吞吐量、低延迟和高性能的实时流计算框架,并且同时支持批处理和流处理。此外,Flink 支持高度容错的状态管理,防止状态数据在计算过程中因为系统异常而丢失。因此,Flink 就成了能够满足流处理架构要求的理想的流计算框架。

表 2-1 不同流计算框架的对比

产品	消息保证机制	容错机制	状态管理	延迟	吞吐量
Storm	至少一次	Acker 机制	无	低	低
Spark Streaming	精确一次	基于 RDD 的检查点	基于 DStream	中	高
Flink	精确一次	检查点	基于操作	低	高

2.2.5 Flink 的优势

与其他的流计算框架相比,Flink 具有突出的特点,它不仅是一个高吞吐量、低延迟的计算引擎,还具备其他的高级特性,比如提供有状态计算、支持状态管理、支持强一致性的语义,以及支持对消息乱序的处理等。

总体而言,Flink 具有以下优势。

(1) 同时支持高吞吐量、低延迟、高性能。

对于分布式流计算框架而言,同时支持高吞吐量、低延迟和高性能是非常重要的。但是,目前在开源社区中,能够同时满足这 3 方面要求的流计算框架只有 Flink。

(2) 同时支持流处理和批处理。

在典型的大数据业务场景下,完成数据业务通用的做法是,选用批计算处理全量数据,采用流计算处理实时增量数据。在绝大多数的业务场景之下,用户的业务逻辑在批处理和流处理之中往往是相同的。但是,在 Flink 被推广并普及之前,用户用于批处理和流处理的两套计算引擎是不同的,因此,用户通常需要写两套代码。毫无疑问,这带来了一些额外的负担和成本。我们希望能够有一套统一的大数据引擎技术,用户只需要根据自己的业务逻辑开发一套代码,这样在各种不同的场景下,不管是处理全量数据还是处理实时增量数据,又或者是实时处理,一套方案即可全部支持,这就是 Flink 诞生的背景和初衷。Flink 不仅擅长流处理,也能够很好地支持批处理。对于 Flink 而言,批量数据是流数据的一个子集,批处理被视作一种特殊的流处理,因此,可以通过一套引擎来处理流数据和批量数据。

(3) 高度灵活的流窗口。

在流计算中,数据流是无限的,无法直接进行计算,因此,Flink 提出了窗口的概念,一个窗口是若干元素的集合,流计算以窗口为基本单元进行数据处理。窗口可以是时间驱动的(Time Window,例如每 30s),也可以是数据驱动的(Count Window,例如每 100 个元素)。流窗口可以分为翻滚窗口(Tumbling Window,无重叠)、滚动窗口(Sliding Window,有重叠)和会话窗口(Session Window)。

(4) 支持有状态计算。

Flink 是支持有状态的流计算的新一代流处理系统。Flink 的有状态应用程序针对本地状态访问进行了优化,任务状态始终保留在内存中,如果状态大小超过可用内存,则状态保存在访问高效的磁盘数据结构中。因此,任务通过访问本地(通常是指内存)状态来执行所有计算,从而产生非常低的处理延迟。

(5) 具有良好的容错性。

当分布式系统引入状态时,就会产生"一致性"问题。"一致性"实际上是"正确性级别"的另一种说法,也就是说,在成功处理故障并恢复运行之后得到的结果,与没有发生故障时得到的结果相比,前者的正确性有多高。Storm 只能实现"至少一次"(At-Least-Once)的容错性,Spark Streaming 虽然支持"精确一次"(Exactly-Once)的容错性,但是无法做到毫秒级的实时处理。Flink 提供了容错机制，可以恢复数据流应用到一致状态。该机制确保在发生故障时，程序的状态最终将只反映一次数据流中的每个记录，也就是实现了"精确一次"的容错性。容错机制不断地创建分布式数据流的快照，对于小状态的流式程序来说，快照非常轻量，可以高频率创建而对性能影响很小。

（6）具有独立的内存管理。

Java 本身提供了垃圾回收机制来实现内存管理，但是，在大数据面前，JVM（Java Virtual Machine，Java 虚拟机）的内存结构和垃圾回收机制往往会成为掣肘。所以，目前包括 Flink 在内的越来越多的大数据项目开始自己管理 JVM 内存，目的是获得像 C 语言一样的性能以及避免内存溢出的发生。Flink 通过序列化/反序列化方法，将所有的数据对象转换成二进制在内存中存储，这样一方面降低了数据存储占用的空间，另一方面能够更加有效地对内存空间进行利用，缓解垃圾回收机制带来的性能下降或任务异常风险。

（7）支持迭代和增量迭代。

对某些迭代而言，并不是单次迭代产生的下一次工作集中的每个元素都需要重新参与下一次迭代，有时只需要重新计算部分数据并选择性地更新解集，这种形式的迭代就是增量迭代。增量迭代能够使一些算法执行得更高效，让算法专注于工作集中的"热点"数据部分，这使工作集中的绝大部分数据冷却得非常快，因此随后的迭代面对的数据规模将会大幅缩小。Flink 支持增量迭代计算，具有对迭代进行自动优化的功能。

2.3 Flink 应用场景

Flink 常见的应用场景包括事件驱动型应用、数据分析应用和数据流水线应用。

2.3.1 事件驱动型应用

1. 事件驱动型应用的概念

事件驱动型应用是一类具有状态的应用，它从一个或多个事件数据流中读取事件，并根据读取的事件做出反应，包括触发计算、状态更新或其他外部动作等。事件驱动型应用是在传统的应用设计基础上进化而来的。传统的应用设计通常都具有独立的计算和数据存储层，应用会从一个远程的事务数据库中读写数据。而事务驱动型应用是建立在有状态流处理应用的基础之上的。在这种设计中，数据和计算不是相互独立的层，而是放在一起的，应用只需访问本地内存或磁盘即可获取数据。系统容错性是通过周期性向远程持久化存储写入异步检查点来实现的。图 2-6 描述了传统事务型应用和事件驱动型应用的区别。

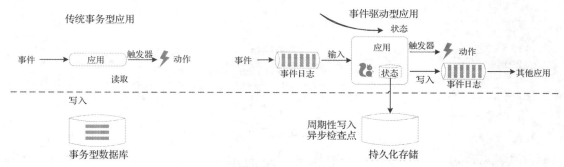

图 2-6　传统事务型应用和事件驱动型应用的区别

典型的事件驱动型应用包括反欺诈、异常检测、基于规则的报警、业务流程监控、Web 应用（社交网络）等。

2. 事件驱动型应用的优势

事件驱动型应用都访问本地数据，无须查询远程的数据库，这样，无论是在吞吐量方面，还是在延迟方面，都可以获得更好的性能。向一个远程的持久化存储周期性地写入检查点，可以采用异步和增量的方式来实现。因此，检查点对常规的事件处理的影响是很小的。事件驱动型应用的优势不局限于本地数据访问。在传统的分层架构中，多个应用共享相同的数据库，是一个很常见的现象。因此，数据库的任何变化，比如，由于应用的更新或服务的升级而导致的数据布局的变化，都需要谨慎协调。由于每个事件驱动型应用都只需要考虑自身的数据，所以对应用的更新或者服务的升级，都只需要完成很少的协调工作。

3. Flink 是如何支持事件驱动型应用的

一个流处理器是否能够很好地处理时间和状态，决定了事件驱动型应用的局限性高低。Flink 的许多优秀特性都是围绕这些方面进行设计的。Flink 提供了丰富的状态操作原语，它可以管理大量的数据（可以达到 TB 级），并且可以确保"精确一次"的一致性。而且，Flink 还支持事件时间、高度可定制的窗口逻辑和细粒度的时间控制，这些都可以帮助实现高级的商业逻辑。Flink 还拥有一个 CEP 类库，可以用来检测数据流中的模式。

Flink 中针对事件驱动型应用的突出特性当属"保存点"（Savepoint）。保存点是一个一致性的状态镜像，它可以作为许多相互兼容的应用的一个初始化点。给定一个保存点以后，就可以放心对应用进行升级或扩容，还可以启动多个版本的应用来完成 A/B 测试。

2.3.2 数据分析应用

1. 数据分析应用的概念

数据分析作业会从原始数据中提取信息，并得到准确的观察。传统的数据分析通常先对事件进行记录，然后在这个有界的数据集上执行批量查询。为了把最新的数据融入查询结果，就必须把它们添加到被分析的数据集中，然后重新运行查询。查询的结果会被写入一个存储系统中，或者形成报表。

高级的流处理引擎可以支持实时的数据分析，这些流处理引擎并非读取有限的数据集，而是获取实时事件流，并连续产生和更新查询结果。这些结果或者被保存到一个外部数据库中，或者作为内部状态被维护。仪表盘应用可以从这个外部的数据库中读取最新的结果，或者直接查询应用的内部状态。

如图 2-7 所示，Flink 同时支持批量分析及流式分析应用。

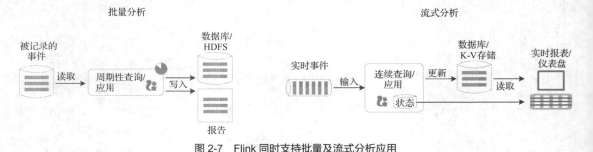

图 2-7　Flink 同时支持批量及流式分析应用

典型的数据分析应用包括电信网络质量监控、移动应用中的产品更新及实验评估分析、消费者技术中的实时数据即席分析、大规模图分析等。

2. 流式分析应用的优势

与批量分析应用相比，流式分析应用由于消除了周期性的读取和查询，因而从事件中获取洞察结果的延迟更低。此外，流式分析不需要处理输入数据中人为产生的边界。

另外，流式分析应用具有更加简单的架构。一个批量分析流水线会包含一些独立的组件来周期性地调度数据提取和查询的执行。如此复杂的流水线，操作起来并非易事，因为一个组件工作失败会直接影响到流水线中的其他步骤。相反，运行在一个高级流处理器（比如 Flink）之上的流式分析应用，会把从数据中提取到连续结果的所有计算步骤都整合起来，这样它就可以依赖底层引擎提供的故障恢复机制。

3. Flink 是如何支持数据分析应用的

Flink 可以同时支持批处理和流处理。Flink 提供了一个符合 ANSI 标准的 SQL 接口，它可以为批处理和流处理提供一致的语义。不管是运行在一个静态的数据集上，还是运行在一个实时的数据流上，SQL 查询都可以得到相同的结果。Flink 还提供了丰富的用户自定义函数，使用户可以在 SQL 查询中执行自定义代码。如果需要进一步定制处理逻辑，Flink 的 DataStream API 和 DataSet API 提供了更加底层的控制。此外，Flink 的 Gelly 库为基于批量数据集的大规模、高性能图分析提供了算法和构建模块支持。

2.3.3 数据流水线应用

1. 数据流水线的概念

ETL（Extract-Transform-Load，即抽取-转换-加载）是一个在存储系统之间转换和移动数据的常见方法。通常而言，ETL 作业会被周期性地触发，从而把事务型数据库系统中的数据复制到一个分析型数据库或数据仓库中。

数据流水线可以实现和 ETL 类似的功能，它可以转换、清洗数据，或者把数据从一个存储系统转移到另一个存储系统中。但是，它是以一种连续的流模式来执行的，而不是周期性地触发。因此，当数据源中源源不断地生成数据时，数据流水线就可以把数据读取过来，并将其以较低的延迟转移到目的地。例如，一个数据流水线可以对一个文件系统目录进行监控，一旦发现有新的文件生成，就读取文件内容并写入事件日志。再如，将事件流物化到数据库或增量构建和优化查询索引。

图 2-8 描述了周期性 ETL 作业和持续数据流水线的差异。

图 2-8 周期性 ETL 作业和持续数据流水线的差异

典型的数据流水线应用包括电子商务中的实时查询索引构建和持续 ETL 等。

2. 数据流水线的优势

相对周期性 ETL 作业而言，持续数据流水线降低了数据转移过程的延迟。此外，由于它能够持续消费和发送数据，因此它的用途更广，支持用例更多。

3. Flink 如何支持数据流水线应用

Flink 的 SQL 接口（或者 Table API）以及丰富的用户自定义函数可以解决许多常见的数据转换问题。通过使用更具通用性的 DataStream API，Flink 还可以实现具有更加强大功能的数据流水线。Flink 提供了大量的连接器，可以连接到各种不同类型的数据存储系统，比如 Kafka、Kinesis、

Elasticsearch 和 JDBC（Java DataBase Connectivity，Java 数据库互连）数据库系统。同时，Flink 提供了面向文件系统的连续型数据源，可用来监控目录变化，并提供了数据插槽，支持以时间分区的方式将数据写入文件。

2.4 Flink 中的统一数据处理方式

根据数据的产生方式，我们可以把数据集分为两种类型：有界数据集和无界数据集（见图 2-9）。

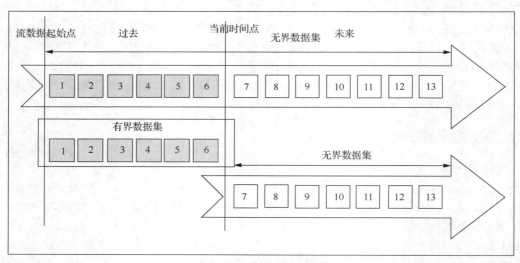

图 2-9 有界数据集和无界数据集

有界数据集具有时间边界，在处理过程中，数据一定会在某个时间范围内起始和结束，有可能是一小时，也有可能是一天。有界数据集的特点是，数据是静止不动的，不存在数据的追加操作。对有界数据集的数据处理方式被称为批处理，例如先将数据从关系数据库或文件系统等系统中读取出来，然后在分布式系统内进行处理，最后将处理结果写入存储系统，整个过程就被称为批处理过程。目前业界比较流行的分布式处理框架 Hadoop 和 Spark 等，都是面向批处理的。

对于无界数据集，数据从生成之时起就一直持续不断地生成新的数据，因此数据是没有边界的，例如服务器信令、网络传输流、传感器信号数据、实时日志信息等。和批处理对应，对无界数据集的数据处理方式被称为流处理。流处理需要考虑处理过程中数据的顺序错乱，以及系统容错等方面的问题，因此流处理系统的设计与实现的复杂度要明显高于批处理系统。Storm、Spark Streaming、Flink 等分布式计算引擎是不同时期具有代表性的流处理系统。

为了更形象、直观地理解无界数据集与有界数据集，可以分别把二者类比成池塘和大海。对有界数据集进行计算时，就如同计算池塘中的鱼的数量，只需要把池塘中当前所有的鱼都计算一次，那么当前时刻池塘中有多少条鱼就是最终结果。计算无界数据集类似于计算大海中的鱼，在江河奔流到大海的过程中，每时每刻都会有鱼游进大海，那么鱼的数量就是持续追加的。

有界数据集与无界数据集是两个相对模糊的概念。对于有界数据集而言，如果数据一条一条地经过处理引擎，那么也可以认为数据是无界的。反过来，对于无界数据集而言，如果每间隔一分钟、一小时、一天进行一次计算，那么也可以认为这段时间内的数据是相对有界的。所以，有界数据集与无界数据集的概念有时候是可以互换的，因此,学界和业界开始追寻批流统一的框架，Spark 和 Flink 都属于能够同时支持批处理和流处理的分布式计算框架。

对于 Spark 而言，它会使用一系列连续的微小批处理来模拟流处理，也就是说，它会在特定的时间间隔内发起一次计算，而不是每条数据都触发计算，这就相当于把无界数据集切分为多个小的有界数据集。对于 Flink 而言，它把有界数据集看成无界数据集的一个子集，因此，将批处理与流处理混合到同一套引擎当中，能够同时实现批处理与流处理任务。

2.5 Flink 核心组件栈

Flink 的发展越来越成熟，已经拥有了丰富的核心组件栈。Flink 核心组件栈分为 3 层：API&Libraries 层、Runtime 核心层和物理部署层（如图 2-10）。

图 2-10 Flink 核心组件栈

（1）物理部署层。Flink 的底层是物理部署层。Flink 可以采用本地模式运行，启动单个 JVM，也可以采用 Standalone 集群模式运行，还可以采用 YARN 集群模式或者 Kubernetes 集群模式运行，或者采用 GCE（谷歌云服务）和 EC2（亚马逊云服务）运行。

（2）Runtime 核心层。该层主要负责对上层不同接口提供基础服务，也是 Flink 分布式计算框架的核心实现层。该层提供了 DataStream API，可以同时支持批处理和流处理。

（3）API&Libraries 层。作为分布式数据处理框架，Flink 在 DataStream API 的基础上抽象出不同的应用类型的组件库，如 CEP 库、Table 库（关系型）、FlinkML（机器学习库）等。

这里需要说明的是，Flink 虽然也构建了一个大数据生态系统，功能涵盖流计算、批处理、SQL 和机器学习等，但是它的强项仍然是流计算，Flink 的机器学习库 FlinkML 并不是十分成熟，因此，本书不介绍 FlinkML，但会详细讲解 DataStream API、Table API&SQL 等组件。

2.6 Flink 工作原理

如图 2-11 所示，Flink 系统主要由两个组件组成，分别为 JobManager 和 TaskManager。Flink 架构也遵循主从架构设计原则，JobManager 为主节点，TaskManager 为从节点。具体而言，Flink 系统各个组件的功能如下。

（1）JobClient。负责接收程序，解析和优化程序的执行计划，然后提交执行计划到 JobManager。这里执行的程序优化是将相邻的算子融合，形成"算子链"，以减少任务的数量，提高 TaskManager 的资源利用率。

（2）JobManager。JobManager 负责整个 Flink 集群任务的调度以及资源的管理，它从客户端中获取提交的应用，然后根据集群中 TaskManager 上任务插槽的使用情况，为提交的应用分配相应的任务插槽资源，并命令 TaskManager 启动从客户端中获取的应用。为了保证高可用，一般会有多个 JobManager 进程同时存在，它们之间采用主从模式，一个进程被选举为 Leader，其他进程为 Follower，在作业运行期间，只有 Leader 在工作，Follower 是闲置的，一旦 Leader 失效宕机，就会引发一次选举，产生新的 Leader 继续处理作业。JobManager 除了调度任务，另一个主要工作就是容错，主要依靠检查点机制进行容错。

（3）TaskManager。TaskManager 相当于整个集群的从节点，负责具体的任务执行和对应任务在每个节点上的资源申请与管理。客户端将编写好的 Flink 应用编译、打包并提交到 JobManager，JobManager 会根据已经注册在 JobManager 中 TaskManager 的资源情况，将任务分配给有资源的 TaskManager，然后启动并运行任务。TaskManager 从 JobManager 接收需要部署的任务，然后使用插槽资源启动任务，建立数据接入的网络连接，接收数据并开始数据处理。TaskManager 之间的数据交互都是通过数据流的方式进行的。

（4）插槽（Slot）。插槽是 TaskManager 资源粒度的划分，每个 TaskManager 都像一个容器，包含一个多或多个插槽，每个插槽都有自己独立的内存，所有插槽平均分配 TaskManager 的内存。需要注意的是，插槽仅划分内存，不涉及 CPU 的划分，即 CPU 是共同使用的。每个插槽可以运行多个任务，而且一个任务会以单独的线程来运行。采用插槽设计主要有 3 个好处：第一，可以起到隔离内存的作用，防止多个不同作业的任务竞争内存；第二，插槽的个数代表了一个 Flink 程序的最高并行度，简化了性能调优的过程；第三，允许多个任务共享插槽，提升了资源利用率。

（5）任务（Task）。任务是在算子的子任务进行链化之后形成的，一个作业中有多少任务和算子的并行度以及链化的策略有关。

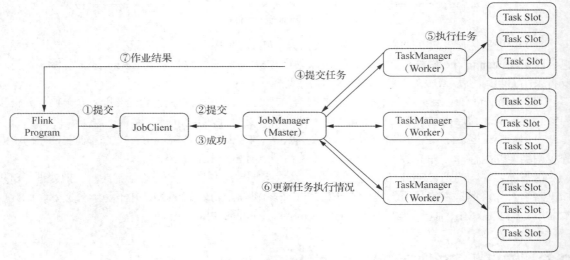

图 2-11　Flink 架构及其工作原理

Flink 系统的工作原理是，Flink 程序将作业提交给 JobClient，JobClient 再提交给 JobManager。JobManager 负责协调资源分配和作业执行，它首先要做的是分配所需的资源。资源分配完成后，JobManager 将任务提交给相应的 TaskManager。在接收任务时，TaskManager 启动一个线程以开始执行作业。执行到位时，TaskManager 会继续向 JobManager 报告状态更改。可以有各种状态，例如开始执行、正在进行或已完成。作业执行完成后，结果将发送回客户端（JobClient）。

2.7　Flink 编程模型

Flink 编程模型提供了不同层次的抽象（见图 2-12），以开发流或批处理作业。

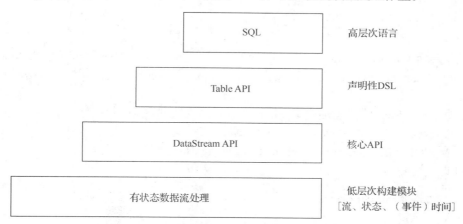

图 2-12　Flink 编程模型

在 Flink 编程模型中，最底层的抽象接口是有状态数据流处理接口。这个接口是通过处理函数（Process Function）被集成到 DataStream API 中的。该接口允许用户自由地处理来自一个或多个流中的事件，并使用一致的容错状态。另外，用户也可以通过注册事件时间并处理回调函数的方法来实现复杂的计算。

实际上，大多数应用并不需要上述的底层抽象，而是针对核心 API（DataStream API）进行编程。DataStream API 为数据处理提供了大量的通用模块，比如用户定义的各种各样的转换（Transformation）、连接（Join）、聚合（Aggregation）、窗口（Window）模块等。DataStream API 集成了底层的处理函数，对一些特定的操作可以提供更低层次的抽象。

Table API 以表为中心，能够动态地修改表（在表达流数据时）。Table API 是一种扩展的关系模型：表有二维数据结构（类似于关系数据库中的表），同时 API 提供可比较的操作，例如 select、join、groupBy、aggregate 等。Table API 程序定义的是应该执行什么样的逻辑操作，而不是直接准确地指定程序代码运行的具体步骤。尽管 Table API 可以通过各种各样的用户自定义函数（User Defined Function，UDF）进行扩展，但是它在表达能力上仍然比不上 DataStream API，不过，它使用起来会显得更加简洁（代码量更少）。除此之外，Table API 程序在执行之前会经过内置优化器进行优化。用户可以在表与 DataStream 之间无缝切换，以允许程序将 Table API 与 DataStream API 混合使用。

Flink 提供的最高层接口是 SQL。这一层抽象在语法与表达能力上与 Table API 类似，唯一的区别是 SQL 抽象将程序表示为通过 SQL 查询表达式。SQL 抽象与 Table API 交互密切，同时 SQL 查询语句可以直接在 Table API 定义的表上执行。

2.8　Flink 的应用程序结构

如图 2-13 所示，一个完整的 Flink 应用程序结构包含如下 3 个部分。

（1）数据源（Source）。Flink 在流处理和批处理上的数据源大概有 4 类，分别是基于本地集合的数据源、基于文件的数据源、基于网络套接字的数据源、自定义的数据源。常见的自定义数据源包括 Kafka、Kinesis Streams、RabbitMQ、Streaming API、NiFi 等，当然用户也可以定义自己的数据源。

图 2-13　Flink 的应用程序结构

（2）数据转换（Transformation）。数据转换的操作（也称为算子）包括 map、flatMap、filter、keyBy、reduce、aggregation、window、windowAll、union、select 等，可以将原始数据转换成满足要求的数据。

（3）数据输出（Sink）。数据输出指 Flink 将转换后的数据发送的目的地。常见的数据输出包括写入文件、输出到屏幕、写入 Socket、自定义数据输出等。常见的自定义数据输出有 Apache Kafka、RabbitMQ、MySQL、ElasticSearch、Apache Cassandra、Hadoop FileSystem 等。

图 2-14 以一段简单代码为实例，演示了 Flink 的应用程序结构。

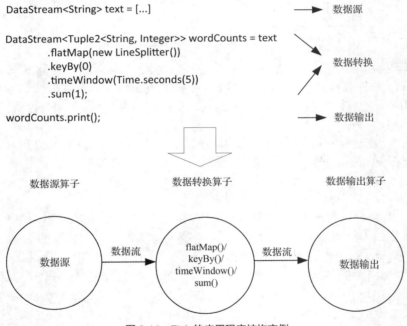

图 2-14　Fink 的应用程序结构实例

2.9　Flink 程序的并行度

Flink 程序的执行具有并行、分布式的特性。在执行过程中，一个流包含一个或多个分区，每一个算子可以包含一个或多个子任务，这些子任务在不同的线程、不同的物理机或不同的容器中彼此互不依赖地执行。

一个特定算子的子任务的个数被称为其并行度。一般情况下，一个 Flink 程序的并行度就是其所有算子中最大的并行度。一个程序中，不同的算子可能具有不同的并行度。如图 2-15 所示，数据源的并行度是 2，map()算子的并行度是 2，keyBy()、windows()和 apply()算子的并行度是 2，数据输出的并行度是 1，则该 Flink 程序的并行度是 2。

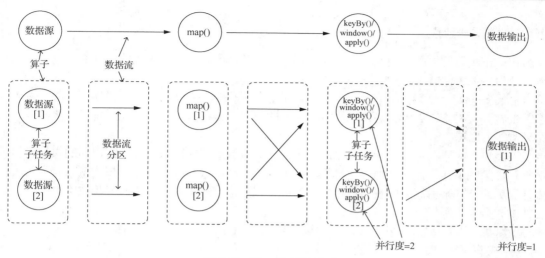

图 2-15 Flink 程序的并行度

2.10 Flink 中的数据一致性

对于分布式流处理系统而言，高吞吐量、低延迟往往是主要的需求。与此同时，数据一致性在分布式流处理系统中也很重要，对于正确性要求较高的场景，"精确一次"的一致性的实现往往也非常重要。如何保证分布式系统有状态流计算的一致性，是 Flink 作为一个分布式流计算框架必须要解决的问题。Flink 通过异步屏障快照机制来实现"精确一次"的一致性的保证，当任务中途崩溃或者取消之后，该机制可以通过检查点或者保存点来对任务进行恢复，实现数据流的重放，从而让任务达到一致性的效果，同时，这种机制不会牺牲系统的性能。

2.10.1 有状态计算

流计算分为无状态和有状态两种情况。无状态的流计算观察每个独立的事件，每一条消息到达以后和前后其他消息都没有关系，比如一个应用程序实时接收温度传感器的数据，当温度超过 40℃ 时就报警，这就是无状态的流计算。有状态的流计算则会基于多个事件输出结果，比如，计算过去 1h 的平均温度。

图 2-16 给出了无状态流处理与有状态流处理的区别，其中输入记录由黑条表示。无状态流处理每次只转换一条输入记录，并且仅根据最新的输入记录输出结果（白条）。有状态流处理则需要维护所有已处理记录的状态值，并根据每条新输入的记录更新状态，因此输出记录（灰条）反映的是综合考虑多个事件之后的结果。

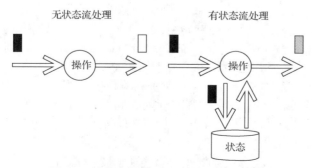

图 2-16 有状态流处理与无状态流处理的区别

2.10.2 数据一致性

当在分布式系统中引入状态时,自然也引入了一致性问题。根据正确性级别的不同,数据一致性可以分为如下 3 种模式。

(1)最多一次(At-Most-Once)。尽可能正确,但不保证一定正确。也就是说,当故障发生时,什么都不做,既不恢复丢失状态,也不重播丢失的数据。该模式意味着,在系统发生故障以后,聚合结果可能会出错。

(2)至少一次。在系统发生故障以后,聚合计算不会遗漏故障恢复之前窗口内的事件,但可能会重复计算某些事件,这通常用于实时性较高但正确性要求不高的场合。该模式意味着系统将以一种更加简单的方式来对算子的状态进行快照处理,系统崩溃后恢复时,算子的状态中有一些记录可能会被重放多次。例如,系统崩溃后恢复时,统计值将等于或者大于流中元素的真实值。

(3)精确一次:在系统发生故障后,聚合结果与假定没有发生故障时的结果一致。该模式意味着系统在进行恢复时,每条记录将在算子状态中只被重播一次。例如在一段数据流中,不管该系统崩溃或者重启了多少次,该统计结果将总是跟流中的元素的真实个数一致。这种语义加大了高吞吐和低延迟的实现难度。与"至少一次"模式相比,"精确一次"模式整体的处理速度会相对比较慢,因为在开启"精确一次"模式后,为了保证一致性,就会开启数据对齐,从而会影响系统的一些性能。

在流计算框架的发展史上,"至少一次"的一致性曾经非常流行,第一代流处理框架(如 Storm 和 Samza)刚问世时只能保证"至少一次"的一致性。最先保证"精确一次"的一致性的系统(比如 Storm Trident 和 Spark Streaming),在性能和表现力这两个方面付出了很大的代价。而 Flink 在没有牺牲性能的前提下,实现了"精确一次"的一致性。

2.10.3 异步屏障快照机制

"精确一次"模式要求作业从失败恢复后的状态以及管道中的数据流和失败时的一致,这通常是通过定期对作业状态和数据流进行快照实现的。但是,传统的快照机制存在两个主要问题:需要所有节点停止工作,即暂停整个计算过程,这必然会影响到数据处理效率和时效性;需要保存所有节点的操作中的状态以及所有传输中的数据,这会耗费大量的存储空间。

为了解决上述问题,Flink 采用了异步快照方式,它基于 Chandy-Lamport 算法,制定了应对流计算"精确一次"语义的检查点机制——异步屏障快照(Asynchronous Barrier Snapshot)机制。

异步屏障快照是一种轻量级的快照技术,能以低成本备份 DAG(有向无环图)或 DCG(Directed Cyclic Graph,有向有环图)计算作业的状态,这使得计算作业可以频繁进行快照并且不会对性能产生明显影响。异步屏障快照机制的核心思想是,通过屏障消息来标记触发快照的时间点和对应的数据,从而将数据流和快照时间解耦,以实现异步快照操作。同时该机制也大大降低了对管道数据的依赖(对 DAG 类作业甚至完全不依赖),减小了随之而来的快照的大小。

检查点屏障(简称"屏障")是一种特殊的内部消息,用于将数据流从时间上切分为多个窗口,每个窗口对应一系列连续的快照中的一个。屏障由 JobManager 定时广播给计算任务所有的数据源,并伴随数据流一起流至下游。每个屏障是属于当前快照的数据与属于下个快照的数据的分割点,比如,图 2-17 中第 $n-1$ 个屏障之后、第 n 个屏障之前的所有数据都属于第 n 个检查点。下游算子如果检测到屏障的存在,就会触发快照动作,不必再关心时间无法静止的问题。

异步屏障快照机制中的"异步"指的是快照数据写入的异步性,也就是说,在算子检测到屏障并触发快照之后,不会等待快照数据全部写入"状态后端",而是一边在"状态后端"写入,一边立刻继续处理数据流,并将屏障发送到下游,这样就实现了最小化延迟。

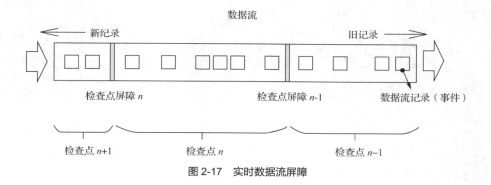

图 2-17 实时数据流屏障

2.11 本章小结

Flink 是一个分布式处理引擎，用于对无界和有界数据流进行有状态计算。Flink 以数据并行和流水线方式执行任意流数据程序，Flink 的流水线运行时系统可以执行批处理和流处理程序。

近年来，企业数据架构开始由传统数据处理架构、大数据 Lambda 架构向流处理架构演变，这种演变使得 Flink 可以在大数据应用场景中"大显身手"。目前，Flink 支持的典型的应用场景包括事件驱动型应用、数据流水线应用和数据分析应用。

经过多年的发展，Flink 已经形成了完备的生态系统，它的核心组件栈可以满足企业多种应用场景的开发需求，减轻了企业的大数据应用系统的开发和维护负担。在未来，随着企业实时应用场景的不断增多，Flink 在大数据市场上的地位和作用将会更加凸显，Flink 的发展前景值得期待。

2.12 习题

（1）请阐述传统数据处理架构的局限性。
（2）请阐述大数据 Lambda 架构的优点和局限性。
（3）请阐述与传统数据处理架构和大数据 Lambda 架构相比，流处理架构具有什么优点。
（4）请举例说明 Flink 在企业中的应用场景。
（5）请阐述 Flink 核心组件栈包含哪些层以及每层具体包含哪些内容。
（6）请阐述 Flink 的 JobManager 和 TaskManager 具体有哪些功能。
（7）请阐述 Flink 编程模型的层次结构。
（8）请对 Spark、Flink 和 Storm 进行对比分析。
（9）请阐述数据一致性的 3 种模式。
（10）请阐述 Flink 的异步屏障快照机制。

第3章 大数据实验环境搭建

大数据实验环境的搭建,是顺利完成本书各个实验的基础。首先,本书的所有实验都是在 Linux 系统下完成的,因此,本章先介绍 Linux 系统的安装方法;其次,本书涉及 Hadoop 和 Flink 的组合使用,因此,本章会介绍 Hadoop 的安装方法;最后,本章会介绍关系数据库 MySQL 和分布式消息订阅分发系统 Kafka 的安装和使用方法,这两个软件会在后续章节的实验中被使用。

3.1 Linux 系统的安装

Linux 是一套免费使用和自由传播的类 UNIX 操作系统,是一个基于 POSIX(Portable Operating System Interface,可移植操作系统接口)和 UNIX 的多用户、多任务、支持多线程和多 CPU 的操作系统。Linux 有许多服务于不同目的的发行版,包括对不同计算机结构的支持、对一个具体区域或语言的本地化、实时应用和嵌入式系统等的发行版本。Linux 已经有超过 300 个发行版本,但是,目前在全球范围内只有 10 个左右被普遍使用,比如 Fedora、Debian、Ubuntu、Red Hat、SUSE、CentOS 等。

Linux 的发行版本可以大体分为两类,一类是商业公司维护的发行版本,一类是社区组织维护的发行版本,前者以 Red Hat 为代表,后者以 Debian 为代表。Debian 是社区类 Linux 的典范,也是迄今为止最遵循 GNU 规范的 Linux 系统之一。Ubuntu 严格来说不能算是一个独立的发行版本,它是基于 Debian 的 Unstable 版本加强而来的。Ubuntu 就是一个拥有 Debian 所有的优点以及自己所加强的优点的近乎完美的 Linux 桌面系统,在服务端和桌面端使用占比较高,网络上资料较齐全,因此,本书采用 Ubuntu 发行版本进行演示。

本节介绍 Linux 系统的安装方法,内容包括下载安装文件、Linux 系统的安装方式、安装 Linux 系统。

3.1.1 下载安装文件

本书采用的 Linux 发行版本是 Ubuntu,同时,为了更好地支持汉化(比如,更容易输入中文),采用了 Ubuntu Kylin 发行版本。Ubuntu Kylin 是针对中国用户定制的 Ubuntu 发行版本,其中包含一些具有中国特色的软件(比如中文拼音输入法),并根据中国人的使用习惯,对系统做了一些优化。

Ubuntu Kylin 较新的版本是 22.04 LTS。但在实际使用过程中发现，该版本对计算机的资源消耗较多，在使用虚拟机方式安装时，系统运行起来速度较慢。因此，本书选择较低的版本 Ubuntu Kylin 16.04 LTS。这个版本不仅降低了对计算机配置的要求，也可以保证各种大数据软件的顺利安装和运行，帮助读者更好地完成本书中的各个实验。

读者可以通过两种途径下载 Ubuntu Kylin 发行版本的安装映像文件。

第一种途径是进入 Windows 系统，访问 Ubuntu 官网下载页面。进入 Ubuntu 官网的下载页面后（见图 3-1），可以看到两种不同版本的安装映像文件的下载地址，即 32 位版本和 64 位版本。如果计算机硬件配置较低、内存小于 2GB，建议选择 32 位版本；如果内存大于 4GB，建议选择 64 位版本。

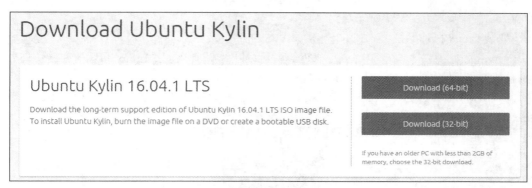

图 3-1　Ubuntu 官网的下载页面

第二种途径是进入 Windows 系统，访问本书官网，进入"下载专区"，在"软件"目录下找到安装映像文件 ubuntukylin-16.04-desktop-amd64.iso 并将其下载到本地。不过，本书官网仅提供了 64 位版本的 Linux 系统安装映像文件。

3.1.2　Linux 系统的安装方式

Linux 系统的安装主要有两种方式：虚拟机安装方式和双系统安装方式。

1. 虚拟机安装方式

首先，在 Windows 操作系统上安装虚拟机软件（比如 VirtualBox 或 VMware），然后在虚拟机软件上安装 Linux 系统。采用这种安装方式时，Linux 系统就相当于运行在 Windows 上的一个软件。如果要使用 Linux 系统，需要在计算机开机后，首先启动并进入 Windows 操作系统，然后在 Windows 操作系统中打开虚拟机软件，最后在虚拟机软件中启动 Linux，之后才能使用 Linux 系统。

2. 双系统安装方式

直接把 Linux 系统安装在"裸机"上，而不是安装在 Windows 系统上。采用这种安装方式时，Linux 系统和 Windows 系统的地位是平等的。当计算机开机时，屏幕上会显示提示信息，让用户选择要启动的系统。如果用户选择 Windows 系统，计算机就继续启动并进入 Windows 系统；如果用户选择 Linux 系统，计算机就继续启动并进入 Linux 系统。

对于虚拟机安装方式而言，由于同时要运行 Windows 系统和 Linux 系统，因此，这种安装方式对计算机硬件的要求较高。建议计算机较新且具备 4GB 以上配置内存时选择虚拟机安装方式；计算机较旧或配置内存小于 4GB 时选择双系统安装方式。否则，在配置较低的计算机上运行 Linux 虚拟机，系统运行速度会非常慢。

由于大多数大数据初学者对 Windows 系统比较熟悉，对 Linux 系统可能稍显陌生，因此，本书采用虚拟机安装方式安装 Linux 系统。

3.1.3 安装Linux系统

当采用虚拟机安装方式时，计算机最好具备8GB以上的内存，否则，运行速度会很慢。计算机的硬盘配置需要在100GB以上。

1. 安装虚拟机软件

常用的虚拟机软件包括VMware和VirtualBox等。VirtualBox属于开源软件，可免费使用；VMware属于商业软件，需要付费使用。从易用性的角度来看，VMware要比VirtualBox更胜一筹，因此，本书采用VMware。读者可以访问VMware官网下载安装文件，也可以到本书官网下载，安装文件位于"下载专区"的"软件"目录下，文件名为VMware-workstation-full-17.0.1.exe。下载后，读者请在Windows操作系统中安装VMware。

2. 安装Linux操作系统

进入Windows系统，启动VMware软件，按照以下两个步骤完成Linux系统的安装：首先创建一个虚拟机，然后在虚拟机上安装Linux系统。

打开VMware，在"主页"选项卡中，我们可以看到图3-2所示的界面，单击"创建新的虚拟机"。

图3-2　VMware"主页"选项卡

在出现的界面（见图3-3）中，选择"典型(推荐)(T)"。

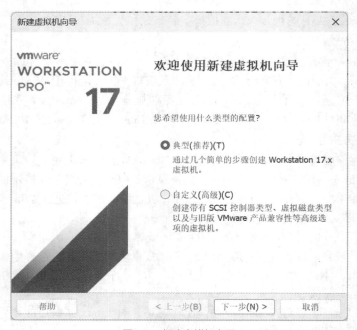

图3-3　新建虚拟机向导

在出现的界面（见图 3-4）中，选中"安装程序光盘映像文件(iso)(M)"，单击"浏览"按钮。在弹出的界面（见图 3-5）中，找到之前已经准备好的 Ubuntu 安装映像文件 ubuntukylin-16.04-desktop-amd64.iso，单击"打开"把它加入进来，返回图 3-4 所示界面，然后单击"下一步"。

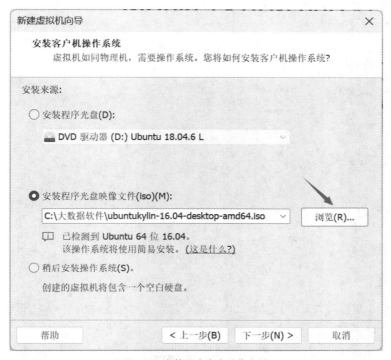

图 3-4　安装程序光盘映像文件

图 3-5　打开映像文件

在弹出的界面（见图 3-6）中，进行个性化 Linux 设置，比如，可以把"全名"设置为"xmudblab"，"用户名"设置为"dblab"，"密码"设置为"123456"并在"确认"文本框中再次输入该密码。然后，单击"下一步"。

图 3-6 个性化 Linux 设置

在弹出的界面（见图 3-7）中，设置"虚拟机名称"为"hadoop01"，并设置虚拟机文件保存位置，然后单击"下一步"。

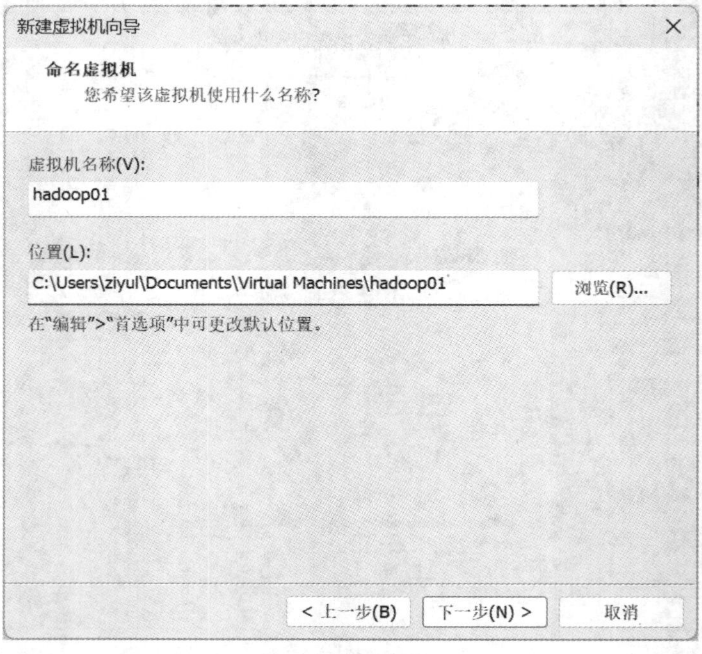

图 3-7 命名虚拟机

在弹出的界面（见图 3-8）中，对最大磁盘大小进行设置。一般而言，开展大数据实验，需要在虚拟机中安装各种大数据软件，至少需要消耗 40GB 磁盘空间，因此，建议把"最大磁盘大小"设置为 50.0GB～100.0GB。同时，需要选中"将虚拟磁盘存储为单个文件(O)"。然后，单击"下一步"。

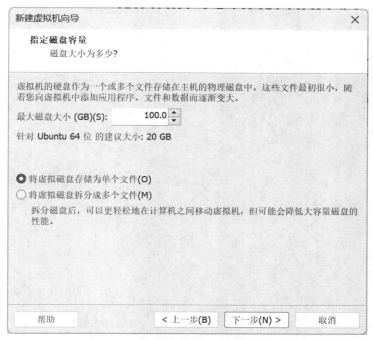

图 3-8　设置最大磁盘大小

在弹出的界面（见图 3-9）中，单击"自定义硬件(C)"按钮，对内存大小进行设置。

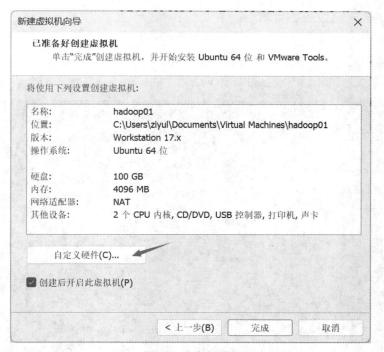

图 3-9　自定义硬件

在弹出的界面（见图 3-10）中，对虚拟机的内存进行设置。比如，如果计算机的内存为 32GB，则可以把虚拟机内存设置为 16GB（16384MB），最小设置为 4GB（4096MB）。然后，单击"关闭"，返回图 3-9 所示界面，单击"完成"。这时，VMware 就会开始自动安装 Ubuntu 系统。

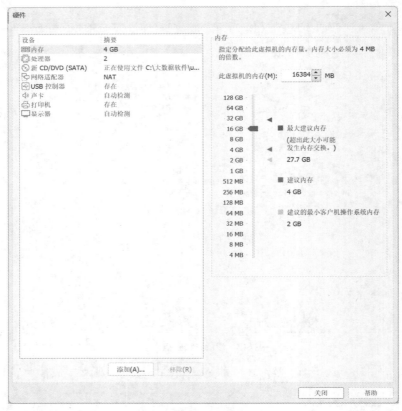

图 3-10 设置内存大小

系统安装完成以后，会出现图 3-11 所示的登录界面。单击"xmudblab"用户，输入密码，就可以登录 Ubuntu 系统了。登录后系统界面如图 3-12 所示。

图 3-11 Ubuntu 登录界面

图 3-12　Ubuntu 系统界面

在系统界面底部的一排按钮中，有一个经常被使用的按钮是"终端"（Terminal）按钮（见图 3-13），单击这个按钮，就可以新建一个 Linux 终端，也就是 Linux Shell 环境。当然，读者也可以使用快捷键"Ctrl+Alt+T"新建一个终端。

图 3-13　"终端"按钮

在系统界面底部的一排按钮中，另一个经常被使用的按钮是"文件夹"按钮（见图 3-14），单击这个按钮，就可以打开文件夹管理界面（见图 3-15），在这个界面可以像在 Windows 系统中一样进行各种操作。VMware 支持 Windows 系统和 Linux 虚拟机之间的双向复制，读者可以把 Windows 系统中的文件或文字直接复制并粘贴到 Linux 虚拟机中，也可以把 Linux 虚拟机中的文件或文字复制并粘贴到 Windows 系统中。

图 3-14　"文件夹"按钮

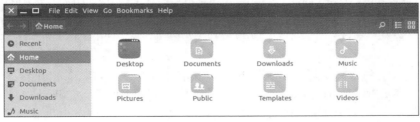

图 3-15　文件夹管理界面

当需要退出登录或关机时，读者可以单击系统界面右上角的 ，在弹出的图 3-16 所示的界面中，若单击 "Log Out" 就可以退出当前登录；若单击 "Shut Down" 就可以关机，也就是关闭 Ubuntu 系统，而不是关闭 Windows 系统。

3.2 Hadoop 的安装

Hadoop 是一个开源的、可运行于大规模集群上的分布式计算平台，它主要包含分布式并行编程模型 MapReduce 和分布式文件系统 HDFS 等，已经在业内得到广泛的应用。

本节首先简要介绍 Hadoop 的版本情况，然后阐述安装 Hadoop 之前的一些必要的准备工作，最后介绍安装 Hadoop 的具体方法。

图 3-16　退出登录或关机界面

3.2.1　Hadoop 版本简介

Hadoop 版本分为 3 代，分别是 Hadoop 1.0、Hadoop 2.0 和 Hadoop 3.0。Hadoop 1.0 包含 0.20.x、0.21.x 和 0.22.x 三大版本，其中，0.20.x 最后演化成 1.0.x，变成了稳定版本，而 0.21.x 和 0.22.x 则增加了 HDFS 的高可用性等重要的新特性。Hadoop 2.0 包含 0.23.x 和 2.x 两大版本，它们完全不同于 Hadoop 1.0，是一套全新的架构，均包含 HDFS Federation 和 YARN 两个系统。Hadoop 2.0 是基于 JDK 1.7 开发的，而 JDK 1.7 在 2015 年 4 月已停止更新，于是 Hadoop 社区基于 JDK 1.8 重新发布了一个新的 Hadoop 版本，也就是 Hadoop 3.0。因此，版本演化到了 Hadoop 3.0 以后，JDK 版本的最低依赖从 1.7 变成了 1.8。Hadoop 3.0 中引入了一些重要的功能（包括 HDFS 可擦除编码、多名称节点支持、基于 cgroup 的内存和磁盘 I/O 隔离等），进行了一些重大优化（包括任务级别的 MapReduce 本地优化等）。本书采用 Hadoop 3.3.5。

除了免费、开源的 Hadoop 以外，还有一些商业公司推出 Hadoop 的发行版本。2008 年，Cloudera 成为第一个 Hadoop 商业公司，并在 2009 年推出第一个 Hadoop 发行版本。此后，很多大公司也加入了 Hadoop 商业化的行列，比如 MapR、Hortonworks、星环科技等。2018 年 10 月，Cloudera 和 Hortonworks 宣布合并。一般而言，商业公司推出的 Hadoop 发行版本也以 Hadoop 为基础，但是前者比后者具有更好的易用性、更多的功能以及更高的性能。

3.2.2　安装 Hadoop 前的准备工作

本小节介绍安装 Hadoop 之前要做的一些准备工作，包括创建 hadoop 用户、更新 APT（Advanced Package Tool，高级软件包工具）、安装 SSH 和安装 Java 环境等。

1. 创建 hadoop 用户

这里需要创建一个名为 hadoop 的普通用户，在进行后续所有操作之前都会使用该用户登录 Linux 系统。3.1.3 小节在安装 Linux 系统时，设置了一个名为 xmudblab 的用户，现在就可以使用 xmudblab 用户登录 Linux 系统，然后打开一个终端（可以使用组合键 "Ctrl+Alt+T"），使用如下命令创建一个 hadoop 用户：

```
$ sudo useradd -m hadoop -s /bin/bash
```

这条命令创建了可以登录的 hadoop 用户，并使用 "/bin/bash" 作为 Shell。

接着使用如下命令为 hadoop 用户设置密码：

```
$ sudo passwd hadoop
```

由于读者现在处于学习阶段，不需要把密码设置得过于复杂，这里把密码简单设置为"hadoop"，也就是用户名和密码相同，方便记忆。此时需要按照提示输入两次密码。

接着，可为 hadoop 用户增加管理员权限，以方便部署，避免出现一些对于新手来说比较棘手的权限问题，命令如下：

```
$ sudo adduser hadoop sudo
```

最后，单击屏幕右上角的图标，选择"Log Out"，退出当前登录的 xmudblab 用户，返回 Linux 系统的登录界面。在登录界面中选择刚创建的 hadoop 用户并输入密码进行登录。

再次说明，本书以后的操作，全部需采用 hadoop 用户登录 Linux 系统。

2. 更新 APT

为了确保 Hadoop 安装过程顺利进行，建议在 Linux 终端中执行如下命令更新 APT 软件：

```
$ sudo apt-get update
```

3. 安装 SSH

SSH（Secure Shell，安全外壳）是建立在应用层和传输层基础上的安全协议，也是目前较可靠、专为远程登录会话和其他网络服务提供安全性的协议。利用 SSH 协议可以有效防止远程管理过程中出现信息泄露问题。SSH 最初是 UNIX 系统上的一个程序，后来又迅速扩展到其他操作系统。SSH 由客户端和服务端的软件组成。服务端是一个守护进程，它在后台运行并响应来自客户端的连接请求；客户端包含 SSH 程序以及 SCP（用于实现远程复制）、slogin（用于实现远程登录）、SFTP（用于实现安全文件传输）等应用程序。

为什么在安装 Hadoop 之前要配置 SSH 呢？这是因为 Hadoop 名称节点的运行需要启动集群中所有机器的 Hadoop 守护进程，这个过程需要通过 SSH 登录来实现。Hadoop 并没有提供输入密码实现 SSH 登录的方式，因此，为了能够顺利登录集群中的每台机器，我们需要将所有机器配置为"名称节点可以无密码登录它们"。

Ubuntu 默认已安装了 SSH 客户端，因此，这里还需要安装 SSH 服务端，请在 Linux 的终端中执行以下命令：

```
$ sudo apt-get install openssh-server
```

安装后，可以使用如下命令登录本机：

```
$ ssh localhost
```

执行该命令后会出现图 3-17 所示的提示信息（SSH 首次登录提示），输入"yes"，然后按提示输入密码"hadoop"，就可以登录到本机了。

```
hadoop@DBLab-XMU:~$ ssh localhost
The authenticity of host 'localhost (127.0.0.1)' can't be established.
ECDSA key fingerprint is a9:28:e0:4e:89:40:a4:cd:75:8f:0b:8b:57:79:67:86.
Are you sure you want to continue connecting (yes/no)? yes
```

图 3-17　SSH 登录提示信息

这里在理解上会有一些"绕弯"。原本我们登录到 Linux 系统以后，在终端中输入的每条命令都直接提交给本机执行，然后，我们又在本机上使用 SSH 方式登录到本机，这时，我们在终端中输入的命令，会通过 SSH 方式提交给本机处理。如果换成包含两台独立计算机的场景，会更容易理解。比如，有两台计算机 A 和 B 都安装了 Linux 系统，计算机 B 上安装了 SSH 服务端，计算机 A 上安装了 SSH 客户端，计算机 B 的 IP 地址是 59.77.16.33。我们在计算机 A 上执行命令"ssh 59.77.16.33"，就实现了通过 SSH 方式登录计算机 B 上的 Linux 系统，我们在计算机 A 的 Linux 终端中输入的命令，都会提交给计算机 B 上的 Linux 系统执行，也就是在计算机 A 上操作计算机 B 中的 Linux 系统。而现在我们只有一台计算机，就相当于计算机 A 和 B 都在同一台机器上。

但是，这样登录需要每次都输入密码，所以，将登录方式配置成 SSH 无密码登录会比较方便。

而且，Hadoop集群中，名称节点要登录某台机器（数据节点）时也不可能人工输入密码，所以，也需要将登录方式配置成SSH无密码登录。

首先，请输入命令"exit"退出刚才的SSH登录，回到原先的终端窗口；然后，可以利用"ssh-keygen"生成密钥，并将密钥加入授权，命令如下：

```
$ cd ~/.ssh/           # 若没有该目录，请先执行一次 "ssh localhost" 命令
$ ssh-keygen -t rsa    # 会有提示，按 "Enter" 键即可
$ cat ./id_rsa.pub >> ./authorized_keys  # 加入授权
```

此时，执行"ssh localhost"命令，无须输入密码就可以直接登录了，如图3-18所示。

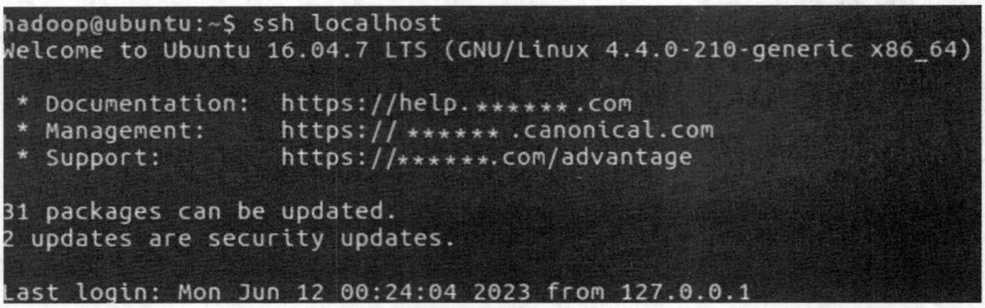

图3-18　SSH无密码登录后的提示信息

4. 安装Java环境

由于Hadoop本身是使用Java语言编写的，因此Hadoop的开发和运行都需要Java的支持，Hadoop 3.3.5要求使用JDK 1.8或者更新的版本。

访问Oracle官网下载JDK 1.8安装包。读者也可以访问本书官网，进入"下载专区"，在"软件"目录下找到文件jdk-8u371-linux-x64.tar.gz并将其下载到本地。这里假设下载的JDK安装文件保存在Ubuntu系统的"/home/hadoop/Downloads/"目录下。

执行如下命令创建"/usr/lib/jvm"目录用来存放JDK文件：

```
$cd /usr/lib
$sudo mkdir jvm #创建 "/usr/lib/jvm" 目录用来存放JDK文件
```

执行如下命令对安装文件进行解压缩：

```
$cd ~ #进入hadoop用户的主目录
$cd Downloads
$sudo tar -zxvf ./jdk-8u371-linux-x64.tar.gz -C /usr/lib/jvm
```

继续执行如下命令，设置环境变量：

```
$vim ~/.bashrc
```

上述命令使用Vim编辑器打开了hadoop用户的环境变量配置文件，请在这个文件的开头位置添加如下内容：

```
export JAVA_HOME=/usr/lib/jvm/jdk1.8.0_371
export JRE_HOME=${JAVA_HOME}/jre
export CLASSPATH=.:${JAVA_HOME}/lib:${JRE_HOME}/lib
export PATH=${JAVA_HOME}/bin:$PATH
```

保存.bashrc文件并退出Vim编辑器。然后继续执行如下命令，让.bashrc文件的配置立即生效：

```
$source ~/.bashrc
```

这时，可以使用如下命令查看JDK 1.8是否安装成功：

```
$java -version
```

如果返回如下信息，则说明安装成功：

```
java version "1.8.0_371"
```

```
Java(TM) SE Runtime Environment (build 1.8.0_371-b11)
Java HotSpot(TM) 64-Bit Server VM (build 25.371-b11, mixed mode)
```
至此，我们成功安装了 Java 环境。下面就可以进行 Hadoop 的安装了。

3.2.3 Hadoop 的 3 种安装模式

Hadoop 包括 3 种安装模式。
（1）单机模式。只在一台机器上运行，存储采用本地文件系统，没有采用分布式文件系统 HDFS。
（2）伪分布式模式。存储采用分布式文件系统 HDFS，但是 HDFS 的名称节点和数据节点都位于同一台机器上。
（3）分布式模式。存储采用分布式文件系统 HDFS，而且 HDFS 的名称节点和数据节点位于不同机器上。

3.2.4 下载 Hadoop 安装文件

本书采用的 Hadoop 版本是 3.3.5，读者可以到 Hadoop 官网下载安装文件，也可以到本书官网的"下载专区"中下载安装文件。单击进入下载专区后，在"软件"文件夹中找到文件 hadoop-3.3.5.tar.gz，下载到本地，保存到"/home/hadoop/Downloads/"目录下。

下载完安装文件以后，需要对文件进行解压。按照 Linux 系统使用的默认规范，用户安装的软件一般存放在"/usr/local/"目录下。使用 hadoop 用户登录 Linux 系统，打开一个终端，执行如下命令：
```
$ sudo tar -zxvf ~/Downloads/hadoop-3.3.5.tar.gz -C /usr/local    # 解压到"/usr/local"
目录中
$ cd /usr/local/
$ sudo mv ./hadoop-3.3.5/ ./hadoop         # 将文件夹名改为 hadoop
$ sudo chown -R hadoop:hadoop ./hadoop           # 修改文件权限
```
Hadoop 解压后即可使用，读者可以输入如下命令来检查 Hadoop 是否可用，如果可用则会显示 Hadoop 版本信息：
```
$ cd /usr/local/hadoop
$ ./bin/hadoop version
```

3.2.5 单机模式配置

Hadoop 的默认安装模式为非分布式模式（单机模式），无须进行其他配置即可运行。Hadoop 附带了丰富的程序，执行如下命令可以查看所有程序：
```
$ cd /usr/local/hadoop
$ ./bin/hadoop jar ./share/hadoop/mapreduce/hadoop-mapreduce-examples-3.3.5.jar
```
上述命令执行后，会显示所有程序（包括 grep、join、wordcount 等示例程序）的简介信息。这里选择运行 grep 示例程序。可以先在"/usr/local/hadoop/"目录下创建一个文件夹 input，并复制一些文件到该文件夹下。然后运行 grep 示例程序，将 input 文件夹中的所有文件作为 grep 的输入，让 grep 示例程序从所有文件中筛选出符合正则表达式"dfs[a-z.]+"的单词，并统计单词出现的次数。最后，把统计结果输出到"/usr/local/hadoop/output"文件夹中。完成上述操作的具体命令如下：
```
$ cd /usr/local/hadoop
$ mkdir input
$ cp ./etc/hadoop/*.xml ./input     # 将配置文件复制到 input 文件夹中
$ ./bin/hadoop jar ./share/hadoop/mapreduce/hadoop-mapreduce-examples-*.jar grep
./input ./output 'dfs[a-z.]+'
$ cat ./output/*             # 查看运行结果
```

执行成功后如图 3-19 所示，输出了作业的相关信息，输出的结果是：符合正则表达式的单词"dfsadmin"出现了 1 次。

```
hadoop@ubuntu:/usr/local/hadoop$ cat ./output/*
1       dfsadmin
```

图 3-19　grep 示例程序运行结果

需要注意的是，Hadoop 默认不会覆盖 output 文件夹，因此，再次运行上述程序会提示出错。如果要再次运行，需要先使用如下命令把 output 文件夹删除：

```
$ rm -r ./output
```

3.2.6　伪分布式模式配置

Hadoop 可以在单个节点（一台机器）上以伪分布式模式运行，同一个节点既作为名称节点，也作为数据节点，读取的是分布式文件系统 HDFS 中的文件。

1. 修改配置文件

设置好相关配置文件，才能够让 Hadoop 在伪分布式模式下顺利运行。Hadoop 的配置文件位于"/usr/local/hadoop/etc/hadoop/"中，进行伪分布式模式配置时，需要修改 2 个配置文件，即 core-site.xml 和 hdfs-site.xml。

可以使用 Vim 编辑器打开 core-site.xml 文件，它的初始内容如下：

```xml
<configuration>
</configuration>
```

修改以后，core-site.xml 文件的内容如下：

```xml
<configuration>
    <property>
        <name>hadoop.tmp.dir</name>
        <value>file:/usr/local/hadoop/tmp</value>
        <description>Abase for other temporary directories.</description>
    </property>
    <property>
        <name>fs.defaultFS</name>
        <value>hdfs://localhost:9000</value>
    </property>
</configuration>
```

在上面的配置文件中，hadoop.tmp.dir 用于保存临时文件，若没有配置 hadoop.tmp.dir 参数，则默认使用的临时目录为"/tmp/hadoo-hadoop"，而这个目录在 Hadoop 重启时有可能会被系统清理，导致一些意想不到的问题产生，因此，必须配置这个参数。fs.defaultFS 参数用于指定 HDFS 的访问地址，其中，9000 是端口号。

同样，需要修改配置文件 hdfs-site.xml，修改后的内容如下：

```xml
<configuration>
    <property>
        <name>dfs.replication</name>
        <value>1</value>
    </property>
    <property>
        <name>dfs.namenode.name.dir</name>
        <value>file:/usr/local/hadoop/tmp/dfs/name</value>
    </property>
    <property>
        <name>dfs.datanode.data.dir</name>
        <value>file:/usr/local/hadoop/tmp/dfs/data</value>
```

```
        </property>
</configuration>
```

在 hdfs-site.xml 文件中，dfs.replication 参数用于设定副本的数量，因为在分布式文件系统 HDFS 中，数据会被冗余存储多份，以保证可靠性和可用性。但是，由于这里采用伪分布式模式，只有一个节点，只可能有 1 个副本，因此，设置 dfs.replication 的值为 1。dfs.namenode.name.dir 用于设定名称节点的元数据的保存目录，dfs.datanode.data.dir 用于设定数据节点的数据保存目录。这两个参数必须设定，否则后面会出错。

对于配置文件 core-site.xml 和 hdfs-site.xml 的内容，读者也可以直接到本书官网的"下载专区"下载，相关文件位于"代码"目录下的"第 3 章"子目录下的"伪分布式模式配置"中。

需要指出的是，Hadoop 的运行方式（比如运行在单机模式下还是运行在伪分布式模式下）是由配置文件决定的（启动 Hadoop 时会读取配置文件，根据配置文件来决定运行在什么模式下）。因此，如果需要从伪分布式模式切换回单机模式，只需要删除 core-site.xml 中的配置项即可。

2. 执行名称节点格式化

修改配置文件以后，要执行名称节点的格式化，命令如下：

```
$ cd /usr/local/hadoop
$ ./bin/hdfs namenode -format
```

如果格式化成功，会看到带有"successfully formatted"字样的提示信息（见图 3-20）。

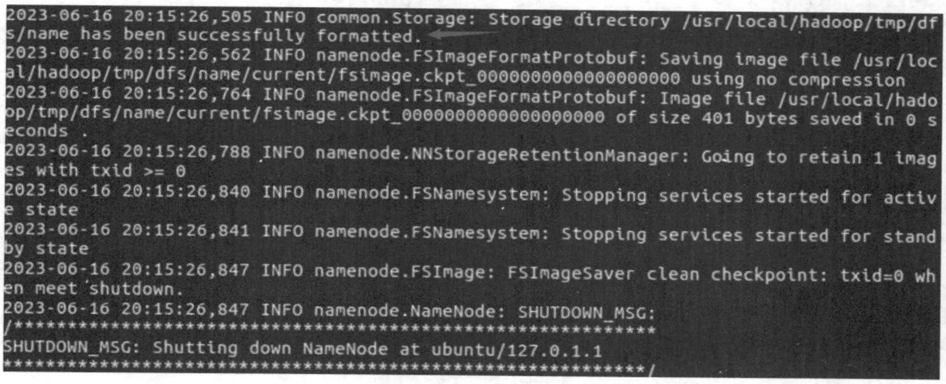

图 3-20　执行名称节点格式化后的提示信息

3. 启动 Hadoop

执行如下命令启动 Hadoop：

```
$ cd /usr/local/hadoop
$ ./sbin/start-dfs.sh    #start-dfs.sh 是个完整的可执行文件，中间没有空格
```

Hadoop 启动完成后，可以通过命令"jps"来判断是否成功启动，命令如下：

```
$ jps
```

若成功启动，则会列出如下进程（见图 3-21）：DataNode、Jps、NameNode 和 SecondaryNameNode。

图 3-21　Hadoop 启动成功以后列出的进程

4. 使用 Web 管理页面查看节点信息和 HDFS 中的文件

Hadoop 成功启动后，我们可以在 Linux 系统（不是 Windows 系统）中打开一个浏览器。在地址

栏中输入地址"http://localhost:9870"并按"Enter"键,就可以查看名称节点和数据节点信息,还可以在线查看 HDFS 中的文件(见图 3-22)。

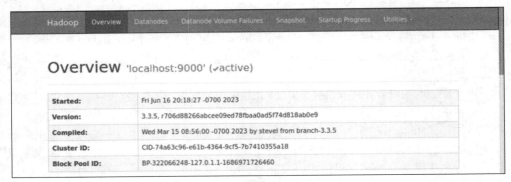

图 3-22　HDFS 的 Web 管理页面

5. Hadoop 伪分布式模式下运行 grep 示例程序

3.2.5 小节的单机模式下,grep 程序读取的是本地数据;伪分布式模式下,该程序读取的则是分布式文件系统 HDFS 上的数据。要使用 HDFS,首先需要在 HDFS 中创建用户目录,命令如下:

```
$ cd /usr/local/hadoop
$ ./bin/hdfs dfs -mkdir -p /user/hadoop
```

上面的命令是分布式文件系统 HDFS 的操作命令。本书会在后文做相关介绍,目前我们只需要按照命令操作即可。

接着需要把本地文件系统的"/usr/local/hadoop/etc/hadoop"目录中的所有 .xml 文件作为输入文件,复制到分布式文件系统 HDFS 的"/user/hadoop/input"目录中,命令如下:

```
$ cd /usr/local/hadoop
$ ./bin/hdfs dfs -mkdir input     #在HDFS中创建hadoop用户对应的input目录
$ ./bin/hdfs dfs -put ./etc/hadoop/*.xml input    #把本地文件复制到HDFS的input目录中
```

复制完成后,可以通过如下命令查看 HDFS 中的文件列表:

```
$ ./bin/hdfs dfs -ls input
```

执行上述命令以后,可以看到 input 目录下的文件信息。

现在就可以运行 Hadoop 自带的 grep 示例程序,命令如下:

```
$ ./bin/hadoop jar ./share/hadoop/mapreduce/hadoop-mapreduce-examples-3.3.5.jar grep input output 'dfs[a-z.]+'
```

运行结束后,可以通过如下命令查看 HDFS 中的 output 文件夹中的内容:

```
$ ./bin/hdfs dfs -cat output/*
```

执行结果如图 3-23 所示。

```
hadoop@ubuntu:/usr/local/hadoop$ ./bin/hdfs dfs -cat output/*
1       dfsadmin
1       dfs.replication
1       dfs.namenode.name.dir
1       dfs.datanode.data.dir
```

图 3-23　在 Hadoop 伪分布式模式下运行 grep 示例程序的结果

需要强调的是,Hadoop 运行程序时,output 文件夹不能存在,否则会提示如下错误信息:

```
org.apache.hadoop.mapred.FileAlreadyExistsException: Output directory hdfs://localhost:9000/user/hadoop/output already exists
```

因此,若要再次执行 grep 示例程序,需要执行如下命令删除 HDFS 中的 output 文件夹:

```
$ ./bin/hdfs dfs -rm -r output    # 删除output文件夹
```

6. 关闭 Hadoop

如果要关闭 Hadoop，可以执行如下命令：

```
$ cd /usr/local/hadoop
$ ./sbin/stop-dfs.sh
```

下次启动 Hadoop 时，无须进行名称节点的初始化（否则会出错），也就是说，不要再次执行"hdfs namenode -format"命令，每次启动 Hadoop 只需要直接运行"start-dfs.sh"命令。

7. 配置 PATH 变量

前面在启动 Hadoop 时，都要带上命令的路径，比如，"./sbin/start-dfs.sh"命令中就带上了路径，实际上，通过配置 PATH 变量，在执行命令时就可以不用带上命令本身所在的路径。比如，我们打开一个 Linux 终端，在任何一个目录下执行"ls"命令时，都没有带上"ls"命令的路径，实际上执行"ls"命令时执行的是"/bin/ls"程序。之所以不需要带上路径，是因为 Linux 系统已经把"ls"命令的路径加入 PATH 变量中了，当执行"ls"命令时，系统根据 PATH 环境变量中包含的路径逐一进行查找，直至在这些路径下找到匹配的 ls 程序（若没有匹配的程序，则系统会提示该命令不存在）。

知道这个原理以后，我们同样可以把"start-dfs.sh""stop-dfs.sh"等命令的路径"/usr/local/hadoop/sbin"加入环境变量 PATH 中，这样，以后在任何目录下都可以直接使用命令"start-dfs.sh"启动 Hadoop，不用带上命令路径。具体操作方法是，首先使用 Vim 编辑器打开"~/.bashrc"文件，然后在这个文件的最前面加入如下一行内容：

```
export PATH=$PATH:/usr/local/hadoop/sbin
```

在后面的学习过程中，如果要继续把其他命令的路径也加入 PATH 变量中，需要继续修改"~/.bashrc"文件。当后面要继续加入新的路径时，用英文冒号":"将路径隔开，把新的路径加到后面即可。比如，要继续把"/usr/local/hadoop/bin"路径加入 PATH 中，将其追加到后面即可，如下所示：

```
export PATH=$PATH:/usr/local/hadoop/sbin:/usr/local/hadoop/bin
```

加入路径后，执行命令"source ~/.bashrc"使设置生效。设置生效后，在任何目录下启动 Hadoop 都只需要直接输入"start-dfs.sh"命令，同理，停止 Hadoop 也只需要在任何目录下输入"stop-dfs.sh"命令。

3.2.7 分布式模式配置

当 Hadoop 采用分布式模式部署和运行时，存储采用分布式文件系统 HDFS。由于 HDFS 的名称节点和数据节点位于不同机器上，因此，数据就可以分布到多个节点上，不同数据节点上的数据计算可以并行执行，这时的 MapReduce 分布式计算能力才能真正发挥作用。

这里使用 3 个节点（两台物理机器）来搭建集群环境，主机名分别为 hadoop01、hadoop02 和 hadoop03。3 个节点上的 Hadoop 集群组件分布如表 3-1 所示。

表 3-1　Hadoop 集群组件分布

节点	hadoop01	hadoop02	hadoop03
HDFS	NameNode DataNode	DataNode	DataNode SecondaryNameNode
YARN	ResourceManager NodeManager	NodeManager	NodeManager

1. 安装虚拟机

此前，在"3.1.3 安装 Linux 系统"这部分内容中，我们已经安装了虚拟机 hadoop01，请按照相同的方法再安装另外两个虚拟机 hadoop02 和 hadoop03，也可以采用"克隆"虚拟机的方式快速生成两个新的虚拟机。由于 hadoop02 和 hadoop03 是从节点，不需要安装很多的软件，所以它们的配置可以比 hadoop01 的配置低一些。比如，对于 hadoop02 和 hadoop03 而言，内存只需要配置 4GB，磁盘只需要配置 20GB。

安装好虚拟机 hadoop02 和 hadoop03 以后，参照 3.2.2 小节的方法，首先创建 hadoop 用户，然后使用 hadoop 用户登录 Linux 系统，安装 SSH 服务端，并安装 Java 环境。

2. 网络配置

在 Ubuntu 中，在 hadoop01 节点上执行如下命令打开包含主机名的文件：

```
$ sudo vim /etc/hostname
```

执行上述命令后，就打开了 "/etc/hostname" 文件，这个文件中记录了主机名。因此，打开这个文件以后，其中就只有 "ubuntu" 这一行内容，可以直接删除，并输入 "hadoop01"（注意这里是区分大小写的），然后保存并退出 Vim 编辑器。这样就完成了主机名的修改，需要重启 Linux 系统才能看到主机名的变化。

要注意观察主机名修改前后的变化。在修改主机名之前，如果用 hadoop 登录 Linux 系统，打开终端，进入 Shell 命令提示符状态，会显示如下内容：

```
hadoop@ ubuntu:~$
```

修改主机名并且重启 Linux 系统之后，用 hadoop 登录 Linux 系统，打开终端，进入 Shell 命令提示符状态，会显示如下内容：

```
hadoop@ hadoop01:~$
```

同理，请按照相同的方法，把虚拟机 hadoop02 和 hadoop03 中的主机名分别修改为 "hadoop02" "hadoop03"，并重启 Linux 系统。

然后使用 "ifconfig" 命令获取每台虚拟机的 IP 地址，具体命令如下：

```
$ ifconfig
```

图 3-24 给出了 "ifconfig" 命令的执行效果，从中可以看到，hadoop01 的 IP 地址是 192.168.91.128（读者的机器的 IP 地址可能和这个不同）。同理，可以查询到 hadoop02 的 IP 地址是 192.168.91.129（读者的机器的 IP 地址可能和这个不同），hadoop03 的 IP 地址是 192.168.91.130（读者的机器的 IP 地址可能和这个不同）。

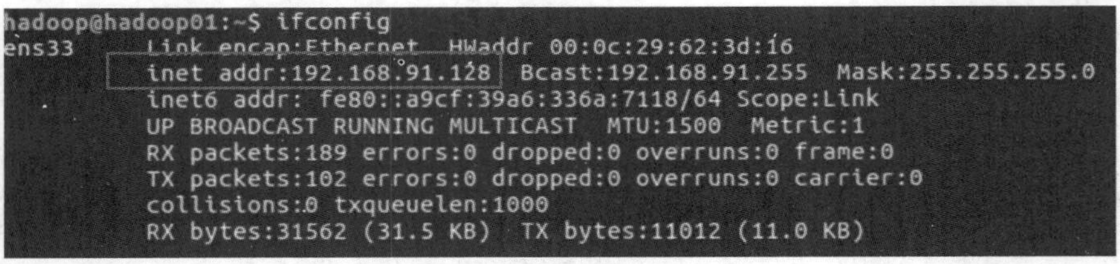

图 3-24 "ifconfig" 命令的执行效果

需要注意的是，每台机器的 IP 地址建议设置为固定 IP 地址，不要使用动态分配 IP 地址，否则，每次重启系统以后 IP 地址可能会动态变化，导致后面搭建的集群无法连接。下面介绍把机器的 IP 地址设置为固定 IP 地址的方法。

在 Ubuntu 系统中新建一个终端，执行如下命令查询网关地址：

```
$ netstat -nr
```

查询结果如图 3-25 所示，从图中可以看到，网关地址是 192.168.91.2。

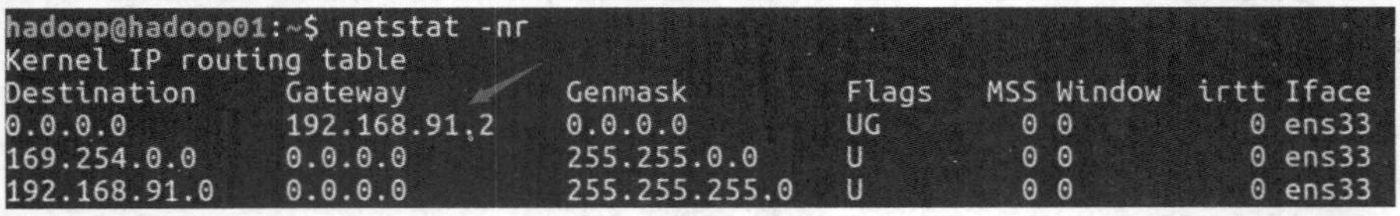

图 3-25 查询网关地址

单击 Ubuntu 系统界面右上角的 ⚙（见图 3-26），在弹出的菜单中选择"System Settings"，打开系统设置界面。

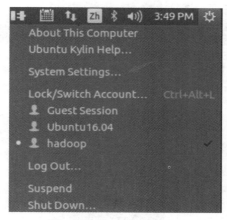

图 3-26　打开系统设置界面

在出现的界面（见图 3-27）中，单击"Network"按钮，打开网络设置界面。

图 3-27　打开网络设置界面

在出现的界面（见图 3-28）中，单击"Options"按钮。

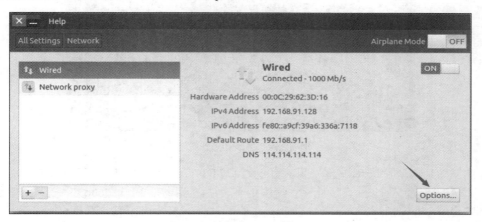

图 3-28　单击"Options"按钮

在出现的 IP 地址设置界面（见图 3-29）中，在"Method"右边的下拉列表中选择"Manual"，然后把"Address"设置为"192.168.91.128"，把"Netmask"设置为"255.255.255.0"，把"Gateway"设置为"192.168.91.2"，把"DNS servers"设置为"114.114.114.114"，接着单击界面底部的"Save"

按钮，最后重新启动 Ubuntu 系统，IP 地址就生效了。注意，系统重启以后，一定要使用"ifconfig"命令检查 IP 地址是否已经设置成功，同时，也要在 Ubuntu 中打开一个浏览器，测试是否可以正常访问网络（比如访问百度网站）。

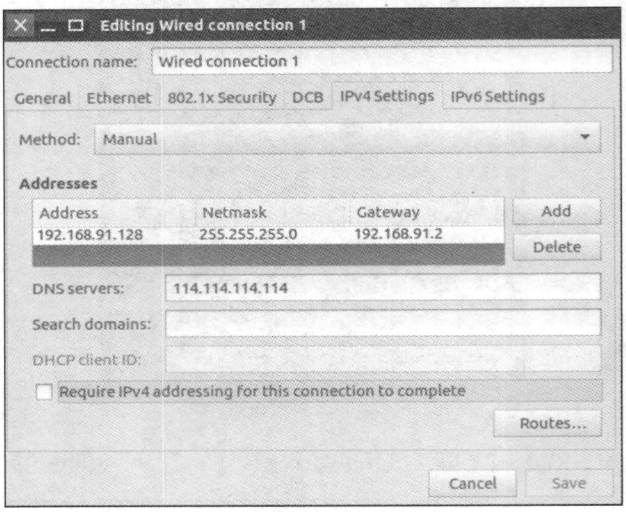

图 3-29 IP 地址设置界面

在 hadoop01 中，执行如下命令打开"/etc/hosts"文件：
```
$ sudo vim /etc/hosts
```
可以在 hosts 文件中增加如下 3 条 IP 地址和主机名映射关系：
```
192.168.91.128    hadoop01
192.168.91.129    hadoop02
192.168.91.130    hadoop03
```
增加后的效果如图 3-30 所示。

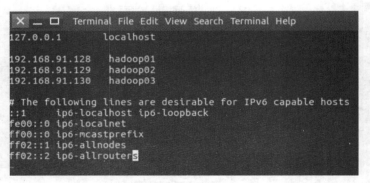

图 3-30 增加 IP 地址和主机名映射关系后的效果

需要注意的是，一般 hosts 文件中只能有一个 127.0.0.1，其映射的主机名为 localhost，如果有多余的包含 127.0.0.1 的映射关系，应删除，特别是不能存在"127.0.0.1 hadoop01"这样的映射关系。修改后需要重启 Linux 系统。

上面完成了对 hadoop01 的配置，接下来要继续完成对其他节点的配置。请参照上面的方法，分别到 hadoop02 和 hadoop03 中，在 hosts 文件中增加如下 3 条 IP 地址和主机名映射关系：
```
192.168.91.128    hadoop01
192.168.91.129    hadoop02
192.168.91.130    hadoop03
```

增加完成以后，请重新启动 Linux 系统。

需要在各个节点上都执行如下命令，测试是否相互连通，如果不连通，后面就无法顺利配置成功：

```
$ ping hadoop01 -c 3    # 只执行 3 次 "ping" 命令就会停止，否则要按 "Ctrl+C" 组合键中断 "ping" 命令
$ ping hadoop02 -c 3
$ ping hadoop03 -c 3
```

例如，在 hadoop01 节点上执行 "ping" 命令，如果连通，会显示图 3-31 所示的结果。

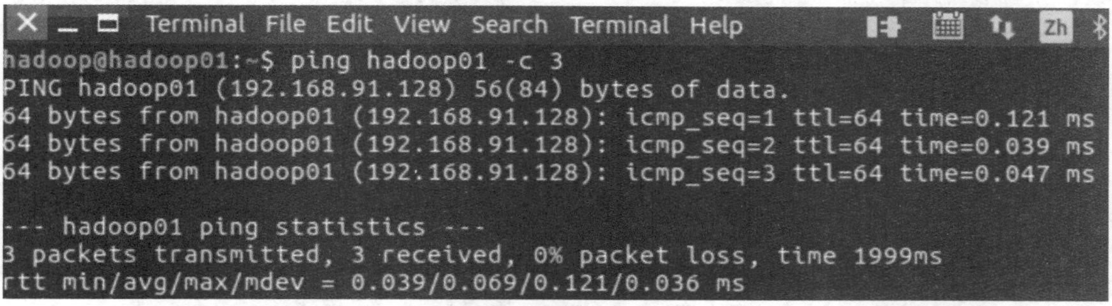

```
hadoop@hadoop01:~$ ping hadoop01 -c 3
PING hadoop01 (192.168.91.128) 56(84) bytes of data.
64 bytes from hadoop01 (192.168.91.128): icmp_seq=1 ttl=64 time=0.121 ms
64 bytes from hadoop01 (192.168.91.128): icmp_seq=2 ttl=64 time=0.039 ms
64 bytes from hadoop01 (192.168.91.128): icmp_seq=3 ttl=64 time=0.047 ms

--- hadoop01 ping statistics ---
3 packets transmitted, 3 received, 0% packet loss, time 1999ms
rtt min/avg/max/mdev = 0.039/0.069/0.121/0.036 ms
```

图 3-31　连通的结果

3. SSH 无密码登录节点

必须让 hadoop01 节点可以 SSH 无密码登录到各个节点（包括 hadoop01 自身）。首先需要再次确认 3 个节点上已经安装了 SSH 服务端，如果之前没有安装，需要先进行安装。

然后生成 hadoop01 节点的公钥，如果之前已经生成过公钥（在 3.2.2 小节安装 SSH 时生成过一次公钥），必须删除原来生成的公钥，重新生成一次，因为前面我们对主机名进行了修改。在 hadoop01 节点执行如下命令：

```
$ cd ~/.ssh              # 如果没有该目录，先执行一次 "ssh localhost"
$ rm ./id_rsa*           # 删除之前生成的公钥（如果已经存在）
$ ssh-keygen -t rsa      # 执行该命令后，遇到提示信息，一直按 "Enter" 键就可以
```

为了让 hadoop01 节点能够 SSH 无密码登录本机，需要在 hadoop01 节点上执行如下命令：

```
$ cat ./id_rsa.pub >> ./authorized_keys
```

完成后可以执行命令 "ssh hadoop01" 来验证是否配置成功，可能会遇到提示信息，只要输入 "yes" 即可，验证成功后，请执行 "exit" 命令返回原来的终端。

接下来，在 hadoop01 节点将上公钥传输到 hadoop02 和 hadoop03 节点：

```
$ scp ~/.ssh/id_rsa.pub hadoop@hadoop02:/home/hadoop/
$ scp ~/.ssh/id_rsa.pub hadoop@hadoop03:/home/hadoop/
```

上述命令中，"scp" 用于在 Linux 下远程复制文件，类似于 "cp" 命令，不过，"cp" 只能在本机中复制。执行 "scp" 时会要求输入 hadoop02 和 hadoop03 节点上 hadoop 用户的密码，输入完成后会提示传输完毕，如图 3-32 所示。传输完成以后，在 hadoop02 和 hadoop03 节点上的 "/home/hadoop" 目录下就可以看到文件 id_rsa.pub 了。

```
hadoop@hadoop01:~$ scp ~/.ssh/id_rsa.pub hadoop@hadoop02:/home/hadoop/
The authenticity of host 'hadoop02 (192.168.91.129)' can't be established.
ECDSA key fingerprint is SHA256:9k8cB6HLwyrHyueVwW3RPO6FAxXa6MoyUj8EXTqKRwY.
Are you sure you want to continue connecting (yes/no)? yes
Warning: Permanently added 'hadoop02,192.168.91.129' (ECDSA) to the list of known hosts
hadoop@hadoop02's password:
```

图 3-32　执行 "scp" 命令的效果

接着在节点 hadoop02 和 hadoop03 上分别执行如下命令将 SSH 公钥加入授权：

```
$ mkdir ~/.ssh           # 如果不存在该文件夹需先创建，若已存在，则忽略本命令
$ cat ~/id_rsa.pub >> ~/.ssh/authorized_keys
$ rm ~/id_rsa.pub        # 用完以后就可以删除 id_rsa.pub
```

这样，在 hadoop01 节点上就可以 SSH 无密码登录到各个节点（包括 hadoop01、hadoop02 和 hadoop03）了，可在 hadoop01 节点上执行如下命令进行检验：

```
$ ssh hadoop02
$ ssh hadoop03
```

执行命令"$ ssh hadoop03"的效果如图 3-33 所示。

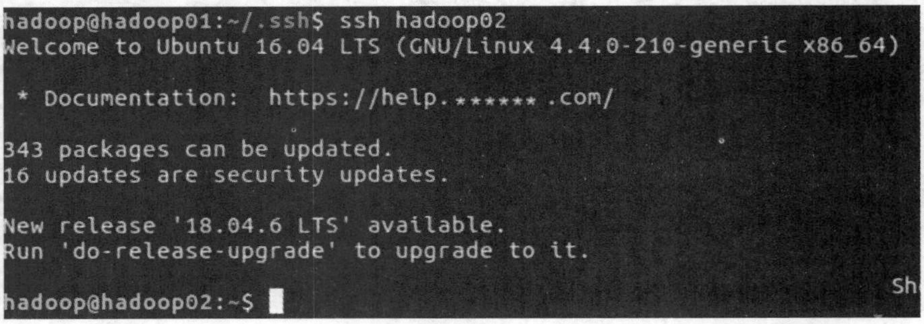

图 3-33 "ssh"命令执行效果

4. 下载安装文件

如果 hadoop01 节点上已经安装过 Hadoop（比如 3.2.6 小节安装过伪分布式模式的 Hadoop），需要先删除已经安装的 Hadoop。

在 hadoop01 节点上下载 Hadoop 安装文件，并执行如下命令：

```
$ sudo tar -zxvf ~/Downloads/hadoop-3.3.5.tar.gz -C /usr/local    # 解压到"/usr/local"中
$ cd /usr/local/
$ sudo mv ./hadoop-3.3.5/ ./hadoop         # 将文件夹名改为 hadoop
$ sudo chown -R hadoop:hadoop ./hadoop     # 修改文件权限
```

5. 配置 PATH 变量

3.2.6 小节已经介绍过 PATH 变量的配置方法，我们可以按照同样的方法对 PATH 变量进行配置，这样就可以在任意目录中直接使用"hadoop""hdfs"等命令了。如果还没有配置 PATH 变量，那么需要在 hadoop01 节点上进行配置。首先执行命令"vim ~/.bashrc"，也就是使用 Vim 编辑器打开"~/.bashrc"文件，然后在该文件最上面的位置加入如下一行内容：

```
export PATH=$PATH:/usr/local/hadoop/bin:/usr/local/hadoop/sbin
```

保存后执行命令"source ~/.bashrc"，使配置生效。

6. 配置集群/分布式模式

在配置集群/分布式模式时，需要修改"/usr/local/hadoop/etc/hadoop"目录下的配置文件，这里仅配置正常启动所必需的配置项，包括 workers、core-site.xml、hdfs-site.xml、mapred-site.xml、yarn-site.xml 共 5 个文件中的配置项，想了解更多配置项可查看官方说明。

（1）修改文件 workers。

需要把所有数据节点的主机名写入该文件，每行一个。把 hadoop01 节点中的 workers 文件中原来的 localhost 删除，添加如下 3 行内容：

```
hadoop01
hadoop02
hadoop03
```

（2）修改文件 core-site.xml。

请把 hadoop01 节点中的 core-site.xml 文件修改为如下内容：
```xml
<configuration>
        <property>
                <name>fs.defaultFS</name>
                <value>hdfs://hadoop01:9000</value>
        </property>
        <property>
                <name>hadoop.tmp.dir</name>
                <value>file:/usr/local/hadoop/tmp</value>
                <description>Abase for other temporary directories.</description>
        </property>
</configuration>
```

各个配置项的含义可以参考 3.2.6 小节配置伪分布式模式时的介绍，这里不赘述。

（3）修改文件 hdfs-site.xml。

对于 Hadoop 的分布式文件系统 HDFS 而言，一般采用冗余存储，冗余因子通常为 3，也就是说，一份数据保存 3 份副本，所以 dfs.replication 的值设置为 3。把 hadoop01 节点中的 hdfs-site.xml 设置为如下内容：

```xml
<configuration>
        <property>
                <name>dfs.namenode.secondary.http-address</name>
                <value>hadoop03:50090</value>
        </property>
        <property>
                <name>dfs.replication</name>
                <value>3</value>
        </property>
        <property>
                <name>dfs.namenode.name.dir</name>
                <value>file:/usr/local/hadoop/tmp/dfs/name</value>
        </property>
        <property>
                <name>dfs.datanode.data.dir</name>
                <value>file:/usr/local/hadoop/tmp/dfs/data</value>
        </property>
</configuration>
```

（4）修改文件 mapred-site.xml。

hadoop01 节点中的"/usr/local/hadoop/etc/hadoop"目录下有一个 mapred-site.xml 文件，把 mapred-site.xml 文件配置成如下内容：

```xml
<configuration>
        <property>
                <name>mapreduce.framework.name</name>
                <value>yarn</value>
        </property>
        <property>
                <name>mapreduce.jobhistory.address</name>
                <value>hadoop01:10020</value>
        </property>
        <property>
                <name>mapreduce.jobhistory.webapp.address</name>
                <value>hadoop01:19888</value>
        </property>
        <property>
```

```xml
        <name>yarn.app.mapreduce.am.env</name>
        <value>HADOOP_MAPRED_HOME=/usr/local/hadoop</value>
    </property>
    <property>
        <name>mapreduce.map.env</name>
        <value>HADOOP_MAPRED_HOME=/usr/local/hadoop</value>
    </property>
    <property>
        <name>mapreduce.reduce.env</name>
        <value>HADOOP_MAPRED_HOME=/usr/local/hadoop</value>
    </property>
</configuration>
```

(5)修改文件 yarn-site.xml。

请把 hadoop01 节点中的 yarn-site.xml 文件配置成如下内容：
```xml
<configuration>
    <property>
        <name>yarn.resourcemanager.hostname</name>
        <value>hadoop01</value>
    </property>
    <property>
        <name>yarn.nodemanager.aux-services</name>
        <value>mapreduce_shuffle</value>
    </property>
</configuration>
```

上述 5 个文件全部配置完成以后，需要把 hadoop01 节点上的"/usr/local/hadoop"文件夹复制到各个节点上。如果之前运行过伪分布式模式，建议在切换到集群模式之前先删除伪分布式模式下生成的临时文件和日志文件。具体来说，需要先在 hadoop01 节点上执行如下命令：

```
$ cd /usr/local/hadoop
$ sudo rm -r ./tmp       # 删除 Hadoop 临时文件
$ sudo rm -r ./logs/*    # 删除日志文件
$ cd /usr/local
$ tar -zcf ~/hadoop.master.tar.gz ./hadoop    # 先压缩再复制
$ cd ~
$ scp ./hadoop.master.tar.gz hadoop02:/home/hadoop
$ scp ./hadoop.master.tar.gz hadoop03:/home/hadoop
```

然后在 hadoop02 和 hadoop03 节点上分别执行如下命令：

```
$ cd ~
$ sudo rm -r /usr/local/hadoop        # 删除旧的（如果存在）
$ sudo tar -zxf ~/hadoop.master.tar.gz -C /usr/local
$ sudo chown -R hadoop /usr/local/hadoop
```

首次启动 Hadoop 集群时，需要先在 hadoop01 节点上执行名称节点的格式化命令（只需要执行这一次，后面再启动 Hadoop 集群时，不要再次格式化名称节点）：

```
$ cd /usr/local/hadoop
$ ./bin/hdfs namenode -format
```

现在就可以启动 Hadoop 集群了，启动需要在 hadoop01 节点上进行，执行如下命令：

```
$ cd /usr/local/hadoop
$ ./sbin/start-dfs.sh
$ ./sbin/start-yarn.sh
$ ./sbin/mr-jobhistory-daemon.sh start historyserver
```

通过命令"jps"可以查看各个节点所启动的进程。如果已经正确启动，则在主节点上可以看到 NameNode、ResourceManager、JobHistoryServer 和 NodeManager 等进程，如图 3-34 所示。

```
hadoop@hadoop01:/usr/local/hadoop$ jps
3507 NameNode
4008 ResourceManager
4539 JobHistoryServer
4140 NodeManager
4572 Jps
3646 DataNode
```

图 3-34　hadoop01 节点上启动的进程

在 hadoop02 节点可以看到 NodeManager 和 DataNode 等进程，如图 3-35 所示。

```
hadoop@hadoop02:~$ jps
3220 NodeManager
3076 DataNode
3336 Jps
```

图 3-35　hadoop02 节点上启动的进程

在 hadoop03 节点可以看到 DataNode、SecondaryNameNode、Jps 和 NodeManager 等进程，如图 3-36 所示。

```
hadoop@hadoop03:~$ jps
2853 DataNode
2974 SecondaryNameNode
3199 Jps
3087 NodeManager
```

图 3-36　hadoop03 节点上启动的进程

缺少任一进程都表示出错。另外，还需要在 hadoop01 节点上通过如下命令查看数据节点是否正常启动：

```
$ cd /usr/local/hadoop
$ ./bin/hdfs dfsadmin -report
```

如果显示"Live datanodes"的值为 3，则说明启动成功，如图 3-37 所示。

```
Live datanodes (3):

Name: 192.168.91.128:9866 (hadoop01)
Hostname: hadoop01
Decommission Status : Normal
Configured Capacity: 88644902912 (82.56 GB)
DFS Used: 24576 (24 KB)
Non DFS Used: 33771974656 (31.45 GB)
DFS Remaining: 50346414080 (46.89 GB)
DFS Used%: 0.00%
DFS Remaining%: 56.80%
Configured Cache Capacity: 0 (0 B)
Cache Used: 0 (0 B)
Cache Remaining: 0 (0 B)
Cache Used%: 100.00%
Cache Remaining%: 0.00%
Xceivers: 0
Last contact: Wed Aug 09 20:24:03 CST 2023
Last Block Report: Wed Aug 09 20:18:39 CST 2023
Num of Blocks: 0
```

图 3-37　通过"dfsadmin"查看数据节点的状态

也可以在任意一个节点的 Linux 系统的浏览器中访问地址"http://hadoop01:9870/",通过 Web 管理页面查看名称节点和数据节点的状态(见图 3-38)。如果启动不成功,可以通过启动日志排查原因。

图 3-38　Hadoop 集群的 Web 管理页面

这里再次强调,伪分布式模式和分布式模式切换时需要注意以下事项。
(1)从分布式模式切换到伪分布式模式时,不要忘记修改 workers 配置文件。
(2)在两者之间切换时,若遇到无法正常启动的情况,可以删除所涉及节点的临时文件夹,这样虽然会导致之前的数据被删除,但能保证集群正确启动。所以,如果集群以前能启动,但后来无法启动,特别是数据节点无法启动,不妨试着删除所有节点(包括从节点)上的"/usr/local/hadoop/tmp"文件夹,再重新执行一次"hdfs namenode -format",再次启动。

7. 执行分布式作业

执行分布式作业过程与伪分布式模式下执行程序过程一样,首先创建 HDFS 上的用户目录,我们可以在 hadoop01 节点上执行如下命令:

```
$ hdfs dfs -mkdir -p /user/hadoop  #此前已经配置了 PATH 环境变量,所以不用路径全称
```

然后在 HDFS 中创建一个 input 目录,并把"/usr/local/hadoop/etc/hadoop"目录中的配置文件作为输入文件复制到 input 目录中,命令如下:

```
$ hdfs dfs -mkdir input
$ hdfs dfs -put /usr/local/hadoop/etc/hadoop/*.xml input
```

接着就可以运行 MapReduce 作业了,命令如下:

```
$ hadoop jar /usr/local/hadoop/share/hadoop/mapreduce/hadoop-mapreduce-examples-3.3.5.jar grep input output 'dfs[a-z.]+'
```

运行时的输出信息与伪分布式模式下执行程序的输出信息类似,会显示 MapReduce 作业的进度,如图 3-39 所示。

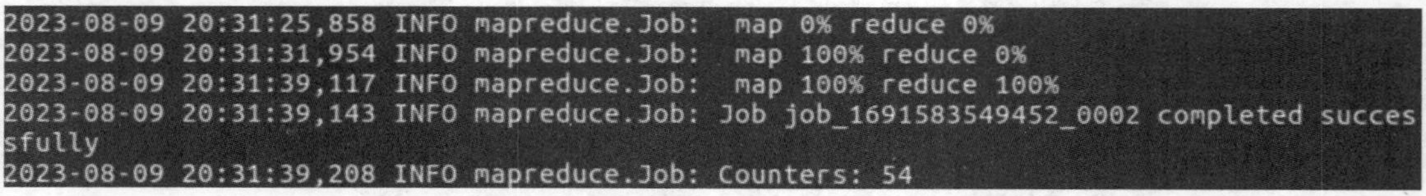

```
2023-08-09 20:31:25,858 INFO mapreduce.Job:  map 0% reduce 0%
2023-08-09 20:31:31,954 INFO mapreduce.Job:  map 100% reduce 0%
2023-08-09 20:31:39,117 INFO mapreduce.Job:  map 100% reduce 100%
2023-08-09 20:31:39,143 INFO mapreduce.Job: Job job_1691583549452_0002 completed successfully
2023-08-09 20:31:39,208 INFO mapreduce.Job: Counters: 54
```

图 3-39　运行 MapReduce 作业时的输出信息

执行过程可能会比较慢,但是,如果进度迟迟没有变化,比如等待 5min 都没看到进度变化,那么不妨重启 Hadoop 再次测试。若重启后还是如此,则很有可能是内存不足导致的,建议增大虚拟机的内存,或者通过更改 YARN 的内存配置来解决。

在执行过程中,可以在 Linux 系统中打开浏览器,在地址栏中输入"http://hadoop01:8088/cluster"并按"Enter"键,通过 Web 管理页面查看作业进度,在 Web 管理页面单击"Tracking UI"这一列的

"ApplicationMaster"超链接（见图 3-40），可以看到作业的运行情况，如图 3-41 所示。

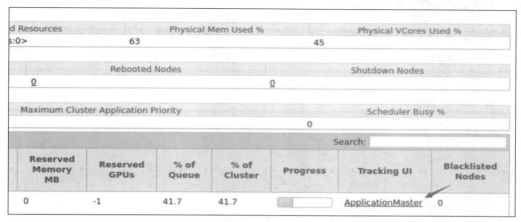

图 3-40　通过 Web 管理页面查看集群和 MapReduce 作业的信息

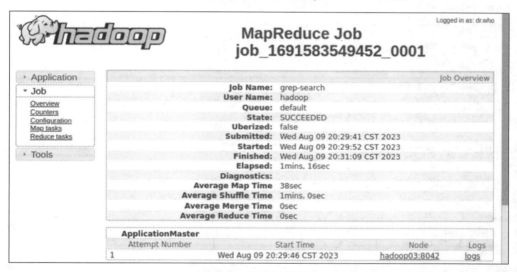

图 3-41　作业执行情况

MapReduce 作业执行完毕后的输出结果如图 3-42 所示。

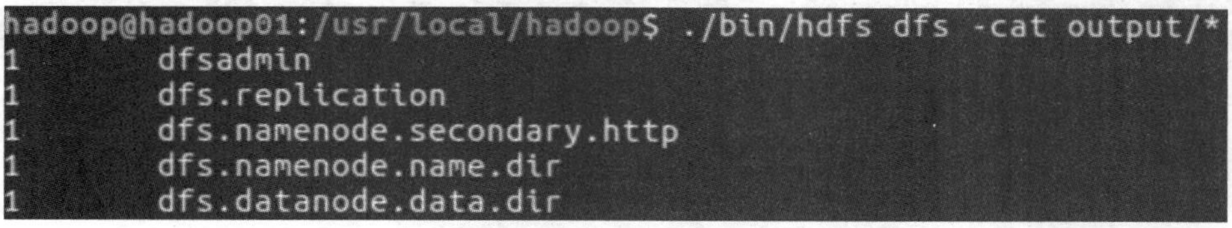

```
hadoop@hadoop01:/usr/local/hadoop$ ./bin/hdfs dfs -cat output/*
1       dfsadmin
1       dfs.replication
1       dfs.namenode.secondary.http
1       dfs.namenode.name.dir
1       dfs.datanode.data.dir
```

图 3-42　MapReduce 作业执行完毕后的输出结果

最后，关闭 Hadoop 集群，需要在 hadoop01 节点执行如下命令：
```
$ stop-yarn.sh
$ stop-dfs.sh
$ mr-jobhistory-daemon.sh stop historyserver
```
至此，我们顺利完成了 Hadoop 集群的搭建。

3.3 MySQL 的安装

MySQL 是一个关系数据库管理系统，由瑞典 MySQL AB 公司开发，目前属于 Oracle 旗下产品。MySQL 是目前最流行的关系数据库管理系统之一，在 Web 应用方面，MySQL 是最好的 RDBMS 应用软件之一。

3.3.1 执行安装命令

在安装 MySQL 之前，需要更新软件源以获得最新版本，命令如下：
```
$ sudo apt-get update
```
然后执行如下命令安装 MySQL：
```
$ sudo apt-get install mysql-server
```
执行上述命令同时会安装以下包。

（1）apparmor。

（2）mysql-client-5.7。

（3）mysql-common。

（4）mysql-server。

（5）mysql-server-5.7。

（6）mysql-server-core-5.7。

因此无须再安装 mysql-client 等。安装过程会提示设置 MySQL 数据库 root 用户的密码，比如设置密码为 123456，设置完成后等待自动安装即可。

3.3.2 启动 MySQL 服务

默认情况下，安装完成就会自动启动 MySQL 服务。可以手动关闭 MySQL 服务，然后再次启动，命令如下：
```
$ service mysql stop
$ service mysql start
```
可以执行如下命令来确认是否启动成功：
```
$ sudo netstat -tap | grep mysql
```
如图 3-43 所示，如果 MySQL 节点处于 LISTEN 状态，则表示启动成功。

图 3-43 "netstat"命令执行结果

3.3.3 进入 MySQL Shell 界面

执行如下命令进入 MySQL Shell 界面：
```
$ mysql -u root -p
```
该命令执行以后，系统会提示输入 MySQL 数据库的 root 用户的密码，本书把密码统一设置为 hadoop。输入密码后，就会进入 MySQL Shell 界面，如图 3-44 所示。

在"mysql>"命令提示符之后，可以输入各种 SQL 语句，对 MySQL 数据库进行操作。

```
hadoop@hadoop01:/usr/local/idea/bin$ mysql -u root -p
Enter password:
Welcome to the MySQL monitor.  Commands end with ; or \g.
Your MySQL connection id is 5
Server version: 5.7.33-0ubuntu0.16.04.1 (Ubuntu)

Copyright (c) 2000, 2021, Oracle and/or its affiliates.

Oracle is a registered trademark of Oracle Corporation and/or its
affiliates. Other names may be trademarks of their respective
owners.

Type 'help;' or '\h' for help. Type '\c' to clear the current input statement.

mysql>
```

图 3-44　进入 MySQL Shell 界面

3.3.4　解决 MySQL 出现的中文乱码问题

向 MySQL 数据库导入数据时，可能会出现中文乱码问题，原因是 character_set_server 默认设置为 latin1，不是中文编码（utf8）。要查询 MySQL 数据库当前的字符编码格式，可以使用如下命令：

```
mysql> show variables like "char%";
```

执行该命令以后，会出现类似图 3-45 所示的信息。

```
mysql> show variables like "char%";
+--------------------------+----------------------------+
| Variable_name            | Value                      |
+--------------------------+----------------------------+
| character_set_client     | utf8                       |
| character_set_connection | utf8                       |
| character_set_database   | utf8                       |
| character_set_filesystem | binary                     |
| character_set_results    | utf8                       |
| character_set_server     | latin1                     |
| character_set_system     | utf8                       |
| character_sets_dir       | /usr/share/mysql/charsets/ |
+--------------------------+----------------------------+
8 rows in set (0.00 sec)
```

图 3-45　查看数据库当前的字符编码格式

可以通过单次设置修改字符编码格式，比如，使用如下命令：

```
mysql> set character_set_server=utf8;
```

但是，通过这种方式修改的字符编码格式，重启 MySQL 服务以后就会失效。因此，建议按照如下方式修改字符编码格式。

1. 修改配置文件

在 Linux 系统中新打开一个终端，使用 Vim 编辑器编辑 "/etc/mysql/mysql.conf.d/mysqld.cnf" 文件。打开该文件的命令如下：

```
$ vim /etc/mysql/mysql.conf.d/mysqld.cnf
```

注意，上面的命令是在 Linux 终端的 Shell 命令提示符下执行的，不是在 "mysql>" 命令提示符下执行的，一定要注意区分。打开 mysqld.cnf 文件以后，请在 "[mysqld]" 下面添加一行 "character_set_server=utf8"，如图 3-46 所示。

```
[mysqld]
#
# * Basic Settings
#
user                  = mysql
pid-file              = /var/run/mysqld/mysqld.pid
socket                = /var/run/mysqld/mysqld.sock
port                  = 3306
basedir               = /usr
datadir               = /var/lib/mysql
tmpdir                = /tmp
lc-messages-dir       = /usr/share/mysql
character_set_server=utf8
skip-external-locking
```

图 3-46　修改配置文件

2. 重启 MySQL 服务

在 Linux 终端的 Shell 命令提示符（不是"mysql>"命令提示符）下执行如下命令，重启 MySQL 服务：

```
$ service mysql restart
```

3. 登录 MySQL 查看当前字符编码格式

重启 MySQL 服务以后，再次使用如下命令查询 MySQL 数据库当前的字符编码格式：

```
mysql> show variables like "char%";
```

执行该命令以后，会出现类似图 3-47 所示的信息。

```
mysql> show variables like "char%";
+--------------------------+----------------------------+
| Variable_name            | Value                      |
+--------------------------+----------------------------+
| character_set_client     | utf8                       |
| character_set_connection | utf8                       |
| character_set_database   | utf8                       |
| character_set_filesystem | binary                     |
| character_set_results    | utf8                       |
| character_set_server     | utf8                       |
| character_set_system     | utf8                       |
| character_sets_dir       | /usr/share/mysql/charsets/ |
+--------------------------+----------------------------+
8 rows in set (0.00 sec)
```

图 3-47　修改数据库字符编码格式以后的效果

从图 3-47 中可以看出，字符编码格式已经修改为 utf8。

3.4　Kafka 的安装

本节先简要介绍 Kafka 的概念，然后介绍 Kafka 的安装和使用方法。

3.4.1　Kafka 简介

Kafka 是一种高吞吐量的分布式发布订阅消息系统，为了更好地理解和使用 Kafka，先介绍一些 Kafka 的相关概念。

（1）Broker。Kafka 集群包含一个或多个服务器，这些服务器被称为 Broker。

（2）Topic。每条发布到 Kafka 集群的消息都有一个类别，这个类别被称为 Topic。从物理上来看，不同 Topic 的消息分开存储；从逻辑上来看，一个 Topic 的消息虽然存储于一个或多个 Broker 上，但用户只需指定消息的 Topic 即可生产或消费数据，不必关心数据存于何处。

（3）Partition。这是物理上的概念，每个 Topic 包含一个或多个 Partition。
（4）Producer。消息生产者，负责发布消息到 Broker。
（5）Consumer。消息消费者，是向 Broker 读取消息的客户端。
（6）Consumer Group。每个 Consumer 属于一个特定的 Consumer Group，可为每个 Consumer 指定 Group Name，若不指定 Group Name，则属于默认的 Consumer Group。

3.4.2 Kafka 的安装和使用

访问 Kafka 官网下载页面，下载 Kafka 稳定版本 kafka_2.12-3.5.1.tgz，或者直接到本书官网的"下载专区"的"软件"目录中下载安装文件 kafka_2.12-3.5.1.tgz。为了让 Flink 应用程序能够顺利使用 Kafka 数据源，在下载 Kafka 安装文件的时候要注意，Kafka 的版本号一定要和自己计算机上已经安装的 Scala 版本号匹配。本书安装的 Flink 版本号是 1.17.0，Scala 版本号是 2.12，所以 Kafka 的版本号一定要以 2.12 开头。比如，读者可以在 Kafka 官网中下载安装文件 kafka_2.12-3.5.1.tgz，该文件的 Kafka 版本号中的 2.12 就是支持的 Scala 版本号，后面的 3.5.1 是 Kafka 自身的版本号。

执行如下命令安装 Kafka：
```
$ cd ~/Downloads  #假设安装文件放在这个目录下
$ sudo tar -zxvf kafka_2.12-3.5.1.tgz -C /usr/local
$ cd /usr/local
$ sudo mv kafka_2.12-3.5.1 kafka
$ sudo chown -R hadoop ./kafka
```
首先需要启动 Kafka。请登录 Linux 系统，打开第一个终端，输入如下命令启动 ZooKeeper 服务：
```
$ cd /usr/local/kafka
$ ./bin/zookeeper-server-start.sh config/zookeeper.properties
```
注意，执行上述命令以后，终端窗口会返回大量信息，然后就停止，没有回到 Shell 命令提示符状态，这时不要误以为是死机了，这其实是 ZooKeeper 服务已经启动，正处于服务状态。所以不要关闭这个终端窗口，一旦关闭，ZooKeeper 服务就停止了。

请打开第二个终端，然后输入如下命令启动 Kafka 服务：
```
$ cd /usr/local/kafka
$ ./bin/kafka-server-start.sh config/server.properties
```
同样，执行上述命令以后，终端窗口会返回大量信息，然后就会停止不动，没有回到 Shell 命令提示符状态，这表示 Kafka 服务已经启动，正处于服务状态。所以依然不要关闭这个终端窗口，一旦关闭，Kafka 服务就停止了。

当然，还有一种方式可以启动 Kafka，即采用下面加了"&"的命令：
```
$ cd /usr/local/kafka
$ bin/kafka-server-start.sh config/server.properties &
```
这样 Kafka 就会在后台运行，即使关闭了这个终端，Kafka 也会一直在后台运行。不过，采用这种方式时，有时候会忘记还有 Kafka 在后台运行，所以最好不要用这种方式。

下面先测试 Kafka 是否可以正常使用。打开第三个终端，输入如下命令创建一个自定义名称为"wordsendertest"的 Topic：
```
$ cd /usr/local/kafka
$ ./bin/kafka-topics.sh --create --zookeeper localhost:2181 \
> --replication-factor 1 --partitions 1 --topic wordsendertest
#这个 Topic 的名称为"wordsendertest"，2181 是 ZooKeeper 默认的端口号，--partitions 是 Topic 中的
分区数，--replication-factor 是备份的数量，在 Kafka 集群中使用，由于这里是单机版，所以不用备份
```

```
#可以用"list命令"列出所有创建的Topic，来查看上面创建的Topic是否存在
$ ./bin/kafka-topics.sh --list --zookeeper localhost:2181
```
这个名称为"wordsendertest"的Topic，专门负责采集、发送一些单词。

下面用Producer来生产一些数据，请在当前终端内继续输入如下命令：
```
$ ./bin/kafka-console-producer.sh --broker-list localhost:9092 \
> --topic wordsendertest
```
上述命令执行后，就可以在当前终端（假设名称为"生产者终端"）内用键盘输入一些英文单词了，比如输入：
```
hello hadoop
hello flink
```
这些单词就是数据源，会被Kafka捕捉并发送给Consumer。现在可以启动一个Consumer来查看刚才Producer生产的数据。请打开第四个终端，输入如下命令：
```
$ cd /usr/local/kafka
$ ./bin/kafka-console-consumer.sh --bootstrap-server localhost:9092 \
> --topic wordsendertest --from-beginning
```
可以看到，屏幕上显示如下结果，也就是刚才在另外一个终端中输入的内容：
```
hello hadoop
hello flink
```

3.5 本章小结

本书涉及的所有软件都安装和运行在Linux操作系统上，因此顺利安装好Linux系统并且掌握Linux系统的基本使用方法，是学习后续章节内容的前提和基础。Linux系统可以采用双系统安装方式安装，也可以采用虚拟机安装方式安装，建议采用虚拟机安装方式安装。本章详细介绍了如何安装Linux系统。

Hadoop是当前流行的分布式计算框架，在企业中得到了广泛的部署和应用。Hadoop和Flink可以配合使用，由Hadoop负责数据存储和管理，由Flink负责数据计算。

本章不仅介绍了如何安装Hadoop，还介绍了MySQL和Kafka的安装和使用方法。

3.6 习题

（1）请阐述Linux系统有哪些发行版本。
（2）请阐述Hadoop 1.0和Hadoop 2.0的主要区别是什么。
（3）请阐述为什么要在Linux系统中安装SSH。
（4）请阐述Hadoop的安装模式包含哪几种。
（5）请阐述Hadoop伪分布式模式和分布式模式的主要区别是什么。
（6）请阐述如何解决MySQL中存在的中文乱码问题。

实验1　Linux、Hadoop和MySQL的安装和使用

一、实验目的

（1）掌握虚拟机的安装方法。
（2）掌握在Linux虚拟机中安装Hadoop和MySQL的方法。

(3)熟悉 HDFS 的基本用法。
(4)熟悉 MySQL 和 SQL 语句的基本用法。

二、实验平台

虚拟机软件：VMware Workstation 17.0.1 Pro。
操作系统：Ubuntu 16.04。
Hadoop 版本：3.3.5。
MySQL 版本：5.7。

三、实验内容和要求

1. 安装 Linux 虚拟机

登录 Windows 系统，下载 VMware 软件和 Ubuntu 16.04 镜像文件。

也可以直接到本书官网的"下载专区"的"软件"中下载 Ubuntu 安装文件 ubuntukylin-16.04-desktop-amd64.iso 和虚拟机软件 VMware-workstation-full-17.0.1.exe。

首先，在 Windows 系统上安装虚拟机软件 VMware，然后在虚拟机软件 VMware 上安装 Ubuntu 16.04 操作系统。

2. 使用 Linux 系统的常用命令

启动 Linux 虚拟机，进入 Linux 系统，通过查阅相关图书和网络资料，完成如下操作。
（1）切换到目录"/usr/bin"。
（2）查看目录"/usr/local"下所有的文件。
（3）进入"/usr"目录，创建一个名为 test 的目录，并查看当前目录下有多少目录存在。
（4）在"/usr"下新建目录 test1，再复制这个目录内容到"/tmp"。
（5）将第（3）步创建的"/tmp/test1"目录重命名为 test2。
（6）在"/tmp/test2"目录下新建 word.txt 文件并输入一些字符串，最后保存、退出该文件。
（7）查看 word.txt 文件内容。
（8）将 word.txt 文件所有者改为 root 用户，并查看文件属性。
（9）找出"/tmp"目录下文件名为 test2 的文件。
（10）在"/"目录下新建文件夹 test，然后在"/"目录下将其打包成 test.tar.gz。
（11）将 test.tar.gz 解压缩到"/tmp"目录。

3. 安装 Hadoop

进入 Linux 系统，使用 1 个节点完成 Hadoop 伪分布式模式的安装。完成 Hadoop 的安装以后，运行 Hadoop 自带的 WordCount 测试样例。

4. HDFS 常用操作

使用 hadoop 用户登录 Linux 系统，启动 Hadoop，参照相关图书或网络资料，使用 Hadoop 提供的 Shell 命令完成如下操作。
（1）启动 Hadoop，在 HDFS 中创建用户目录"/user/hadoop"。
（2）在 Linux 系统的本地文件系统的"/home/hadoop"目录下新建一个文本文件 test.txt，并在该文件中任意输入一些内容，然后将文件上传到 HDFS 的"/user/hadoop"目录下。
（3）把 HDFS 中"/user/hadoop"目录下的 test.txt 文件，下载到 Linux 系统的本地文件系统中的"/home/hadoop/下载"目录下。
（4）将 HDFS 中"/user/hadoop"目录下的 test.txt 文件的内容输出到终端进行显示。

（5）在 HDFS 中的"/user/hadoop"目录下，创建子目录 input，把 HDFS 中"/user/hadoop"目录下的 test.txt 文件复制到"/user/hadoop/input"目录下。

（6）删除 HDFS 中"/user/hadoop"目录下的 test.txt 文件，删除 HDFS 中"/user/hadoop"目录下的 input 子目录及其下的所有内容。

5. MySQL 数据库常用操作

在 Linux 中安装 MySQL，进入 MySQL Shell 环境，使用 SQL 语句完成以下操作。

（1）显示系统中存在哪些数据库。
（2）把某个数据库设置为当前数据库。
（3）显示当前数据库中存在哪些表。
（4）创建一个数据库 flinkdb。
（5）把 flinkdb 设置为当前数据库。
（6）在 flinkdb 中创建一个表 person，表中有 id（序号，自动增长）、xm（姓名）、xb（性别）和 csny（出生年月）这 4 个字段。
（7）查看 person 表的结构。
（8）向 person 表中插入 2 条记录，即('张三','男','1997-01-02')和('李四','女','1996-12-02')。
（9）修改 person 表中的某条记录，例如，将张三的出生年月改为"1971-01-10"。
（10）删除张三的记录。
（11）删除 person 表。
（12）删除数据库 flinkdb。

四、实验报告

《Flink 编程基础（Java 版）》实验报告		
题目：	姓名：	日期：
实验环境：		
实验内容与完成情况：		
出现的问题：		
解决方案（列出遇到并解决的问题和解决方案，以及没有解决的问题）：		

04 第4章 Flink环境搭建和使用方法

搭建 Flink 环境是开展 Flink 编程的基础。作为一种分布式处理框架，Flink 可以部署在集群中运行，也可以部署在单机上运行。Flink 部署模式主要有 4 种：Local 模式（本地模式）、Standalone 模式（使用 Flink 自带的简单集群管理器的模式）、YARN 模式（使用 YARN 作为集群管理器的模式）和 Kubernetes 模式。同时，由于 Flink 仅仅是一种计算框架，不负责数据的存储和管理，因此，通常需要把 Flink 和 Hadoop 进行统一部署，由 Hadoop 中的 HDFS 和 HBase 等组件负责数据存储和管理，由 Flink 负责计算。

本章首先介绍 Flink 的基本安装方法，然后介绍如何在 IntelliJ IDEA 中开发 Flink 应用程序，最后介绍 Flink 集群环境的搭建方法以及如何在集群上运行 Flink 应用程序。

4.1 安装单机模式 Flink

本节介绍 Local 模式的 Flink 安装方法，4.5 节会介绍 Standalone 模式的 Flink 集群环境搭建方法。

4.1.1 基础环境

虽然 Flink 和 Hadoop 都可以安装在 Windows 系统中使用，但是，建议在 Linux 系统中安装和使用它们。

本书采用如下环境配置。

Linux 系统：Ubuntu 16.04。

Hadoop 版本：3.3.5。

JDK 版本：1.8。

Flink 版本：1.17.0。

4.1.2 安装 Java 环境

Flink 的运行需要 Java 环境的支持，对于 Flink 1.17.0 而言，要求使用 JDK 1.8 或者更新的版本。读者可以参考 3.2.2 小节的内容完成 Java 环境的安装。

4.1.3 下载安装文件

Flink 和 Hadoop 都是 Apache 软件基金会旗下的开源分布式计算平台，因此，我们可以从 Flink 和 Hadoop 官网免费获得这些 Apache 开源社区软件。

登录 Linux 系统，访问 Flink 官网，把 Flink 安装文件 flink-1.17.0-bin-scala_2.12.tgz 下载到本地。读者也可以直接到本书官网的"下载专区"的"软件"目录中下载 Flink 安装文件 flink-1.17.0-bin-scala_2.12.tgz。这里假设下载的文件被保存到了 Linux 系统的"/home/hadoop/Downloads"目录下。

下载完安装文件以后，需要对文件进行解压。按照 Linux 系统使用的默认规范，用户安装的软件一般存放在"/usr/local/"目录下。请登录 Linux 系统，使用快捷键"Ctrl+Alt+T"打开一个"终端"（也就是一个 Linux Shell 环境，可以在其中输入和执行各种 Shell 命令），执行如下命令：

```
$ cd /home/hadoop
$ sudo tar -zxvf ~/Downloads/flink-1.17.0-bin-scala_2.12.tgz -C /usr/local/
$ cd /usr/local
$ sudo mv ./flink-1.17.0 ./flink
$ sudo chown -R hadoop:hadoop ./flink  # hadoop是当前登录Linux系统的用户名
```

经过上述操作以后，Flink 就被解压到了"/usr/local/flink"目录下，这个目录是本书默认的 Flink 安装目录。

4.1.4 修改配置文件

Flink 对于本地模式是"开箱即用"的，如果要修改 Java 运行环境，可以修改"/usr/local/flink/conf/flink-conf.yaml"文件中的 env.java.home 参数，将其设置为本地 Java 的绝对路径。

使用如下命令添加环境变量：

```
$ vim ~/.bashrc
```

在.bashrc 文件中添加如下内容：

```
export FLINK_HOME=/usr/local/flink
export PATH=$FLINK_HOME/bin:$PATH
```

保存并退出.bashrc 文件，然后执行如下命令让该配置文件生效：

```
$ source ~/.bashrc
```

使用 Vim 编辑器打开 log4j.properties 配置文件：

```
$ cd /usr/local/flink/conf
$ vim log4j.properties
```

把"rootLogger.level"参数设置为如下内容：

```
rootLogger.level = INFO,console
```

4.1.5 启动 Flink

使用如下命令启动 Flink：

```
$ cd /usr/local/flink
$ ./bin/start-cluster.sh
```

使用"jps"命令查看进程：

```
$ jps
17942 TaskManagerRunner
18022 Jps
17503 StandaloneSessionClusterEntrypoint
```

如果能够看到 TaskManagerRunner 和 StandaloneSessionClusterEntrypoint 这两个进程，就说明启动成功。这里需要说明的是，如果 Flink 采用 Local 模式部署，则 JobManager 和 TaskManager 在同一个进程内，因此，使用"jps"命令查看进程时，只有一个名为 TaskManagerRunner 的进程。

4.1.6 查看 Web 管理页面

启动 Flink 时，Flink 的 JobManager 会同时在 8081 端口上打开 Web 管理页面，可以在浏览器中输入"http://localhost:8081"并按"Enter"键来访问它（见图 4-1）。在 Web 管理页面中可以查看 Flink 的各种运行信息。

图 4-1　Flink 的 Web 管理页面

4.1.7 运行样例程序

Flink 安装包中自带了样例程序，这里可以运行 WordCount 样例程序来测试 Flink 的运行效果，具体命令如下：

```
$ cd /usr/local/flink
$ ./bin/flink run examples/streaming/WordCount.jar
```

执行如下命令查看程序运行结果：

```
$ tail log/flink-*-taskexecutor-*.out
```

执行上述命令以后，如果 WordCount 样例程序执行成功，可以看到类似下面的屏幕信息：

```
(nymph,1)
(in,3)
(thy,1)
(orisons,1)
(be,4)
(all,2)
(my,1)
(sins,1)
(remember,1)
(d,4)
```

4.1.8 停止 Flink

可以执行如下命令停止 Flink：

```
$ cd /usr/local/flink
$ ./bin/stop-cluster.sh
```

4.2 使用 IntelliJ IDEA 开发 Flink 应用程序

为了提高程序开发效率，可以使用集成开发环境开发 Flink 应用程序。IntelliJ IDEA（简称"IDEA"）是使用 Java 语言开发的集成开发环境，是业界公认的最好的 Java 开发工具之一，尤其在智能代码助手、代码自动提示、重构、J2EE（Java 2 Platform Enterprise Edition，Java 2 平台企业版）

支持、各类版本工具（Git、SVN、GitHub 等）支持、JUnit、CVS 整合、代码分析、GUI（Graphical User Interface，图形用户界面）设计创新等方面，具有非常好的特性。

本节介绍使用 IDEA 开发 Flink 应用程序的具体方法。

4.2.1 下载和安装 IDEA

IDEA 分为社区版（Community Edition）和商业版（Ultimate Edition），这里选择社区版。访问 IDEA 官网下载 IDEA 社区版安装文件 ideaIC-2023.1.2.tar.gz，也可以直接到本书官网的"下载专区"的"软件"目录下，下载安装文件 ideaIC-2023.1.2.tar.gz，并将其保存到本地，这里假设保存到"~/Downloads"目录下。

登录 Linux 系统，打开一个 Linux 终端，执行如下命令进行 IDEA 的安装：

```
$ cd ~    #进入用户主目录
$ sudo tar -zxvf /home/hadoop/download/ideaIC-2023.1.2.tar.gz -C /usr/local    #解压文件
$ cd /usr/local
$ sudo mv ./idea-IC-231.9011.34 ./idea    #重命名，方便操作
$ sudo chown -R hadoop ./idea    #为当前 Linux 用户 hadoop 赋予针对 idea 目录的权限
```

4.2.2 启动 IDEA

打开一个 Linux 终端，使用如下命令启动开发环境 IDEA：

```
$ cd /usr/local/idea
$ ./bin/idea.sh
```

4.2.3 使用 IDEA 开发 WordCount 程序

这里以一个词频统计程序为例，介绍如何使用 IDEA 开发 Scala 程序。

单击"File→New→Project"打开新建项目界面（见图 4-2），选择"Maven Archetype"项目，把"Name"设置为"WordCount"，把"JDK"设置为"1.8"，在"Archetype"下拉列表中选择"org.apache.maven.archetypes:maven-archetype-archetype"，在"Advanced Settings"中，把"GroupId"设置为"dblab"，把"ArtifactId"设置为"WordCount"，最后单击界面底部的"Create"按钮完成项目的创建。

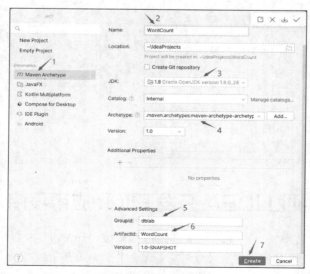

图 4-2 新建项目界面

按照图 4-3 所示的效果，在 WordCount 项目下新建目录"src/main/java"，在 java 目录下新建一个包"cn.edu.xmu"，在包下新建代码文件 WordCountData.java、WordCountTokenizer.java 和 WordCount.java。

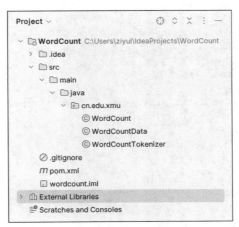

图 4-3 新建项目信息界面

WordCountData.java 用于提供原始数据，其内容如下：

```
package cn.edu.xmu;
import org.apache.flink.streaming.api.datastream.DataStream;
import org.apache.flink.streaming.api.environment.StreamExecutionEnvironment;

public class WordCountData {
    public static final String[] WORDS=new String[]{"To be, or not to be,--that is the question:--", "Whether \'tis nobler in the mind to suffer", "The slings and arrows of outrageous fortune,", "Or to take arms against a sea of troubles,", "And by opposing end them?--To die,--to sleep,--", "No more; and by a sleep to say we end", "The heartache, and the thousand natural shocks", "That flesh is heir to,--\'tis a consummation", "Devoutly to be wish\'d. To die,--to sleep;--", "To sleep! perchance to dream:--ay, there\'s the rub;", "For in that sleep of death what dreams may come,", "When we have shuffled off this mortal coil,", "Must give us pause: there\'s the respect,", "That makes calamity of so long life;", "For who would bear the whips and scorns of time,", "The oppressor\'s wrong, the proud man\'s contumely,", "The pangs of despis\'d love, the law\'s delay,", "The insolence of office, and the spurns", "That patient merit of the unworthy takes,", "When he himself might his quietus make", "With a bare bodkin? who would these fardels bear,", "To grunt and sweat under a weary life,", "But that the dread of something after death,--", "The undiscover\'d country, from whose bourn", "No traveller returns,--puzzles the will,", "And makes us rather bear those ills we have", "Than fly to others that we know not of?", "Thus conscience does make cowards of us all;", "And thus the native hue of resolution", "Is sicklied o\'er with the pale cast of thought;", "And enterprises of great pith and moment,", "With this regard, their currents turn awry,", "And lose the name of action.--Soft you now!", "The fair Ophelia!--Nymph, in thy orisons", "Be all my sins remember\'d."};
    public WordCountData() {
    }
    public static DataStream<String> getDefaultTextLineDataStream(StreamExecutionEnvironment env){
        return env.fromElements(WORDS);
    }
}
```

WordCountTokenizer.java 用于切分句子，其内容如下：

```
package cn.edu.xmu;
import org.apache.flink.api.common.functions.FlatMapFunction;
import org.apache.flink.api.java.tuple.Tuple2;
import org.apache.flink.util.Collector;
```

```
    public class WordCountTokenizer implements FlatMapFunction<String, Tuple2<String, Integer>>{
        public WordCountTokenizer(){}
        public void flatMap(String value, Collector<Tuple2<String, Integer>> out) throws Exception {
            String[] tokens = value.toLowerCase().split("\\W+");
            int len = tokens.length;
            for(int i = 0; i<len;i++){
                String tmp = tokens[i];
                if(tmp.length()>0){
                    out.collect(new Tuple2<String, Integer>(tmp,Integer.valueOf(1)));
                }
            }
        }
    }
```

WordCount.java 提供主函数，其内容如下：

```
package cn.edu.xmu;
import org.apache.flink.api.common.RuntimeExecutionMode;
import org.apache.flink.api.java.tuple.Tuple2;
import org.apache.flink.streaming.api.datastream.DataStream;
import org.apache.flink.streaming.api.environment.StreamExecutionEnvironment;

public class WordCount {
    public WordCount(){}
    public static void main(String[] args) throws Exception {
        StreamExecutionEnvironment env = StreamExecutionEnvironment.getExecutionEnvironment();
        env.setRuntimeMode(RuntimeExecutionMode.BATCH);
        Object text;
        text = WordCountData.getDefaultTextLineDataStream(env);
        DataStream<Tuple2<String, Integer>> counts = ((DataStream<String>)text).flatMap(new WordCountTokenizer())
                .keyBy(0)
                .sum(1);
        counts.print();
        env.execute();
    }
}
```

把项目下的 pom.xml 文件内容清空，并输入如下内容：

```
<project>
  <groupId>dblab</groupId>
  <artifactId>wordcount</artifactId>
  <modelVersion>4.0.0</modelVersion>
  <name>WordCount</name>
  <packaging>jar</packaging>
  <version>1.0</version>
  <repositories>
    <repository>
      <id>alimaven</id>
      <name>aliyun maven</name>
      <url>https://maven.******.com/nexus/content/groups/public/</url>
    </repository>
  </repositories>
  <properties>
    <flink.version>1.17.0</flink.version>
  </properties>
```

```xml
<dependencies>
  <dependency>
    <groupId>org.apache.flink</groupId>
    <artifactId>flink-streaming-java</artifactId>
    <version>${flink.version}</version>
  </dependency>
  <dependency>
    <groupId>org.apache.flink</groupId>
    <artifactId>flink-clients</artifactId>
    <version>${flink.version}</version>
  </dependency>
</dependencies>
<build>
  <plugins>
    <plugin>
      <groupId>org.apache.maven.plugins</groupId>
      <artifactId>maven-assembly-plugin</artifactId>
      <version>3.0.0</version>
      <configuration>
        <descriptorRefs>
          <descriptorRef>jar-with-dependencies</descriptorRef>
        </descriptorRefs>
      </configuration>
      <executions>
        <execution>
          <id>make-assembly</id>
          <phase>package</phase>
          <goals>
            <goal>single</goal>
          </goals>
        </execution>
      </executions>
    </plugin>
  </plugins>
</build>
</project>
```

在 IDEA 顶部菜单中选择"Run→Run 'WordCount'"运行程序，程序运行结束以后，在 IDEA 界面底部会输出图 4-4 所示的结果。

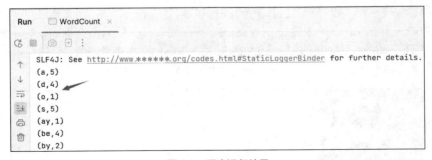

图 4-4　程序运行结果

在 IDEA 中调试程序并运行成功以后，可以对程序进行打包，以便将其部署到 Flink 平台上。具体方法是：在项目开发界面的右侧单击"Maven"按钮，在弹出的界面（见图 4-5）中双击"package"。打包成功以后，可以在项目开发界面左侧目录树的 target 子目录下找到两个文件 wordcount-1.0.jar 和 wordcount-1.0-jar-with-dependencies.jar。其中，wordcount-1.0.jar 在运行时需要由运行环境提供相关依赖 JAR 包，wordcount-1.0-jar-with-dependencies.jar 则集成了所有的相关依赖 JAR 包，不需要运行环境提供相关依赖 JAR 包。

图 4-5　Maven 工具界面

4.3　向 Flink 提交运行程序

可以采用两种方式向 Flink 提交运行程序，第一种是使用命令提交运行程序，第二种是在 Web 管理页面中提交运行程序。

4.3.1　使用命令提交运行程序

可以把打包后的应用程序通过命令提交到 Flink 中运行，下面是提交运行程序的具体命令（请确认已经启动 Flink）：

```
$ cd /usr/local/flink
$ ./bin/flink run \
> --class cn.edu.xmu.WordCount \
> ~/IdeaProjects/WordCount/target/wordcount-1.0.jar
```

在上面的命令中，换行符（"\"）表示换行，因为命令太长，一行写不完，为了美观，可以人工加入换行符进行换行，换行以后，系统会自动在下一行显示">"符号，在这个符号后面可以继续输入命令。--class 参数表示运行的程序的入口类。执行结束以后，可以到浏览器中查看词频统计结果。在 Linux 系统中打开一个浏览器，访问"http://localhost:8081"，进入 Flink 的 Web 管理页面，然后单击左侧的"Task Managers"，右侧会弹出新页面，在新页面中单击"Path,ID"下面的超链接（见图 4-6）。

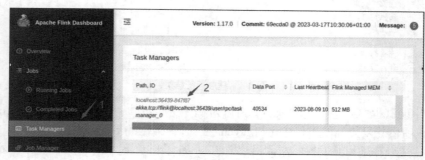

图 4-6　Flink 的 Web 管理页面

然后会出现图 4-7 所示的新页面，在这个页面中，单击"Stdout"选项卡，就可以看到词频统计结果了。

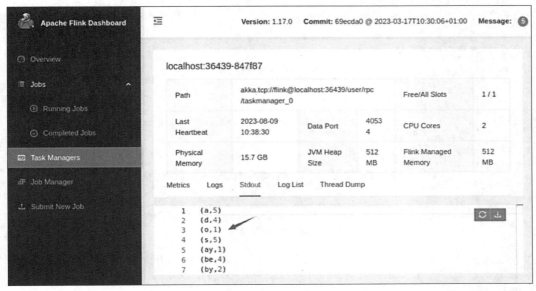

图 4-7　词频统计结果

4.3.2　在 Web 管理页面中提交运行程序

在 Flink 的提交页面（见图 4-8）中，单击左侧的"Submit New Job"，在右侧出现的页面中单击"Add New"按钮。

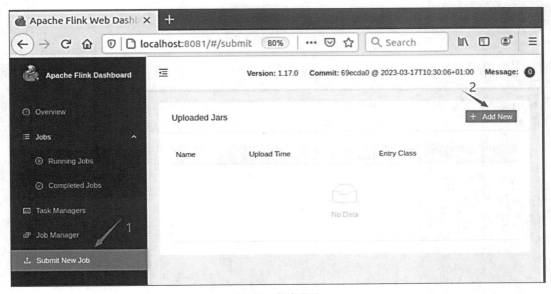

图 4-8　提交页面

在弹出的页面（见图 4-9）中，选中需要提交的应用程序 JAR 包 wordcount-1.0.jar，单击页面底部的"Open"按钮。

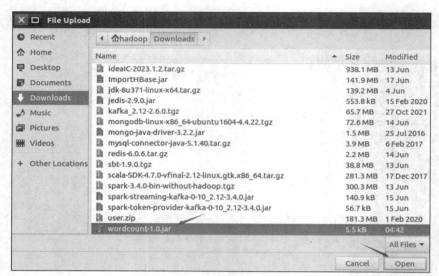

图 4-9　选择文件

这时会返回提交页面，如图 4-10 所示，可以看到，wordcount-1.0.jar 已经成功上传。

图 4-10　文件上传成功

在图 4-10 中单击"wordcount-1.0.jar"，会出现图 4-11 所示页面，在这个页面中需要对程序运行参数进行配置。在"Entry Class"文本框中输入入口类名称"cn.edu.xmu.WordCount"，在"Parallelism"文本框中输入"1"，然后单击"Submit"按钮提交应用程序。

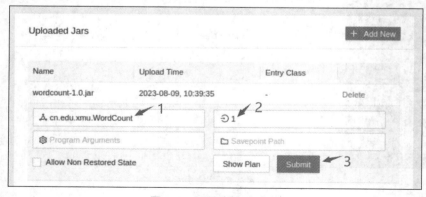

图 4-11　配置程序运行参数

程序运行结束以后，可以到"Task Managers"对应的页面（见图 4-12）中查看程序运行结果。

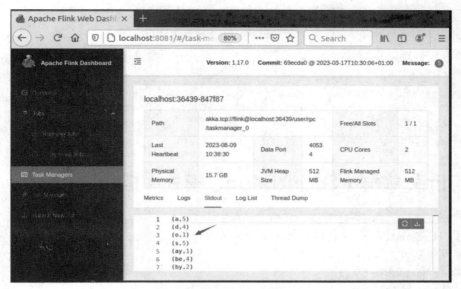

图 4-12　查看程序运行结果

4.4　设置任务并行度

如图 4-13 所示，Flink 的每个 TaskManager 都为集群提供插槽。一个插槽可以看成一个资源组，插槽的数量通常与每个 TaskManager 节点的可用 CPU 内核数量成比例。一般情况下，插槽数量是每个节点的 CPU 内核数量。

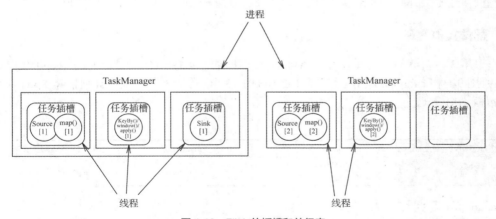

图 4-13　Flink 的插槽和并行度

在 Flink 中，一个任务会被分解成多个子任务，这些子任务由多个并行的线程来执行，一个任务的并行线程数量被称为该任务的并行度。由于 Flink 会将这些子任务分配到插槽来并行执行，因此，任务的最大并行度是由每个 TaskManager 上可用的插槽数量决定的。比如，如果 TaskManager 有 4 个插槽，那么它将为每个插槽分配 25% 的内存。一个插槽可以运行一个或多个线程，同一插槽中的线程共享相同的 JVM，同一 JVM 中的任务共享 TCP（Transmission Control Protocol，传输控制协议）连接和心跳消息。TaskManager 的一个插槽代表一个可用线程，该线程具有固定的内存（需要注意的是，插槽只对内存隔离，并没有对 CPU 隔离）。默认情况下，Flink 允许子任务共享插槽，即使它们是不同任务的子任务，只要它们来自相同的作业就可以共享插槽。这种共享可以实现更高的资源利用率。

任务的并行度可以从多个层次设置,包括算子层次、执行环境层次、客户端层次和系统层次。这里只介绍执行环境层次的并行度设置方法,其他层次的并行度设置方法可以参考 Flink 官网资料。

```
// 设置执行环境
StreamExecutionEnvironment env =
        StreamExecutionEnvironment.getExecutionEnvironment();
//设置任务的并行度
env.setParallelism(1);
```

4.5 Flink 集群(Standalone 模式)搭建

本节介绍 Flink 集群的搭建方法,包括安装和配置 Flink、启动和关闭 Flink 集群等。Flink 集群的搭建模式包括 Standalone、YARN 和 Kubernetes 等,这里采用 Standalone 模式,其他模式的搭建方法可以参考网络资料。

搭建 Flink 集群主要包括以下 5 个步骤。

(1)配置集群基础。
(2)在集群中安装 Java 环境。
(3)设置 SSH 无密码登录。
(4)安装和配置 Flink。
(5)启动和关闭 Flink 集群。

需要注意的是,本节介绍的搭建过程中的有些操作(比如安装 Java 环境、设置 SSH 无密码登录、修改主机名等)在"第 3 章 大数据实验环境搭建"中已经执行过。但是,为了本节内容的完整性,这些操作还是会介绍,如果读者此前已经完成了这些操作,这里可以不重复执行。

4.5.1 配置集群基础

这里采用 3 台机器(节点),分别是 hadoop01(IP 地址是 192.168.91.128)、hadoop02(IP 地址是 192.168.91.129)和 hadoop03(IP 地址是 192.168.91.130),作为实例来演示如何搭建 Flink 集群。集群规划如表 4-1 所示。

表 4-1 集群规划

节点	hadoop01	hadoop02	hadoop03
组件	JobManager TaskManager	TaskManager	TaskManager

在 hadoop01 节点上执行如下命令修改主机名:

```
$ sudo vim /etc/hostname
```

执行上述命令后,就打开了"/etc/hostname"文件,这个文件里面记录了主机名。可以把文件中的原有内容全部清空,只加入一行记录"hadoop01"(注意这里是区分大小写的),然后保存并退出 Vim 编辑器,这样就完成了主机名的修改。需要重启 Linux 系统才能看到主机名的变化。

按照同样的方法,把 hadoop02 节点上的"/etc/hostname"文件中的主机名修改为"hadoop02",把 hadoop03 节点上的"/etc/hostname"文件中的主机名修改为"hadoop03"。

在 hadoop01 节点上执行如下命令打开"/etc/hosts"文件:

```
$ sudo vim /etc/hosts
```

可以在 hosts 文件中增加如下 3 条 IP 地址和主机名映射关系:

```
192.168.91.128    hadoop01
```

```
192.168.91.129    hadoop02
192.168.91.130    hadoop03
```

需要注意的是，一般 hosts 文件中会存在一条映射关系"127.0.0.1 localhost"，这条映射关系可以保留，但是 hosts 文件中最多只能有一条包含 127.0.0.1 的映射关系，如果有多余的包含 127.0.0.1 的映射关系，应删除，特别是不能存在"127.0.0.1 hadoop01"这样的映射关系。修改后需要重启 Linux 系统。

上面完成了对 hadoop01 节点的配置，接下来要继续完成对其他节点的配置。请参照上面的方法，分别到 hadoop02 和 hadoop03 节点上修改"/etc/hosts"的内容，在 hosts 文件中增加如下 3 条 IP 地址和主机名的映射关系：

```
192.168.91.128    hadoop01
192.168.91.129    hadoop02
192.168.91.130    hadoop03
```

增加完成以后，请重新启动 hadoop02 和 hadoop03 节点的 Linux 系统。

需要在各个节点上都执行如下命令，测试是否相互连通，如果不连通，后面就无法顺利配置成功：

```
$ ping hadoop01 -c 3    #只执行3次"ping"命令就会停止，否则要按"Ctrl+C"组合键中断"ping"命令
$ ping hadoop02 -c 3
$ ping hadoop03 -c 3
```

例如，在 hadoop01 节点上执行"ping"命令，如果连通，会显示图 4-14 所示的结果。

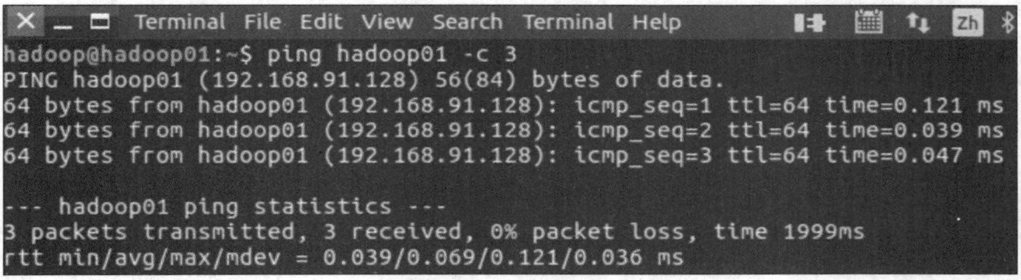

图 4-14 连通的结果

4.5.2 在集群中安装 Java 环境

Flink 是运行在 JVM 上的，因此，需要为集群中的每个节点都安装 Java 环境。读者可以参考"3.2.2 安装 Hadoop 前的准备工作"的"4. 安装 Java 环境"的内容，在 hadoop01、hadoop02 和 hadoop03 节点上完成 Java 环境的安装。

4.5.3 设置 SSH 无密码登录

为什么在安装 Flink 之前要设置 SSH 无密码登录呢？这是因为 Flink 集群中的主节点需要和集群中的所有机器建立通信，这个过程需要通过 SSH 无密码登录来实现。Flink 并没有提供输入密码实现 SSH 登录的形式，因此，为了能够顺利登录集群中的每台机器，需要将所有机器配置为"主节点可以无密码登录它们"。

请参照"3.2.7 分布式模式配置"的"3. SSH 无密码登录节点"的内容，设置 SSH 无密码登录。

4.5.4 安装和配置 Flink

1. 在 hadoop01 节点上安装 Flink

在 hadoop01 节点上安装 Flink 需要到 Flink 官网或者本书官网下载 Flink 安装文件 flink-1.17.0-bin-scala_2.12.tgz。这里假设下载的文件被保存到了 Linux 系统的"/home/hadoop/Downloads"目录下。

在 hadoop01 节点上执行如下命令安装 Flink：
```
$ sudo tar -zxf ~/Downloads/flink-1.17.0-bin-scala_2.12.tgz -C /usr/local/
$ cd /usr/local
$ sudo mv ./flink-1.17.0 ./flink
$ sudo chown -R hadoop:hadoop ./flink  # hadoop是当前登录Linux系统的用户名
```

2. 配置环境变量

在 hadoop01 节点上执行如下命令：
```
$ vim ~/.bashrc
```

在 .bashrc 中添加如下配置：
```
export FLINK_HOME=/usr/local/flink
export PATH=$FLINK_HOME/bin:$PATH
```

运行"source"命令使配置立即生效：
```
$ source ~/.bashrc
```

3. 配置相关文件

在 hadoop01 节点上使用 Vim 编辑器打开 log4j.properties 配置文件：
```
$ cd /usr/local/flink/conf
$ vim log4j.properties
```

把"rootLogger.level"参数设置为如下内容：
```
rootLogger.level = ERROR,console
```

在 hadoop01 节点上执行如下命令打开文件 flink-conf.yaml：
```
$ cd /usr/local/flink/conf
$ vim flink-conf.yaml
```

在 flink-conf.yaml 中按照如下内容设置好各个配置项（文件中的其他配置项不用修改）：
```
jobmanager.rpc.address: hadoop01
jobmanager.bind-host: 0.0.0.0
taskmanager.bind-host: 0.0.0.0
taskmanager.host: hadoop01
rest.address: hadoop01
rest.bind-address: 0.0.0.0
```

上面的第 1 个配置项用于设置主节点地址，可以使用 IP 地址来表示，也可以使用主机名来表示。第 2 个配置项用于设置 Flink 的临时数据的保存目录。需要注意的是，每个配置项中，冒号后面必须有一个英文空格，否则运行时会报错。

执行如下命令打开文件 masters：
```
$ cd /usr/local/flink/conf
$ vim masters
```

清空 masters 文件的原有内容，增加如下一行配置：
```
hadoop01:8081
```

执行如下命令打开文件 workers：
```
$ cd /usr/local/flink/conf
$ vim workers
```

清空 workers 文件的原有内容，增加如下 3 行配置：
```
hadoop01
hadoop02
hadoop03
```

4. 把 hadoop01 节点的安装文件复制到 hadoop02 和 hadoop03 节点

在 hadoop01 节点上执行如下命令，将 hadoop01 节点上的"/usr/local/flink"文件夹复制到节点

hadoop02 和 hadoop03 上：
```
$ cd /usr/local/
$ tar -zcf ~/flink.master.tar.gz ./flink
$ cd ~
$ scp ./flink.master.tar.gz hadoop02:/home/hadoop
$ scp ./flink.master.tar.gz hadoop03:/home/hadoop
```
在 hadoop02 和 hadoop03 节点上分别执行如下命令：
```
$ sudo rm -rf /usr/local/flink/
$ sudo tar -zxf ~/flink.master.tar.gz -C /usr/local
$ sudo chown -R hadoop /usr/local/flink
```

5. 修改 hadoop02 和 hadoop03 节点上的配置文件

在 hadoop02 节点上，把 conf/flink-conf.yaml 中的 taskmanager.host 修改为如下内容：
```
taskmanager.host: hadoop02
```
在 hadoop03 节点上，把 conf/flink-conf.yaml 中的 taskmanager.host 修改为如下内容：
```
taskmanager.host: hadoop03
```

4.5.5 启动 Flink 集群

在 hadoop01 节点上执行如下命令启动 Flink 集群：
```
$ cd /usr/local/flink/
$ ./bin/start-cluster.sh
```
启动以后，在 hadoop01 节点上执行 "jps" 命令，可以看到如下信息：
```
$ jps
7265 Jps
5829 StandaloneSessionClusterEntrypoint
6153 TaskManagerRunner
```
在 hadoop02 和 hadoop03 节点上分别执行 "jps" 命令，可以看到如下信息：
```
$ jps
4757 TaskManagerRunner
5639 Jps
```
如果能够看到上述信息，说明集群启动成功。

4.5.6 查看 Flink 集群信息

启动成功以后，可以在 hadoop01 节点上打开浏览器，访问 "http://hadoop01:8081"，通过浏览器查看 Flink 集群信息（见图 4-15）。

图 4-15　Flink 集群信息

4.5.7 运行 WordCount 样例程序

Flink 自带了样例程序，可以在 hadoop01、hadoop02 和 hadoop03 中的任意一个节点上运行 WordCount 样例程序来测试 Flink 的运行效果。在任意节点上执行如下命令：
```
$ cd /usr/local/flink
$ ./bin/flink run /usr/local/flink/examples/batch/WordCount.jar
```
上面的命令执行成功以后，就可以在屏幕上看到词频统计结果了。

为了更好地测试 Flink 集群，这里再采用 4.2.3 小节中得到的 wordcount-1.0.jar 进行测试，需要先把该 JAR 包存放到"~/Downloads"目录下，然后执行如下命令：
```
$ cd /usr/local/flink/bin
$ ./flink run \
> --jobmanager hadoop01:8081 \
> --class cn.edu.xmu.WordCount \
> ~/Downloads/wordcount-1.0.jar
```
在上面的命令中，--jobmanager 参数表示 JobManager 的地址。执行上面的命令以后，如果成功，会显示图 4-16 所示的结果。

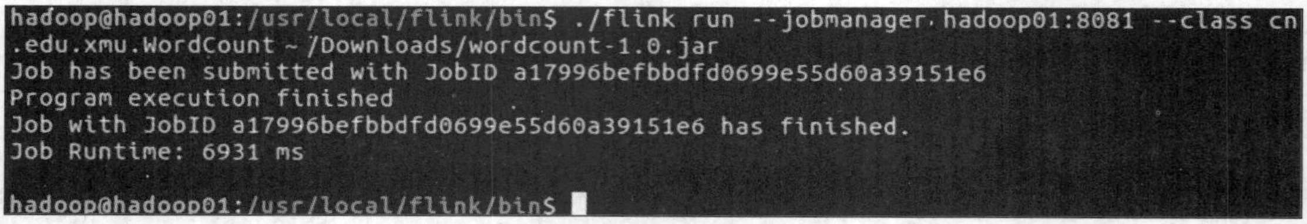

图 4-16　Flink 程序执行结果

这时，可以打开一个浏览器，访问"http://localhost:8081"，进入 Flink 的 Web 管理页面，然后单击左侧的"Task Managers"，右侧会弹出新页面，在页面中依次单击"Path,ID"下面的 3 个超链接（见图 4-17）。

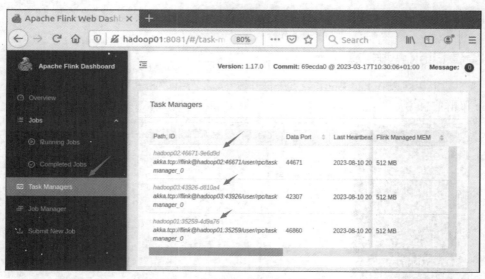

图 4-17　进入 Flink 的 Web 管理界面

在打开的图 4-18 所示的新页面中，单击"Stdout"选项卡，就可以看到词频统计结果了。需要注意的是，词频统计结果只会出现在"Path,ID"下面的 3 个超链接中的一个超链接对应的页面中。

第4章 Flink 环境搭建和使用方法

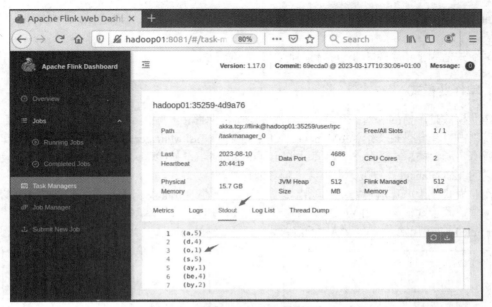

图 4-18 "Stdout"选项卡显示的词频统计结果

4.5.8 关闭 Flink 集群

可以在 hadoop01 节点上执行如下命令关闭 Flink 集群:
```
$ cd /usr/local/flink
$ ./bin/stop-cluster.sh
```

4.6 运行模式

Flink 包括 3 种运行模式, 即会话模式、单作业模式和应用模式。

4.6.1 会话模式

会话模式(见图 4-19)需要先启动一个集群,保持一个会话,在这个会话中通过客户端提交作业。集群启动时所有资源就已经确定,所以所有提交的作业会竞争集群中的资源。

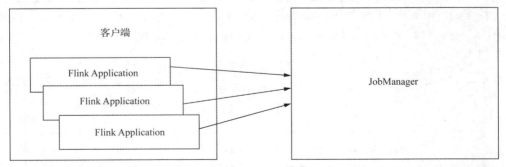

图 4-19 会话模式

对于会话模式而言,集群的生命周期是长于作业的生命周期的,作业结束了就释放资源,集群依然正常运行。因为资源是共享的,所以如果资源不够了,提交新的作业就会失败。另外,同一个

79

TaskManager 上可能运行了很多作业，如果其中一个发生故障导致 TaskManager 宕机，那么所有作业都会受到影响。

会话模式适用于单个规模小、执行时间短的大量作业。

4.6.2 单作业模式

单作业模式是严格的一对一模式，集群只为这个作业而生（见图4-20）。由客户端运行应用程序，然后启动集群，作业被提交给 JobManager，进而分发给 TaskManager 执行。作业完成后，集群就会关闭，所有资源会被释放。每个作业都由它自己的 JobManager 管理，占用独享的资源，即使发生故障导致它的 TaskManager 宕机，也不会影响其他作业。

单作业模式在生产环境运行更加稳定。需要注意的是，Flink 本身无法直接运行单作业模式，需要借助一些资源管理框架（如 YARN）来启动集群才能运行单作业模式。

从 Flink 1.17.0 开始，单作业模式已经被标记为"deprecated"，实际应用中不建议使用。

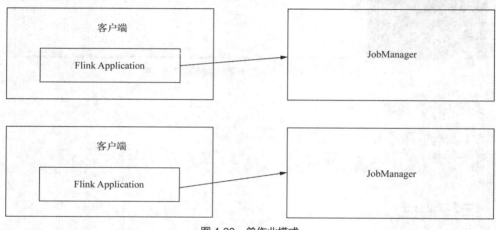

图 4-20　单作业模式

4.6.3 应用模式

在会话模式和单作业模式中，应用代码在客户端上执行，然后由客户端提交给 JobManager，客户端需要占用大量网络带宽用于下载依赖和把二进制数据发送给 JobManager；提交作业用的是同一个客户端，这会加重客户端所在节点的资源消耗。解决办法是直接把应用提交到 JobManager 上运行，为每一个提交的应用单独启动一个 JobManager，也就是创建一个集群。这个 JobManager 只为执行这一个应用而存在，执行结束之后 JobManager 也就关闭了，这就是所谓的"应用模式"，如图 4-21 所示。

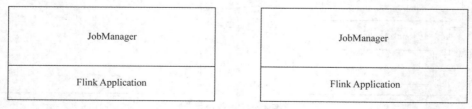

图 4-21　应用模式

应用模式与单作业模式都是提交作业之后才创建集群单作业模式是通过客户端提交作业，而应用模式是由 JobManager 执行应用程序。

4.7 Standalone 部署模式下的不同运行模式

当采用 Standalone 模式部署集群时，Flink 集群是独立运行的，不依赖任何外部的资源管理器。不过，在 Standalone 模式下，如果出现资源不足故障、集群没有自动扩展或重新分配资源的情况，必须手动处理，所以这种模式一般只用在开发、测试或作业非常少的场景下。

当采用 Standalone 模式部署集群时，可以支持两种运行模式，即会话模式和应用模式，不支持单作业模式。会话模式是采用 Standalone 模式部署集群时默认采用的运行模式，之前在 4.5.7 小节中运行 wordcount-1.0.jar 时，就采用了会话模式。因此，下面只介绍 Standalone 部署模式下采用应用模式的场景。

在应用模式下，不会提前创建集群，所以不能调用 start-cluster.sh 脚本（如果此前已经启动集群，需要使用"stop-cluster.sh"停止集群）。可以使用 bin 目录下的 standalone-job.sh 来创建一个 JobManager。具体步骤如下（下面的操作都在 hadoop01 节点中执行）。

（1）把应用程序 JAR 包 wordcount-1.0.jar 放到 "/usr/local/flink/lib" 目录下。
（2）使用 bin 目录下的 standalone-job.sh 启动 JobManager，命令如下：
```
$ cd /usr/local/flink
$ ./bin/standalone-job.sh start --job-classname cn.edu.xmu.WordCount
```
上面的命令直接指定了作业的入口类，脚本会到 lib 目录下扫描所有的 JAR 包。这时执行 "jps" 命令，可以看到一个名为 "StandaloneApplicationClusterEntryPoint" 的进程。在浏览器中访问 "http://hadoop01:8081"，在 Web 管理页面中可以看到 JobManager 已经创建。这时，程序不会执行，因为还没有创建 TaskManager，可用的任务插槽数为 0，无法执行作业。

（3）使用 bin 目录下的 taskmanager.sh 创建 TaskManager，命令如下：
```
$ cd /usr/local/flink
$ ./bin/taskmanager.sh start
```
这时立即执行 "jps" 命令，可以看到 StandaloneApplicationClusterEntryPoint 和 TaskManagerRunner 两个进程。由于 TaskManager 已经创建，可以分配任务插槽给程序运行，所以 wordcount-1.0.jar 程序就会开始执行，执行结束后，JobManager 自动关闭，几秒以后再执行 "jps" 命令，可以看到 StandaloneApplicationClusterEntryPoint 进程已经消失了，只剩余 TaskManagerRunner 进程，这时再访问 "http://hadoop01:8081"，就会发现无法访问。需要指出的是，由于 wordcount-1.0.jar 程序中使用了语句 env.setRuntimeMode(RuntimeExecutionMode.BATCH)，程序被设置为批处理模式，所以批处理结束以后，程序自动结束，JobManager 自动关闭。但是，如果以后运行一个流处理程序，则需要执行如下命令手动关闭 JobManager：
```
$ cd /usr/local/flink
$ ./bin/standalone-job.sh stop
```
（4）手动执行如下命令关闭 TaskManager：
```
$ cd /usr/local/flink
$ ./bin/taskmanager.sh stop
```
上面的命令执行以后，再执行 "jps" 命令可以看到，TaskManagerRunner 进程也消失了。

4.8 YARN 部署模式下的不同运行模式

当 Flink 集群采用 YARN 部署模式时，客户端把 Flink 应用提交给 YARN 的 ResourceManager，YARN 的 ResourceManager 会向 YARN 的 NodeManager 申请容器（包含 CPU 和内存资源），Flink 会在这些容器上部署 JobManager 和 TaskManager 的实例，从而启动集群。Flink 会根据运行在 JobManager

上的作业所需要的插槽数量动态分配 TaskManager 资源。

当 Flink 集群采用 YARN 部署模式时，支持的运行模式包括会话模式、单用户模式和应用模式。

4.8.1 YARN 模式集群配置

可以在之前已经搭建好的 Standalone 模式的集群上进行修改，得到 YARN 模式集群。

在 hadoop01 节点上执行如下命令修改环境变量配置文件.bashrc：

```
$ vim ~/.bashrc
```

在.bashrc 文件中增加如下配置信息（如果文件中已经存在这些配置信息，则不需要重复操作）：

```
export HADOOP_HOME=/usr/local/hadoop
export PATH=$PATH:/usr/local/hadoop/bin:/usr/local/hadoop/sbin
export HADOOP_CLASSPATH=`hadoop classpath`
export HADOOP_CONF_DIR=$HADOOP_HOME/etc/hadoop
```

注意，HADOOP_CLASSPATH 的值 hadoop classpath 的前后各有一个反引号。按"Esc"键下方的按键，就可以输入一个反引号。修改以后的配置文件.bashrc 的内容如图 4-22 所示。

图 4-22 环境变量配置信息

保存并退出.bashrc 文件，然后执行如下命令让该配置文件生效：

```
$ source ~/.bashrc
```

在 hadoop01 节点上执行如下命令，启动 HDFS 和 YARN：

```
$ cd /usr/local/hadoop
$ ./sbin/start-dfs.sh
$ ./sbin/start-yarn.sh
```

使用"jps"命令查看各个节点是否正常启动了相关的进程。然后可以在 hadoop01 节点上打开一个浏览器，访问"http://hadoop01:8088"，进入 Web 管理页面查看集群信息，如图 4-23 所示，可以看到，此时集群活跃节点的数量是 3。

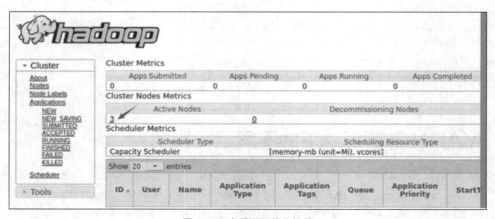

图 4-23 查看活跃节点数量

需要停止 HDFS 和 YARN 时，可以执行如下命令：
```
$ cd /usr/local/hadoop
$ ./sbin/stop-dfs.sh
$ ./sbin/stop-yarn.sh
```

4.8.2 配置会话模式

在 hadoop01 节点上执行如下命令，启动 HDFS 和 YARN：
```
$ cd /usr/local/hadoop
$ ./sbin/start-dfs.sh
$ ./sbin/start-yarn.sh
```
Flink 安装目录的 bin 目录下提供了一个 yarn-session.sh 脚本文件，可以使用如下命令查看 yarn-session.sh 的用法：
```
$ cd /usr/local/flink
$ ./bin/yarn-session.sh --help
```
下面不使用任何参数启动 yarn-session.sh：
```
$ cd /usr/local/flink
$ ./bin/yarn-session.sh
```
启动成功以后的脚本运行信息如图 4-24 所示，最后一行会出现"JobManager Web Interface: http://hadoop01:37344"。这时，可以在浏览器中访问"http://hadoop01:37344"查看集群信息（见图 4-25）。

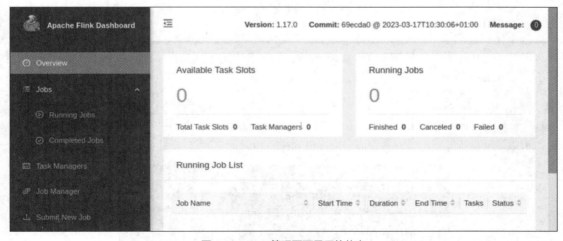

图 4-24　yarn-session.sh 脚本运行信息

图 4-25　Web 管理页面显示的信息

但是，图 4-24 所示的"JobManager Web Interface: http://hadoop01:37344"中的端口号 37344 不是固定不变的，每次执行脚本时都会动态变化。所以，建议采用另一种方法查看集群信息，也就是访问"http://hadoop01:8088"，会出现图 4-26 所示的 Web 管理页面，在页面中单击"ApplicationMaster"，会出现图 4-27 所示页面，在该页面就可以查看作业运行信息了。

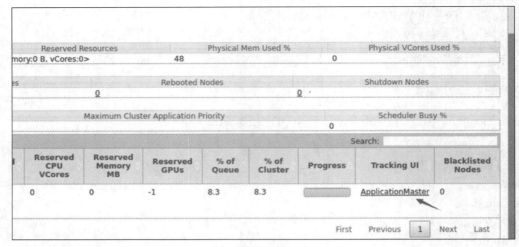

图 4-26　Web 管理页面

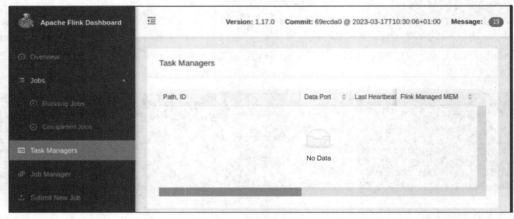

图 4-27　查看作业运行信息

如果不使用任何参数启动 yarn-session.sh，则启动结束后，该脚本会一直占用这个 Linux 终端窗口，可以使用"Ctrl+C"快捷键结束 yarn-session.sh 脚本的运行。如果不想让 yarn-session.sh 运行时一直占用 Linux 终端窗口，可以使用如下命令：

```
$ cd /usr/local/flink
$ ./bin/yarn-session.sh -d
```

现在，假设采用了"yarn-session.sh -d"启动 yarn-session.sh。启动结束后，使用"jps"命令查看进程，可以看到一个名为"YarnSessionClusterEntrypoint"的进程，如图 4-28 所示。

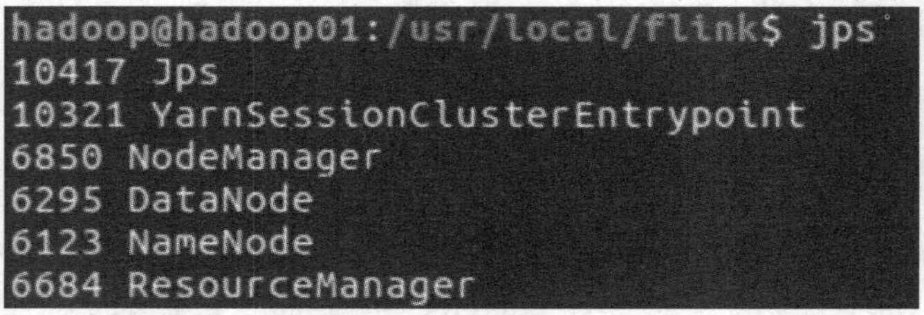

```
hadoop@hadoop01:/usr/local/flink$ jps
10417 Jps
10321 YarnSessionClusterEntrypoint
6850 NodeManager
6295 DataNode
6123 NameNode
6684 ResourceManager
```

图 4-28　查看进程

启动结束后，屏幕上会返回图 4-29 所示的信息，注意箭头指向的这条命令"yarn application -kill

application_1691735595654_0004"（每次启动结束后返回的这条命令都是不同的），后面需要使用这条命令来停止会话模式。

```
JobManager Web Interface: http://hadoop01:46272
2023-08-11 15:34:52,981 INFO  org.apache.flink.yarn.cli.FlinkYarnSessionCli
    [] - The Flink YARN session cluster has been started in detached mode. In order to
stop Flink gracefully, use the following command:
$ echo "stop" | ./bin/yarn-session.sh -id application_1691735595654_0004
If this should not be possible, then you can also kill Flink via YARN's web interface o
r via:
$ yarn application -kill application_1691735595654_0004
Note that killing Flink might not clean up all job artifacts and temporary files.
```

图 4-29 启动结束后返回信息

这时，可以执行如下命令运行程序：

```
$ cd /usr/local/flink
$ ./bin/flink run --class cn.edu.xmu.WordCount ~/Downloads/wordcount-1.0.jar
```

可以看出，上面的命令中并没有设置参数"--jobmanager"，这是因为在 YARN 模式中，Flink 可以自动找到 JobManager。

程序运行结束后，刷新图 4-27 中的页面，就会出现图 4-30 所示的结果，"Path,ID" 下面多了一条记录，单击这条记录中的超链接，在出现的页面中单击 "Stdout"，就可以看到词频统计结果了。

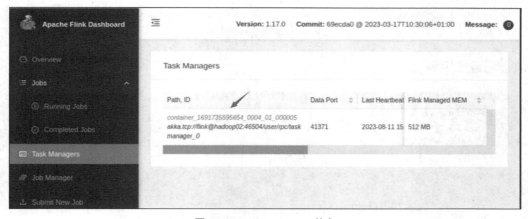

图 4-30 Task Managers 信息

最后，可以使用图 4-29 中箭头指向的命令停止会话模式：

```
$ yarn application -kill application_1691735595654_0004
```

此时，执行 "jps" 命令可以发现，YarnSessionClusterEntrypoint 进程消失了，表明会话模式已经停止。

4.8.3 配置单作业模式

采用单作业模式时，不需要事先启动 Flink 集群。
在 hadoop01 节点上执行如下命令，启动 HDFS 和 YARN：

```
$ cd /usr/local/hadoop
$ ./sbin/start-dfs.sh
$ ./sbin/start-yarn.sh
```

在 hadoop01 节点上执行如下命令执行程序：

```
$ cd /usr/local/flink
$ ./bin/flink run -t yarn-per-job -c cn.edu.xmu.WordCount ~/Downloads/wordcount-1.0.jar
```

执行过程中如果出现错误"Exception in thread "Thread-4" java.lang.IllegalStateException: Trying to access closed classloader.",需要在 Flink 配置文件 flink-conf.yaml 里增加如下设置:
```
classloader.check-leaked-classloader: false
```
程序运行结束后,可以在浏览器中访问"http://hadoop01:8088"查看集群信息(见图 4-31),从中可以看到,"Name"列的值是"Flink per-job cluster"。

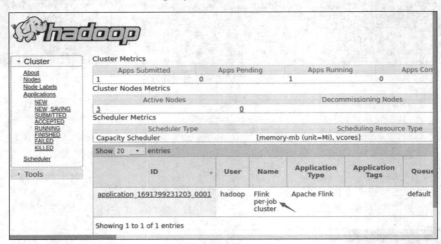

图 4-31　单作业模式下查看集群信息

4.8.4　配置应用模式

在 hadoop01 节点上执行如下命令,启动 HDFS 和 YARN:
```
$ cd /usr/local/hadoop
$ ./sbin/start-dfs.sh
$ ./sbin/start-yarn.sh
```
在 hadoop01 节点上执行如下命令运行程序:
```
$ cd /usr/local/flink
$ ./bin/flink run-application \
> -t yarn-application \
> -c cn.edu.xmu.WordCount \
> ~/Downloads/wordcount-1.0.jar
```
程序运行结束后,可以在浏览器中访问"http://hadoop01:8088"查看集群信息(见图 4-32),从中可以看到,"Name"列的值是"Flink Application Cluster"。

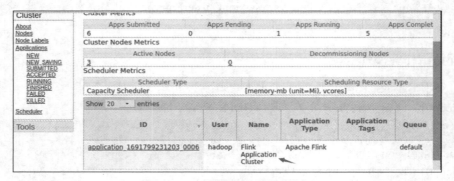

图 4-32　应用模式下查看集群信息

把图 4-33 中的页面拉到最右侧，单击"ApplicationMaster"，就可以查看 Flink 集群运行程序的相关信息。

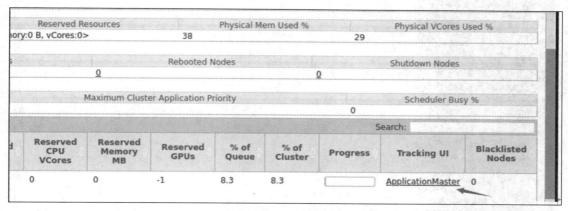

图 4-33　单击"ApplicationMaster"查看 Flink 集群运行程序的相关信息

4.9　历史服务器

运行 Flink 作业的集群一旦停止，就只能在 YARN 或者本地磁盘查看日志，无法通过 Web 管理页面查看相关信息。如果有了历史服务器，就可以在运行 Flink 作业的集群停止后仍然通过 Web 管理页面查询作业运行信息。

在 hadoop01 节点上执行如下命令，启动 HDFS 和 YARN：

```
$ cd /usr/local/hadoop
$ ./sbin/start-dfs.sh
$ ./sbin/start-yarn.sh
```

执行如下命令，在 HDFS 中创建用于保存 Flink 作业运行信息的目录：

```
$ cd /usr/local/hadoop
$ ./bin/hdfs dfs -mkdir -p /logs/flink-job
```

修改"/usr/local/flink/conf/flink-conf.yaml"文件，按照如下内容设置相关配置项：

```
jobmanager.archive.fs.dir: hdfs://hadoop01:9000/logs/flink-job
historyserver.web.address: hadoop01
historyserver.web.port: 8082
historyserver.archive.fs.dir: hdfs://hadoop01:9000/logs/flink-job
historyserver.archive.fs.refresh-interval: 5000
```

执行如下命令启动历史服务器：

```
$ cd /usr/local/flink
$ ./bin/historyserver.sh start
```

使用"jps"命令查询进程，可以看到多了一个名为"HistoryServer"的进程。

在 hadoop01 节点上执行如下命令运行程序：

```
$ cd /usr/local/flink
$ ./bin/flink run-application \
> -t yarn-application \
> -c cn.edu.xmu.WordCount \
> ~/Downloads/wordcount-1.0.jar
```

程序运行结束后，可以在浏览器中访问"http://hadoop01:8082"查看 Flink 集群历史作业信息（见图 4-34）。此时需要多次刷新页面，大概 5min 以后，"Compeleted Job List"下面会出现刚才已经运行结束的作业的信息。

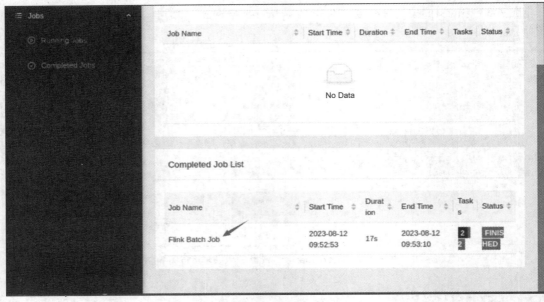

图 4-34　查看 Flink 集群历史作业信息

可以执行如下命令停止历史服务器：
```
$ cd /usr/local/flink
$ ./bin/historyserver.sh stop
```

4.10　本章小结

　　Flink 可以支持多种部署模式，在日常学习和应用开发环节，可以使用 Local 模式对 Flink 进行部署。本章介绍了 Flink 在单机环境下的安装和配置方法。在开发 Flink 应用程序时，需要采用 IDEA 等工具对代码进行编译和打包，然后通过"flink run"命令提交运行程序。还介绍了使用 IDEA 工具编译和打包 Flink 程序的具体方法，需要注意的是，一定要确保 pom.xml 文件中添加了程序所需要的各种外部依赖。

　　在实际应用中，企业一般需要搭建 Flink 集群来运行作业，因此，本章详细介绍了 Flink 集群环境的搭建方法，并介绍了 Flink 的运行模式。

4.11　习题

　　（1）请阐述 Flink 的 4 种部署模式。
　　（2）请阐述 Flink 和 Hadoop 的关系。
　　（3）请阐述使用 IDEA 对程序进行编译和打包的基本方法。
　　（4）请阐述如何安装 Java 环境。
　　（5）请阐述如何设置 SSH 无密码登录。
　　（6）请阐述 Flink 集群环境搭建的基本过程。
　　（7）请阐述 Flink 包含哪些运行模式。

实验 2 Flink 的安装和使用

一、实验目的

（1）掌握在 Linux 虚拟机中安装 Flink 的方法。
（2）熟悉使用 IDEA 编写和调试 Flink 应用程序的基本方法。

二、实验平台

操作系统：Ubuntu 16.04。
Flink 版本：1.17.0。
Hadoop 版本：3.3.5。

三、实验内容和要求

1. 安装 Hadoop 集群和搭建 Flink 集群

（1）在 Linux 系统中，使用 3 个节点完成分布式模式的 Hadoop 集群安装，运行 Hadoop 自带的 WordCount 样例程序。
（2）使用 3 个节点完成 Standalone 模式的 Flink 集群的搭建，运行 Flink 自带的 WordCount 样例程序。
（3）使用 3 个节点完成 YARN 模式的 Flink 集群的搭建，运行 Flink 自带的 WordCount 样例程序。

2. 使用 IDEA 编写和调试 Flink 程序

（1）下载并安装开发工具 IntelliJ IDEA。
（2）使用 IDEA 开发一个简单的 Flink 应用程序，并将其打包成 JAR 包提交到 Flink 中执行。

四、实验报告

《Flink 编程基础（Java 版）》实验报告		
题目：	姓名：	日期：
实验环境：		
实验内容与完成情况：		
出现的问题：		
解决方案（列出遇到并解决的问题和解决方案，以及没有解决的问题）：		

第5章 DataStream API

实时分析是当前比较热门的数据处理技术,因为许多不同领域的数据都需要进行实时处理、计算。随着大数据技术在各行各业的广泛应用,对海量数据进行实时分析的需求越来越多,同时,数据处理的业务逻辑也越来越复杂。传统的批处理方式和早期的流处理框架(比如 Storm)越来越难以在延迟性、吞吐量、容错能力以及使用便捷性等方面满足业务日益严苛的要求。在这种形式下,新型流处理框架 Flink 通过创造性地把现代大规模并行处理技术应用到流处理中,极大地改善了早期的流处理框架所存在的问题。为了满足实时分析需求,Flink 提供了数据流处理 API,即 DataStream API。它基于谷歌 Dataflow 模型,支持原生数据流处理,可以让用户灵活且高效地编写流应用程序。虽然 Spark 也提供了对流计算的支持,但是相比较而言,Flink 在流计算上有明显优势,其核心架构和模型也更透彻和灵活。

本章将重点介绍如何利用 DataStream API 开发流应用。首先介绍 DataStream 编程模型,包括数据源、数据转换、数据输出;之后介绍窗口的划分;然后介绍时间概念,包括事件生成时间、事件接入时间和事件处理时间;接下来介绍窗口计算,包括窗口计算程序的结构、窗口分配器、窗口计算函数、触发器和驱逐器;最后介绍水位线、延迟到达数据处理、基于双流的合并、状态编程和处理函数。

5.1 DataStream 编程模型

Flink 流处理程序的基本运行流程包括以下 5 个步骤。
(1)创建执行环境。
(2)创建数据源。
(3)指定对接收的数据进行转换操作的逻辑。
(4)指定数据计算的输出结果方式。
(5)程序触发执行。

从上述步骤中可以看出,真正需要操作的只有 3 个步骤:创建数据源、指定对接收的数据进行转换操作的逻辑、指定数据计算的输出结果方式。为了支持这 3 个步骤的操作,Flink 提供了一套功能完整的 DataStream API。Datastream API 主要包含 3 个模块:数据源、数据转换和数据输出。数据源模块定义了接入功能,可以将各种数据源接入 Flink 系统,并将接入数据转换成 DataStream 数据集。数据转换模块定义了对 DataStream 数据集执行的各种转换操作，比如 map、flatMap、filter、reduce 等。数据输出模块负责把数据输出到文件或其他系统（比如 Kafka）中。

5.1.1 数据源

数据源模块定义了 DataStream API 中的数据输入操作。Flink 将数据源主要分为两种类型：内置数据源和第三方数据源。内置数据源包括文件数据源、Socket 数据源和集合数据源。第三方数据源包括 Kafka 数据源、Kinesis Streams 数据源、RabbitMQ 数据源、NiFi 数据源等。本小节将重点介绍 3 种内置数据源、Kafka 数据源和数据生成器。

1. 内置数据源

内置数据源在 Flink 系统内部已经实现，不需要引入其他依赖库，用户可以直接调用相关方法来使用它们。

（1）文件数据源。

Flink 支持从文件中读取数据，它会逐行读取数据并将其转换成 DataStream 返回。我们可以使用 readTextFile(path) 方法直接读取文本文件，其中，path 表示文本文件的路径。以下是一个具体实例（文件名为 FileSourceDemo.java）：

```java
package cn.edu.xmu;

import org.apache.flink.api.common.functions.FlatMapFunction;
import org.apache.flink.api.common.functions.MapFunction;
import org.apache.flink.api.java.functions.KeySelector;
import org.apache.flink.api.java.tuple.Tuple2;
import org.apache.flink.streaming.api.datastream.DataStream;
import org.apache.flink.streaming.api.datastream.DataStreamSource;
import org.apache.flink.streaming.api.datastream.KeyedStream;
import org.apache.flink.streaming.api.datastream.SingleOutputStreamOperator;
import org.apache.flink.streaming.api.environment.StreamExecutionEnvironment;
import org.apache.flink.util.Collector;

public class FileSourceDemo {
    public FileSourceDemo(){}
    public static void main(String[] args) throws Exception {
        //1.创建流式执行环境
        StreamExecutionEnvironment env =
 StreamExecutionEnvironment.getExecutionEnvironment();
        //2.创建数据源，需要事先准备一个 word.txt 文件
        DataStreamSource<String> source = env.readTextFile("file:///home/hadoop/word.txt");
        //3.指定对接收的数据进行转换操作的逻辑
        //3.1 使用 flatMap 算子进行处理
        DataStream<String> flatMapStream = source.flatMap(new FlatMapFunction<String, String>() {
            @Override
            public void flatMap(String s, Collector<String> collector) throws Exception {
                String[] words = s.split(" ");
                for (String word : words) {
                    collector.collect(word);
                }
            }
        });
```

```java
        //3.2 使用map算子进行转换
        SingleOutputStreamOperator<Tuple2<String, Integer>> mapStream = flatMapStream.map(new MapFunction<String, Tuple2<String, Integer>>() {
            @Override
            public Tuple2<String, Integer> map(String value) throws Exception {
                return Tuple2.of(value, 1);
            }
        });
        //3.3 使用keyBy算子进行单词分组
        KeyedStream<Tuple2<String, Integer>, String> keyedStream = mapStream.keyBy(new KeySelector<Tuple2<String, Integer>, String>() {
            @Override
            public String getKey(Tuple2<String, Integer> value) throws Exception {
                return value.f0;
            }
        });
        //3.4 使用sum算子进行汇总求和
        SingleOutputStreamOperator<Tuple2<String, Integer>> sumStream = keyedStream.sum(1);
        //4.指定数据计算的输出结果方式
        sumStream.print();
        //5.程序触发执行
        env.execute();
    }
}
```

在IDEA中运行该程序，就可以在IDEA界面底部看到词频统计结果。

FileSourceDemo.java中的readTextFile()方法已经被标记为"deprecated"，因此，建议采用fromSource()方法来读取文件。如果要使用fromSource()方法，需要在4.2.3小节中的pom.xml文件的基础上增加如下依赖：

```xml
<dependency>
    <groupId>org.apache.flink</groupId>
    <artifactId>flink-connector-files</artifactId>
    <version>${flink.version}</version>
</dependency>
```

新建一个代码文件FileSourceDemo2.java，文件内容如下：

```java
package cn.edu.xmu;

import org.apache.flink.api.common.eventtime.WatermarkStrategy;
import org.apache.flink.connector.file.src.FileSource;
import org.apache.flink.connector.file.src.reader.TextLineInputFormat;
import org.apache.flink.core.fs.Path;
import org.apache.flink.streaming.api.datastream.DataStreamSource;
import org.apache.flink.streaming.api.environment.StreamExecutionEnvironment;

public class FileSourceDemo2 {
    public FileSourceDemo2(){}
    public static void main(String[] args) throws Exception {
        StreamExecutionEnvironment env =
                StreamExecutionEnvironment.getExecutionEnvironment();
        env.setParallelism(1);
        FileSource<String> fileSource = FileSource.forRecordStreamFormat(
                new TextLineInputFormat(),
                new Path("file:///home/hadoop/word.txt")
```

```
        ).build();
        DataStreamSource<String> fileSourceStream = env.fromSource(fileSource, Watermark
Strategy.noWatermarks(), "filesource");
        fileSourceStream.print();
        env.execute();
    }
}
```

在 IDEA 中运行该代码文件,就会读取"file:///home/hadoop/word.txt"并将其内容显示出来。

也可以读取 HDFS 中的文件,只需要把 FileSourceDemo.java 和 FileSourceDemo2.java 代码中的文件路径修改为"hdfs://hadoop01:9000/word.txt"即可(需要事先在 HDFS 中准备一个文件 word.txt)。为了在 IDEA 中成功访问 HDFS,还需要到 Maven 官网下载 Flink Shaded Hadoop 3 Uber 包的 3.1.1.7.2.9.0-173-9.0 版本。

在 IDEA 中,选择"File→Project Structure" 打开 Projecr Structure 设置界面(见图 5-1)。单击"Libraries",再单击"+",在弹出的菜单中选择"Java",再在弹出的界面中找到 flink-shaded-hadoop-3-uber-3.1.1.7.2.9.0-173-9.0.jar 并将其加入即可。

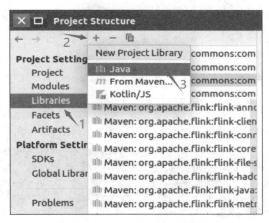

图 5-1 Project Structure 设置界面

这时,在 IDEA 中运行程序,就可以顺利访问 HDFS、读取数据、统计词频并输出结果了。

也可以不下载 flink-shaded-hadoop-3-uber-3.1.1.7.2.9.0-173-9.0.jar,而是采用另一种方式,即在 pom.xml 中增加如下两个依赖:

```
<dependency>
        <groupId>org.apache.hadoop</groupId>
        <artifactId>hadoop-common</artifactId>
        <version>3.3.5</version>
</dependency>
<dependency>
        <groupId>org.apache.hadoop</groupId>
        <artifactId>hadoop-client</artifactId>
        <version>3.3.5</version>
</dependency>
```

这时,在 IDEA 中运行程序,也可以顺利访问 HDFS、读取数据、统计词频并输出结果。

然后,把应用程序打包并生成 wordcount-1.0.jar。在 hadoop01 节点上执行如下命令启动 HDFS 和 Flink 集群(使用 Standalone 模式):

```
$ cd /usr/local/hadoop
$ ./sbin/start-dfs.sh
$ cd /usr/local/flink
$ ./bin/start-cluster.sh
```

需要指出的是，之前我们为 Hadoop 集群和 Flink 集群都配置了 3 个节点，包括 hadoop01、hadoop02 和 hadoop03，但是，每次开启 3 个虚拟机比较耗费计算机资源，导致系统运行缓慢。在初学阶段，建议读者每次只开启 hadoop01 这一个虚拟机，不用开启 hadoop02 和 hadoop03，这样启动以后的集群就只包含 1 个活跃节点，也能够满足我们调试程序的基本需求。

执行如下命令把程序提交到 Flink 集群运行：

```
$ cd /usr/local/flink
$ ./bin/flink run \
> --class cn.edu.xmu.FileSourceDemo \
> ~/IdeaProjects/FlinkWordCount/target/wordcount-1.0.jar
```

在浏览器中访问"http://hadoop01:8081"，打开 Flink 集群的 Web 管理界面，参照 4.3.1 小节的方法来操作，就可以查看程序运行结果了。

（2）Socket 数据源。

Flink 可以通过调用 socketTextStream()方法从 Socket 端口中接入数据。在调用 socketTextStream() 方法时，一般需要提供两个参数，即 IP 地址（或主机名）和端口，下面是一个实例：

```
DataStreamSource<String> source = env.socketTextStream("hadoop01",9999);
```

可以新建一个代码文件 SocketSourceDemo.java。它的内容与 FileSourceDemo.java 的内容基本相同，只有数据源定义部分不同，即只需要把 FileSourceDemo.java 中的如下内容替换成 Socket 数据源定义即可：

```
DataStreamSource<String> source = env.readTextFile("file:///home/hadoop/word.txt");
```

打开一个 Linux 终端，输入如下命令启动 NC 程序：

```
$ nc -lk 9999
```

在 IDEA 中运行 SocketSourceDemo.java，然后在 Linux 终端窗口内输入一些英文句子（见图 5-2）。

图 5-2 在 Linux 终端内输入英文句子

这时，在 IDEA 界面的底部就可以看到词频统计结果，如图 5-3 所示。

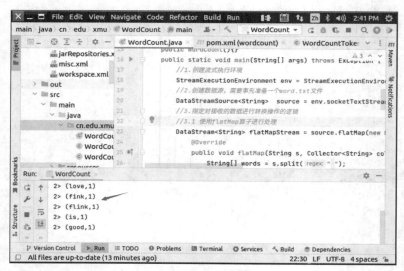

图 5-3 IDEA 中的词频统计结果

（3）集合数据源。

Flink 可以直接将 Java 程序中的集合类转换成 DataStream 数据集，这里给出两个具体实例。

使用 fromElements()方法从元素集合中创建 DataStream 数据集，语句如下：

```
DataStreamSource<Tuple2<Long,Long>> source =
            env.fromElements(Tuple2.of(1L,3L),Tuple2.of(1L,5L));
```

使用 fromCollection()方法从列表中创建 DataStream 数据集，语句如下：

```
DataStreamSource<Integer> source = env.fromCollection(Arrays.asList(1, 2, 3));
```

2. Kafka 数据源

（1）Kafka 准备工作。

首先需要启动 Kafka。请登录 Linux 系统，打开第一个终端，输入如下命令启动 ZooKeeper 服务：

```
$ cd /usr/local/kafka
$ ./bin/zookeeper-server-start.sh config/zookeeper.properties
```

请打开第二个终端，输入如下命令启动 Kafka 服务：

```
$ cd /usr/local/kafka
$ ./bin/kafka-server-start.sh config/server.properties
```

再打开第三个终端，输入如下命令创建一个自定义名称为"wordsendertest"的 Topic，专门负责采集、发送一些单词：

```
$ cd /usr/local/kafka
$ ./bin/kafka-topics.sh --create --zookeeper localhost:2181 \
> --replication-factor 1 --partitions 1 --topic wordsendertest
#这个Topic的名称为"wordsendertest"，2181是ZooKeeper默认的端口号，--partitions是Topic中的
分区数，--replication-factor是备份的数量，在Kafka集群中使用，由于这里是单机版，所以不用备份
#可以用"list"命令列出所有创建的Topic，来查看上面创建的Topic是否存在
$ ./bin/kafka-topics.sh --list --zookeeper localhost:2181
```

下面用 Producer 来生产一些数据，请在当前终端内继续输入如下命令：

```
$ ./bin/kafka-console-producer.sh --broker-list localhost:9092 \
> --topic wordsendertest
```

上述命令执行后，就可以在当前终端（假设名称为"生产者终端"）内输入一些英文单词了，比如可以输入：

```
hello hadoop
hello flink
```

这些单词就是数据源，会被 Kafka 捕捉并发送给 Consumer。现在可以启动一个 Consumer，来查看刚才 Producer 生产的数据。请打开第 4 个终端，输入如下命令：

```
$ cd /usr/local/kafka
$./bin/kafka-console-consumer.sh --bootstrap-server localhost:9092 \
> --topic wordsendertest --from-beginning
```

可以看到，屏幕上显示如下结果，也就是刚才在另外一个终端中输入的内容：

```
hello hadoop
hello flink
```

注意，到这里为止，前面打开的所有 Linux 终端窗口都不要关闭，以供后续步骤继续使用。

（2）编写 Flink 程序使用 Kafka 数据源。

新建代码文件 KafkaSourceDemo.java，内容如下：

```
package cn.edu.xmu;

import org.apache.flink.api.common.eventtime.WatermarkStrategy;
import org.apache.flink.api.common.serialization.SimpleStringSchema;
import org.apache.flink.connector.file.src.FileSource;
import org.apache.flink.connector.file.src.reader.TextLineInputFormat;
```

```java
import org.apache.flink.connector.kafka.source.KafkaSource;
import org.apache.flink.connector.kafka.source.enumerator.initializer.OffsetsInitializer;
import org.apache.flink.core.fs.Path;
import org.apache.flink.streaming.api.datastream.DataStreamSource;
import org.apache.flink.streaming.api.environment.StreamExecutionEnvironment;

public class KafkaSourceDemo {
    public KafkaSourceDemo(){}
    public static void main(String[] args) throws Exception {
        StreamExecutionEnvironment env =
                StreamExecutionEnvironment.getExecutionEnvironment();
        env.setParallelism(1);
        KafkaSource<String> kafkaSource = KafkaSource.<String>builder()
                .setBootstrapServers("hadoop01:9092")
                .setGroupId("dblab")
                .setTopics("wordsendertest")
                .setValueOnlyDeserializer(new SimpleStringSchema())
                .setStartingOffsets(OffsetsInitializer.earliest())
                .build();
        DataStreamSource<String> kafkaSourceStream = env.fromSource(kafkaSource, WatermarkStrategy.noWatermarks(), "kafkasource");
        kafkaSourceStream.print();
        env.execute();
    }
}
```

在IDEA中编辑pom.xml文件，需要在4.2.3小节中的pom.xml文件内容的基础上，继续增加如下依赖：

```xml
<dependency>
    <groupId>org.apache.flink</groupId>
    <artifactId>flink-connector-kafka</artifactId>
    <version>${flink.version}</version>
</dependency>
```

如果出现在IDEA中无法下载相关依赖JAR包的情况，读者也可以参考前面"文件数据源"中的方法，到Maven中央仓库中手动下载依赖JAR包 flink-connector-kafka-1.17.0.jar。

把JAR包手动添加到项目中，就可以正常调试程序并访问Kafka数据源了。

在IDEA中运行程序，再在前面已经打开的"生产者终端"内，继续输入以下数据（每输入一行数据就按"Enter"键）：

```
hello wuhan
hello china
```

这时，就会在IDEA中输出上述数据，说明Kafka的数据已经成功被Flink程序获取。

3. 数据生成器

Flink提供了DataGeneratorSource类，来创建一个可并行的、生成测试数据的数据源，它支持自定义生成数据的类型、行数、速率，能够很好地模拟真实的数据源，常被用来完成Flink流任务测试和性能测试。

新建代码文件DataGeneratorSourceDemo.java，内容如下：

```java
package cn.edu.xmu;

import org.apache.flink.api.common.eventtime.WatermarkStrategy;
import org.apache.flink.api.common.typeinfo.Types;
import org.apache.flink.api.connector.source.util.ratelimit.RateLimiterStrategy;
import org.apache.flink.connector.datagen.source.DataGeneratorSource;
```

```java
import org.apache.flink.connector.datagen.source.GeneratorFunction;
import org.apache.flink.streaming.api.datastream.DataStreamSource;
import org.apache.flink.streaming.api.environment.StreamExecutionEnvironment;

public class DataGeneratorSourceDemo {
    public DataGeneratorSourceDemo(){}
    public static void main(String[] args) throws Exception {
        StreamExecutionEnvironment env =
                StreamExecutionEnvironment.getExecutionEnvironment();
        env.setParallelism(1);
        DataGeneratorSource<String> dataGeneratorSource = new DataGeneratorSource<>(
                new GeneratorFunction<Long, String>() {
                    @Override
                    public String map(Long value) throws Exception {
                        return "Current Number is:" + value;
                    }
                },
                5,
                RateLimiterStrategy.perSecond(1),
                Types.STRING
        );
        DataStreamSource<String> dataGeneratorSourceStream = env.fromSource
(dataGeneratorSource, WatermarkStrategy.noWatermarks(), "dataGeneratorSource");
        dataGeneratorSourceStream.print();
        env.execute();
    }
}
```

从上述代码可以看出，DataGeneratorSource 类有 4 个参数。

（1）GeneratorFunction 实现类（生成数据的具体实现类）。

（2）Long 类型的值，表示生成数据的行数，比如取值为 5，表示生成 5 行数据。如果要一直生成数据，可以设置为 Long.MAX_VALUE。

（3）生成数据的速率，RateLimiterStrategy.perSecond(1)表示每秒生成 1 条数据。

（4）返回数据的类型。

在 IDEA 中编辑 pom.xml 文件，需要在 4.2.3 小节中的 pom.xml 文件内容的基础上，继续增加如下依赖：

```xml
<dependency>
    <groupId>org.apache.flink</groupId>
    <artifactId>flink-connector-datagen</artifactId>
    <version>${flink.version}</version>
</dependency>
```

在 IDEA 中运行程序，就可以看到控制台上输出如下结果：

```
Current Number is:0
Current Number is:1
Current Number is:2
Current Number is:3
Current Number is:4
```

下面再给出一个较复杂的实例，编写程序自动生成一些股票信息。

新建一个代码文件 StockPrice.java，内容如下：

```java
package cn.edu.xmu;

public class StockPrice {
    public String stockId;
    public Long timeStamp;
```

```java
    public Double price;

    // 一定要提供一个空参的构造器（反射的时候要使用）
    public StockPrice() {
    }

    public StockPrice(String stockId, Long timeStamp, Double price) {
        this.stockId = stockId;
        this.timeStamp = timeStamp;
        this.price = price;
    }

    public String getStockId() {
        return stockId;
    }

    public void setStockId(String stockId) {
        this.stockId = stockId;
    }

    public Long getTimeStamp() {
        return timeStamp;
    }

    public void setTimeStamp(Long timeStamp) {
        this.timeStamp = timeStamp;
    }

    public Double getPrice() {
        return price;
    }

    public void setPrice(Double price) {
        this.price = price;
    }

    @Override
    public String toString() {
        return "StockPrice{" +
                "stockId=" + stockId +
                ", timeStamp='" + timeStamp + '\'' +
                ", price=" + price +
                '}';
    }
}
```

新建一个代码文件 MyGeneratorFunction.java，内容如下：

```java
package cn.edu.xmu;

import cn.edu.xmu.StockPrice;
import org.apache.commons.math3.random.RandomDataGenerator;
import org.apache.flink.api.connector.source.SourceReaderContext;
import org.apache.flink.connector.datagen.source.GeneratorFunction;

public class MyGeneratorFunction implements GeneratorFunction<Long, StockPrice> {

    // 定义随机数数据生成器
    public RandomDataGenerator generator;
```

```java
// 初始化随机数数据生成器
@Override
public void open(SourceReaderContext readerContext) throws Exception {
    generator = new RandomDataGenerator();
}

@Override
public StockPrice map(Long value) throws Exception {
    // 使用随机数数据生成器创建StockPrice实例
    String stockId = "stock_"+value.toString();
    StockPrice stockPrice = new StockPrice(stockId
            , System.currentTimeMillis()
            , generator.nextInt(1,100)*0.1
    );
    return stockPrice;
}
}
```

新建一个代码文件ReadDataGeneratorSource.java，内容如下：

```java
package cn.edu.xmu;
import org.apache.flink.api.common.eventtime.WatermarkStrategy;
import org.apache.flink.api.common.typeinfo.TypeInformation;
import org.apache.flink.api.connector.source.util.ratelimit.RateLimiterStrategy;
import org.apache.flink.connector.datagen.source.DataGeneratorSource;
import org.apache.flink.streaming.api.datastream.DataStreamSource;
import org.apache.flink.streaming.api.environment.StreamExecutionEnvironment;

public class ReadDataGeneratorSource {
    public static void main(String[] args) throws Exception {
        // 1.获取执行环境
        StreamExecutionEnvironment env =
                StreamExecutionEnvironment.getExecutionEnvironment();
        env.setParallelism(1);

        // 2.自定义数据生成器DataGenerator Source
        DataGeneratorSource<StockPrice> dataGeneratorSource = new DataGeneratorSource<>(
                // 2.1 指定GeneratorFunction 实现类
                new MyGeneratorFunction(),
                // 2.2 指定生成数据的行数
                5,
                // 2.3 指定每秒生成的数据条数
                RateLimiterStrategy.perSecond(1),
                // 2.4 指定返回值类型
                TypeInformation.of(StockPrice.class) // 将Java的StockPrice封装到TypeInformation
        );

        // 3.读取dataGeneratorSource中的数据
        DataStreamSource<StockPrice> dataGeneratorSourceStream = env.fromSource(dataGeneratorSource
                , WatermarkStrategy.noWatermarks()   //指定水位线生成策略
                , "dataGeneratorSource");
        dataGeneratorSourceStream.print();
```

```
        env.execute();
    }
}
```
在 IDEA 中运行上述程序，可以得到类似下面的结果：
```
StockPrice{stockId=stock_0, timeStamp='1692358652408', price=4.3}
StockPrice{stockId=stock_1, timeStamp='1692358653290', price=5.5}
StockPrice{stockId=stock_2, timeStamp='1692358654285', price=2.5}
StockPrice{stockId=stock_3, timeStamp='1692358655285', price=9.3}
StockPrice{stockId=stock_4, timeStamp='1692358656285', price=9.7}
```
这个实例中涉及水位线的概念，读者暂时不用理解其具体含义，本书会在 5.5 节进行详细介绍。

5.1.2 数据转换

数据转换模块提供了丰富的数据转换算子，主要分为 4 种类型（见图 5-4）：基于单条记录、基于窗口、分流、合流。本小节介绍其中 3 种类型的算子及物理分区算子，基于窗口的数据转换算子在 5.4 节介绍。

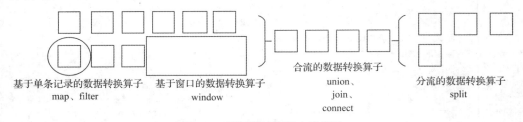

图 5-4　数据转换算子的 4 种类型

1. 基于单条记录的数据转换算子

表 5-1 给出了常用的基于单条记录的数据转换算子，下面将结合具体实例对这些数据转换算子进行逐一介绍。

表 5-1　常用的基于单条记录的数据转换算子

算子	输入输出类型	含义
map(func)	DataStream→DataStream	将一个 DataStream 中的每个元素传递到函数 func 中，并将结果返回为一个新的 DataStream
flatMap(func)	DataStream→DataStream	与 map(func)相似，但每个输入元素都可以映射到 0、1 或多个输出结果
filter(func)	DataStream→DataStream	筛选出满足函数 func 的元素，并返回一个新的数据集
keyBy()	DataStream→KeyedStream	根据指定的 Key 将输入的 DataStream 转换为 KeyedStream
聚合	KeyedStream→DataStream	根据指定的字段进行聚合操作
reduce(func)	KeyedStream→DataStream	将输入的 KeyedStream 通过传入的用户自定义函数 func 滚动地进行数据聚合处理

（1）map 算子。

map(func)将一个 DataStream 中的每个元素传递到函数 func 中，并将结果返回为一个新的 DataStream。输出的数据流 DataStream[OUT]类型可能和输入的数据流 DataStream[IN]类型不同。

map 算子包括 3 种使用方法：匿名实现类、Lambda 表达式和定义一个类实现 MapFunction。

下面使用 map 算子实现一个任务：输入多条 StockPrice 记录，对每条记录只输出它的 stockId。

① 匿名实现类。

首先，直接使用 5.11 小节已经创建好的代码文件 StockPrice.java。然后，新建一个代码文件 MapDemo1.java，内容如下：

```java
package cn.edu.xmu;

import org.apache.flink.api.common.functions.MapFunction;
import org.apache.flink.streaming.api.datastream.DataStreamSource;
import org.apache.flink.streaming.api.datastream.SingleOutputStreamOperator;
import org.apache.flink.streaming.api.environment.StreamExecutionEnvironment;

public class MapDemo1 {
    public static void main(String[] args) throws Exception {
        StreamExecutionEnvironment env = StreamExecutionEnvironment.getExecutionEnvironment();
        env.setParallelism(1);
        DataStreamSource<StockPrice> stockPriceDS = env.fromElements(
                new StockPrice("stock_1", 10001L, 9.7D),
                new StockPrice("stock_2", 10002L, 4.5D),
                new StockPrice("stock_3", 10003L, 8.2D)
                );
        SingleOutputStreamOperator<String> mapDS =
                stockPriceDS.map(
                        new MapFunction<StockPrice, String>() {
                            @Override
                            public String map(StockPrice value) throws Exception {
                                return value.stockId;
                            }
                        }
                );
        mapDS.print();
        env.execute();
    }
}
```

在上面的代码中，map 算子中使用了匿名实现类，匿名实现类中实现了 map()方法，该方法把一个 StockPrice 对象作为输入，输出一个 String 对象，即 stockId。

在 IDEA 中运行后可以得到如下结果：
```
stock_1
stock_2
stock_3
```

② Lambda 表达式。

新建一个代码文件 MapDemo2.java，内容如下：
```java
package cn.edu.xmu;

import org.apache.flink.api.common.functions.MapFunction;
import org.apache.flink.streaming.api.datastream.DataStreamSource;
import org.apache.flink.streaming.api.datastream.SingleOutputStreamOperator;
import org.apache.flink.streaming.api.environment.StreamExecutionEnvironment;

public class MapDemo2 {
    public static void main(String[] args) throws Exception {
        StreamExecutionEnvironment env = StreamExecutionEnvironment.getExecutionEnvironment();
        env.setParallelism(1);
        DataStreamSource<StockPrice> stockPriceDS = env.fromElements(
                new StockPrice("stock_1", 10001L, 9.7D),
                new StockPrice("stock_2", 10002L, 4.5D),
                new StockPrice("stock_3", 10003L, 8.2D)
                );
```

```
            SingleOutputStreamOperator<String> mapDS =
                    stockPriceDS.map(stockPrice->stockPrice.stockId);
            mapDS.print();
            env.execute();
    }
}
```

在上面的代码中，map 算子中使用了 Lambda 表达式 "stockPrice->stockPrice.stockId"，它的输入是一个 StockPrice 对象，输出是一个 String 对象，即 stockId。

③ 定义一个类实现 MapFunction。

新建一个代码文件 MapDemo3.java，内容如下：

```
package cn.edu.xmu;

import org.apache.flink.api.common.functions.MapFunction;
import org.apache.flink.streaming.api.datastream.DataStreamSource;
import org.apache.flink.streaming.api.datastream.SingleOutputStreamOperator;
import org.apache.flink.streaming.api.environment.StreamExecutionEnvironment;

public class MapDemo3 {
    public static void main(String[] args) throws Exception {
        StreamExecutionEnvironment env = StreamExecutionEnvironment.getExecutionEnvironment();
        env.setParallelism(1);
        DataStreamSource<StockPrice> stockPriceDS = env.fromElements(
                new StockPrice("stock_1", 10001L, 9.7D),
                new StockPrice("stock_2", 10002L, 4.5D),
                new StockPrice("stock_3", 10003L, 8.2D)
                );
        SingleOutputStreamOperator<String> mapDS =
                stockPriceDS.map(new MyMapFunction());
        mapDS.print();
        env.execute();
    }
    public static class MyMapFunction implements MapFunction<StockPrice,String>{
        @Override
        public String map(StockPrice value) throws Exception{
            return value.stockId;
        }
    }
}
```

上面的代码定义了一个类 MyMapFunction，它继承了 MapFunction 类，并实现了其中的 map() 方法。

（2）flatMap 算子。

flatMap(func)与 map(func)相似，但前者的每个输入元素都可以映射到 0、1 或多个输出结果。一般而言，如果输入一条数据，输出 1 个结果，就使用 map 算子；如果输入一条数据，输出 0、1 或者多个结果，就使用 flatMap 算子。

与 map 算子一样，flatMap 算子也包括 3 种使用方法：匿名实现类、Lambda 表达式和定义一个类实现 FlatMapFunction。

下面使用 flatMap 算子实现一个任务：输入多条 StockPrice 记录，对于 stockId 是 "stock_1" 的记录，输出 stockId；对于 stockId 是 "stock_2" 的记录，输出 stockId 和 price。

① 匿名实现类。

新建一个代码文件 FlatMapDemo1.java，代码如下：

```java
package cn.edu.xmu;

import org.apache.flink.api.common.functions.FlatMapFunction;
import org.apache.flink.api.common.functions.MapFunction;
import org.apache.flink.streaming.api.datastream.DataStreamSource;
import org.apache.flink.streaming.api.datastream.SingleOutputStreamOperator;
import org.apache.flink.streaming.api.environment.StreamExecutionEnvironment;
import org.apache.flink.util.Collector;

public class FlatMapDemo {
    public static void main(String[] args) throws Exception {
        StreamExecutionEnvironment env = StreamExecutionEnvironment.getExecutionEnvironment();
        env.setParallelism(1);
        DataStreamSource<StockPrice> stockPriceDS = env.fromElements(
                new StockPrice("stock_1", 10001L, 9.7D),
                new StockPrice("stock_2", 10002L, 4.5D),
                new StockPrice("stock_3", 10003L, 8.2D)
                );
        SingleOutputStreamOperator<String> flatMapDS =
                stockPriceDS.flatMap(new FlatMapFunction<StockPrice, String>() {
                    @Override
                    public void flatMap(StockPrice value, Collector<String> out) throws Exception {
                        if("stock_1".equals(value.stockId)){
                            out.collect(value.stockId);
                        }else if("stock_2".equals(value.stockId)){
                            out.collect(value.stockId);
                            out.collect(value.price.toString());
                        }
                    }
                });
        flatMapDS.print();
        env.execute();
    }
}
```

从上面的代码可以看出，当输入"StockPrice("stock_1", 10001L, 9.7D)"时，会输出一个结果，即stockId字段；当输入"StockPrice("stock_2", 10002L, 4.5D)"时，会输出两个结果，即stockId字段和price字段；当输入"StockPrice("stock_3", 10003L, 8.2D)"时，会输出0个结果。

② Lambda 表达式。

新建一个代码文件FlatMapDemo2.java，代码如下：

```java
package cn.edu.xmu;

import org.apache.flink.api.common.functions.FlatMapFunction;
import org.apache.flink.api.common.functions.MapFunction;
import org.apache.flink.api.common.typeinfo.Types;
import org.apache.flink.streaming.api.datastream.DataStreamSource;
import org.apache.flink.streaming.api.datastream.SingleOutputStreamOperator;
import org.apache.flink.streaming.api.environment.StreamExecutionEnvironment;
import org.apache.flink.util.Collector;

public class FlatMapDemo2 {
    public static void main(String[] args) throws Exception {
        StreamExecutionEnvironment env = StreamExecutionEnvironment.getExecutionEnvironment();
```

```
            env.setParallelism(1);
            DataStreamSource<StockPrice> stockPriceDS = env.fromElements(
                    new StockPrice("stock_1", 10001L, 9.7D),
                    new StockPrice("stock_2", 10002L, 4.5D),
                    new StockPrice("stock_3", 10003L, 8.2D)
                    );
            SingleOutputStreamOperator<String> flatMapDS =
                    stockPriceDS.flatMap((StockPrice value,Collector<String> out) ->{
                        if("stock_1".equals(value.stockId)){
                            out.collect(value.stockId);
                        }else if("stock_2".equals(value.stockId)){
                            out.collect(value.stockId);
                            out.collect(value.price.toString());
                        }
                    }
                    );
            flatMapDS.returns(Types.STRING);
            flatMapDS.print();
            env.execute();
        }
    }
```

可以看出，我们在 flatMap 算子中使用了 Lambda 表达式来完成任务要求。
③ 定义一个类实现 FlatMapFunction。
新建一个代码文件 FlatMapDemo3.java，代码如下：

```java
package cn.edu.xmu;

import org.apache.flink.api.common.functions.FlatMapFunction;
import org.apache.flink.api.common.functions.MapFunction;
import org.apache.flink.streaming.api.datastream.DataStreamSource;
import org.apache.flink.streaming.api.datastream.SingleOutputStreamOperator;
import org.apache.flink.streaming.api.environment.StreamExecutionEnvironment;
import org.apache.flink.util.Collector;

public class FlatMapDemo3 {
    public static void main(String[] args) throws Exception {
        StreamExecutionEnvironment env = StreamExecutionEnvironment.getExecutionEnvironment();
        env.setParallelism(1);
        DataStreamSource<StockPrice> stockPriceDS = env.fromElements(
                new StockPrice("stock_1", 10001L, 9.7D),
                new StockPrice("stock_2", 10002L, 4.5D),
                new StockPrice("stock_3", 10003L, 8.2D)
                );
        SingleOutputStreamOperator<String> flatMapDS =
                stockPriceDS.flatMap(new MyFlatMapFunction());
        flatMapDS.print();
        env.execute();
    }
    public static class MyFlatMapFunction implements FlatMapFunction<StockPrice, String>{
        @Override
        public void flatMap(StockPrice value,Collector<String> out) throws Exception{
            if("stock_1".equals(value.stockId)){
                out.collect(value.stockId);
            }else if("stock_2".equals(value.stockId)){
                out.collect(value.stockId);
```

```
                out.collect(value.price.toString());
            }
        }
    }
}
```

在上述代码中，我们专门定义了一个实现类 MyFlatMapFunction，并把这个类的实例传入 flatMap 算子中来完成任务。

（3）filter 算子。

filter(func)会筛选出满足函数 func()的元素，并返回一个新的数据集。

与 map 算子一样，filter 算子也包括 3 种使用方法：匿名实现类、Lambda 表达式和定义一个类实现 FilterFunction。

下面使用 filter 算子实现一个任务：输入多条 StockPrice 记录，只筛选出 stockId 是 "stock_1" 的记录。

① 匿名实现类。

新建一个代码文件 FilterDemo1.java，代码如下：

```
package cn.edu.xmu;

import org.apache.flink.api.common.functions.FilterFunction;
import org.apache.flink.streaming.api.datastream.DataStreamSource;
import org.apache.flink.streaming.api.datastream.SingleOutputStreamOperator;
import org.apache.flink.streaming.api.environment.StreamExecutionEnvironment;

public class FilterDemo1 {
    public static void main(String[] args) throws Exception {
        StreamExecutionEnvironment env = StreamExecutionEnvironment.getExecutionEnvironment();
        env.setParallelism(1);
        DataStreamSource<StockPrice> stockPriceDS = env.fromElements(
                new StockPrice("stock_1", 10001L, 9.7D),
                new StockPrice("stock_2", 10002L, 4.5D),
                new StockPrice("stock_3", 10003L, 8.2D)
                );
        SingleOutputStreamOperator<StockPrice> filterDS =
                stockPriceDS.filter(new FilterFunction<StockPrice>() {
                    @Override
                    public boolean filter(StockPrice value) throws Exception {
                        return "stock_1".equals(value.stockId);
                    }
                }
                );
        filterDS.print();
        env.execute();
    }
}
```

上面的代码定义了一个匿名类，并实现了 filter()方法。该 filter()算子会把 stockId 为 "stock_1" 的股票记录筛选出来。最终程序运行结果如下：

```
StockPrice{stockId=stock_1, timeStamp='10001', price=9.7}
```

② Lambda 表达式。

新建一个代码文件 FilterDemo2.java，代码如下：

```
package cn.edu.xmu;

import org.apache.flink.api.common.functions.FilterFunction;
```

```java
import org.apache.flink.streaming.api.datastream.DataStreamSource;
import org.apache.flink.streaming.api.datastream.SingleOutputStreamOperator;
import org.apache.flink.streaming.api.environment.StreamExecutionEnvironment;

public class FilterDemo2 {
    public static void main(String[] args) throws Exception {
        StreamExecutionEnvironment env = StreamExecutionEnvironment.getExecutionEnvironment();
        env.setParallelism(1);
        DataStreamSource<StockPrice> stockPriceDS = env.fromElements(
                new StockPrice("stock_1", 10001L, 9.7D),
                new StockPrice("stock_2", 10002L, 4.5D),
                new StockPrice("stock_3", 10003L, 8.2D)
                );
        SingleOutputStreamOperator<StockPrice> filterDS =
                stockPriceDS.filter(stockPrice->"stock_1".equals(stockPrice.stockId));
        filterDS.print();
        env.execute();
    }
}
```

在上述代码中，我们在 filter 算子中使用了 Lambda 表达式来完成任务。

③ 定义一个类实现 FilterFunction。

新建一个代码文件 FilterDemo3.java，代码如下：

```java
package cn.edu.xmu;

import org.apache.flink.api.common.functions.FilterFunction;
import org.apache.flink.streaming.api.datastream.DataStreamSource;
import org.apache.flink.streaming.api.datastream.SingleOutputStreamOperator;
import org.apache.flink.streaming.api.environment.StreamExecutionEnvironment;

public class FilterDemo3 {
    public static void main(String[] args) throws Exception {
        StreamExecutionEnvironment env = StreamExecutionEnvironment.getExecutionEnvironment();
        env.setParallelism(1);
        DataStreamSource<StockPrice> stockPriceDS = env.fromElements(
                new StockPrice("stock_1", 10001L, 9.7D),
                new StockPrice("stock_2", 10002L, 4.5D),
                new StockPrice("stock_3", 10003L, 8.2D)
                );
        SingleOutputStreamOperator<StockPrice> filterDS =
                stockPriceDS.filter(new MyFilterFunction());
        filterDS.print();
        env.execute();
    }
    public static class MyFilterFunction implements FilterFunction<StockPrice>{
        @Override
        public boolean filter(StockPrice value) throws Exception{
            return "stock_1".equals(value.stockId);
        }
    }
}
```

上面的代码定义了一个类 MyFilterFunction，它继承了类 FilterFunction，并实现了 filter() 方法。

（4） keyBy 算子。

keyBy 操作会将相同 Key 的数据放置在相同的分组中。如图 5-5 所示，keyBy 算子根据元素的形状对元素进行分组，相同形状的元素被分到了一组，可被后续算子统一处理。

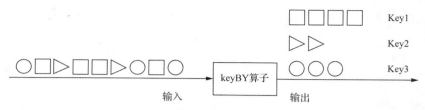

图 5-5　keyBy 操作执行过程

keyBy()根据指定的 Key 将输入的 DataStream 转换为 KeyedStream。KeyedStream 用来表示根据指定的 Key 进行分组的数据流，它是一种特殊的 DataStream。事实上，KeyedStream 继承了 DataStream，DataStream 的各个元素随机分布在各个任务插槽中，而 KeyedStream 的各个元素先按照 Key 进行分组，然后被分配到各个任务插槽中。在 KeyedStream 上进行任意转换操作以后，该 KeyedStream 都将转换回 DataStream（见图 5-6）。

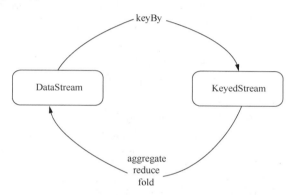

图 5-6　DataStream 和 KeyedStream 之间的转换关系

在使用 keyBy 算子时，需要向 keyBy 算子传递一个参数，以告知 Flink 以什么字段作为 Key 进行分组。可以通过 KeySelector 的方式指定分组的 Key，KeySelector 是一个接口，里面只有一个方法 getKey()，使用的时候实现 getKey()方法即可。

下面使用 keyBy 算子实现一个任务：输入多条 StockPrice 记录，根据 stockId 对记录进行分组。新建一个代码文件 KeyByDemo.java，代码如下：

```java
package cn.edu.xmu;

import org.apache.flink.api.java.functions.KeySelector;
import org.apache.flink.streaming.api.datastream.DataStreamSource;
import org.apache.flink.streaming.api.datastream.KeyedStream;
import org.apache.flink.streaming.api.datastream.SingleOutputStreamOperator;
import org.apache.flink.streaming.api.environment.StreamExecutionEnvironment;

public class KeyByDemo {
    public static void main(String[] args) throws Exception {
        StreamExecutionEnvironment env = StreamExecutionEnvironment.getExecutionEnvironment();
        env.setParallelism(1);
        DataStreamSource<StockPrice> stockPriceDS = env.fromElements(
                new StockPrice("stock_1", 10001L, 9.7D),
                new StockPrice("stock_2", 10002L, 4.5D),
                new StockPrice("stock_3", 10003L, 8.2D),
```

```
                new StockPrice("stock_1", 10004L, 5.2D)
                );
        KeyedStream<StockPrice, String> stockPriceKeyedStream = stockPriceDS.keyBy(new
KeySelector<StockPrice, String>() {
            @Override
            public String getKey(StockPrice value) throws Exception {
                return value.stockId;
            }
        });
        stockPriceKeyedStream.print();
        env.execute();
    }
}
```

从程序执行结果看不出分组的效果,要想看出分组的效果,还要将该算子和后面的聚合算子(比如 reduce)配合使用。

(5)聚合算子。

得到 KeyedStream 以后,就可以进行聚合操作了。聚合算子在 KeyedStream 数据流上执行滚动聚合,对于同一个 KeyedStream,只能调用一次聚合算子。Flink 提供了以下内置的最简单、最基本的聚合算子。

① sum():在输入流上,对指定的字段进行叠加求和。
② min():在输入流上,对指定的字段求最小值。
③ max():在输入流上,对指定的字段求最大值。
④ minBy():与 min()类似,在输入流上对指定的字段求最小值。不同的是,min()只计算指定字段的最小值,其他字段会保留最初第一个数据的值,minBy()则会返回包含字段最小值的整条数据。
⑤ maxBy():与 max()类似,在输入流上对指定的字段求最大值,两者的区别可以参照 min()和 minBy()的区别。

新建一个代码文件 SimpleAggregateDemo.java,内容如下:

```java
package cn.edu.xmu;

import org.apache.flink.api.java.functions.KeySelector;
import org.apache.flink.streaming.api.datastream.DataStreamSource;
import org.apache.flink.streaming.api.datastream.KeyedStream;
import org.apache.flink.streaming.api.datastream.SingleOutputStreamOperator;
import org.apache.flink.streaming.api.environment.StreamExecutionEnvironment;

public class SimpleAggregateDemo {
    public static void main(String[] args) throws Exception {
        StreamExecutionEnvironment env = StreamExecutionEnvironment.getExecution
Environment();
        env.setParallelism(1);
        DataStreamSource<StockPrice> stockPriceDS = env.fromElements(
                new StockPrice("stock_1", 10001L, 9.7D),
                new StockPrice("stock_2", 10002L, 4.5D),
                new StockPrice("stock_3", 10003L, 8.2D),
                new StockPrice("stock_1", 10004L, 5.2D)
                );
        KeyedStream<StockPrice, String> stockPriceKeyedStream =
                stockPriceDS.keyBy(new KeySelector<StockPrice, String>() {
                    @Override
                    public String getKey(StockPrice value) throws Exception {
                        return value.stockId;
                    }
```

```
        });
        SingleOutputStreamOperator<StockPrice> result =
                stockPriceKeyedStream.min("price");
        result.print();
        env.execute();
    }
}
```

在 IDEA 中运行该程序,可以得到如下结果:
```
StockPrice{stockId=stock_1, timeStamp='10001', price=9.7}
StockPrice{stockId=stock_2, timeStamp='10002', price=4.5}
StockPrice{stockId=stock_3, timeStamp='10003', price=8.2}
StockPrice{stockId=stock_1, timeStamp='10001', price=5.2}
```

从程序执行结果可以看出,在输出第 4 条记录时,输出的 price 字段的值是最小值 5.2,但是 timeStamp 的值是 10001,这就印证了 min()只计算指定字段的最小值,其他字段会保留最初第一个数据的值。

如果把 SimpleAggregateDemo.java 中的 "stockPriceKeyedStream.min("price")" 修改成 "stockPriceKeyedStream.minBy("price")",会输出如下结果:
```
StockPrice{stockId=stock_1, timeStamp='10001', price=9.7}
StockPrice{stockId=stock_2, timeStamp='10002', price=4.5}
StockPrice{stockId=stock_3, timeStamp='10003', price=8.2}
StockPrice{stockId=stock_1, timeStamp='10004', price=5.2}
```

可以看出,price 字段的值是最小值 5.2,timeStamp 字段的值是 10004,这就印证了 minBy()会返回包含字段最小值的整条数据。

(6) reduce 算子。

reduce 算子将输入的 KeyedStream 通过传入的用户自定义函数滚动地进行数据聚合处理,处理以后得到一个新的 DataStream。

reduce 算子也包括 3 种使用方法:匿名实现类、Lambda 表达式和定义一个类实现 ReduceFunction。

① 匿名实现类。

新建一个代码文件 ReduceDemo1.java,内容如下:
```
package cn.edu.xmu;

import org.apache.flink.api.common.functions.ReduceFunction;
import org.apache.flink.api.java.functions.KeySelector;
import org.apache.flink.streaming.api.datastream.DataStreamSource;
import org.apache.flink.streaming.api.datastream.KeyedStream;
import org.apache.flink.streaming.api.datastream.SingleOutputStreamOperator;
import org.apache.flink.streaming.api.environment.StreamExecutionEnvironment;

public class ReduceDemo1 {
    public static void main(String[] args) throws Exception {
        StreamExecutionEnvironment env = StreamExecutionEnvironment.getExecutionEnvironment();
        env.setParallelism(1);
        DataStreamSource<StockPrice> stockPriceDS = env.fromElements(
                new StockPrice("stock_1", 10001L, 9.7D),
                new StockPrice("stock_2", 10002L, 4.5D),
                new StockPrice("stock_3", 10003L, 8.2D),
                new StockPrice("stock_1", 10004L, 5.2D)
                );
        KeyedStream<StockPrice, String> stockPriceKeyedStream =
                stockPriceDS.keyBy(new KeySelector<StockPrice, String>() {
                    @Override
```

```java
                    public String getKey(StockPrice value) throws Exception {
                        return value.stockId;
                    }
                });
        SingleOutputStreamOperator<StockPrice> result = 
            stockPriceKeyedStream.reduce(new ReduceFunction<StockPrice>() {
                @Override
                public StockPrice reduce(StockPrice value1, StockPrice value2) throws Exception {
                    return new StockPrice(
                        value1.stockId,
                        value1.timeStamp,
                        value1.price+value2.price);
                }
            });
        result.print();
        env.execute();
    }
}
```

上面的程序运行结果如下:
```
StockPrice{stockId=stock_1, timeStamp='10001', price=9.7}
StockPrice{stockId=stock_2, timeStamp='10002', price=4.5}
StockPrice{stockId=stock_3, timeStamp='10003', price=8.2}
StockPrice{stockId=stock_1, timeStamp='10001', price=14.899999999999999}
```

在上面的输出结果中，第 4 行显示了 StockId 是"stock_1"的股票的累计交易价格是 14.899999999999999，可以看出，程序中的 reduce()函数对每只股票的交易价格分别进行了累加计算。

② Lambda 表达式。

新建一个代码文件 ReduceDemo2.java，内容如下：

```java
package cn.edu.xmu;

import org.apache.flink.api.common.functions.ReduceFunction;
import org.apache.flink.api.java.functions.KeySelector;
import org.apache.flink.streaming.api.datastream.DataStreamSource;
import org.apache.flink.streaming.api.datastream.KeyedStream;
import org.apache.flink.streaming.api.datastream.SingleOutputStreamOperator;
import org.apache.flink.streaming.api.environment.StreamExecutionEnvironment;

public class ReduceDemo2 {
    public static void main(String[] args) throws Exception {
        StreamExecutionEnvironment env = StreamExecutionEnvironment.getExecutionEnvironment();
        env.setParallelism(1);
        DataStreamSource<StockPrice> stockPriceDS = env.fromElements(
            new StockPrice("stock_1", 10001L, 9.7D),
            new StockPrice("stock_2", 10002L, 4.5D),
            new StockPrice("stock_3", 10003L, 8.2D),
            new StockPrice("stock_1", 10004L, 5.2D)
            );
        KeyedStream<StockPrice, String> stockPriceKeyedStream = 
            stockPriceDS.keyBy(new KeySelector<StockPrice, String>() {
                @Override
                public String getKey(StockPrice value) throws Exception {
                    return value.stockId;
                }
            });
        SingleOutputStreamOperator<StockPrice> result = 
```

```
            stockPriceKeyedStream.reduce(
                    (value1,value2)->new StockPrice(
                    value1.stockId,
                    value1.timeStamp,
                    value1.price+value2.price));
        result.print();
        env.execute();
    }
}
```
可以看出，我们在 reduce 算子中使用了 Lambda 表达式来完成任务。
③ 定义一个类实现 ReduceFunction。
新建一个代码文件 ReduceDemo3.java，内容如下：
```
package cn.edu.xmu;

import org.apache.flink.api.common.functions.ReduceFunction;
import org.apache.flink.api.java.functions.KeySelector;
import org.apache.flink.streaming.api.datastream.DataStreamSource;
import org.apache.flink.streaming.api.datastream.KeyedStream;
import org.apache.flink.streaming.api.datastream.SingleOutputStreamOperator;
import org.apache.flink.streaming.api.environment.StreamExecutionEnvironment;

public class ReduceDemo3 {
    public static void main(String[] args) throws Exception {
        StreamExecutionEnvironment env = StreamExecutionEnvironment.getExecutionEnvironment();
        env.setParallelism(1);
        DataStreamSource<StockPrice> stockPriceDS = env.fromElements(
                new StockPrice("stock_1", 10001L, 9.7D),
                new StockPrice("stock_2", 10002L, 4.5D),
                new StockPrice("stock_3", 10003L, 8.2D),
                new StockPrice("stock_1", 10004L, 5.2D)
                );
        KeyedStream<StockPrice, String> stockPriceKeyedStream =
                stockPriceDS.keyBy(new KeySelector<StockPrice, String>() {
                    @Override
                    public String getKey(StockPrice value) throws Exception {
                        return value.stockId;
                    }
                });
        SingleOutputStreamOperator<StockPrice> result =
                stockPriceKeyedStream.reduce(new MyReduceFunction());
        result.print();
        env.execute();
    }
    public static class MyReduceFunction implements ReduceFunction<StockPrice>{
        @Override
        public StockPrice reduce(StockPrice value1, StockPrice value2) throws Exception {
            return new StockPrice(
                    value1.stockId,
                    value1.timeStamp,
                    value1.price+value2.price);
        }
    }
}
```

在上述代码中，我们专门定义了一个实现类 MyReduceFunction，并把这个类的实例传入 reduce 算子中来完成任务。

2. 物理分区算子

在 Flink 中，数据源被分为若干个分区，每个分区由一个或多个数据块组成。分区是 Flink 进行并行处理的基本单元，Flink 内部的大部分算子都在分区上进行操作。

常见的 Flink 重分区方式包括：随机（Shuffle）分区、轮询（Round-Robin）分区、重缩放（Rescale）分区、广播（Broadcast）、全局（Global）分区。

（1）随机分区。

最简单的重分区方式就是随机分区，该方式通过调用 DataStream 的 shuffle()方法，将上游数据随机分配到下游的并行任务中（见图 5-7）。

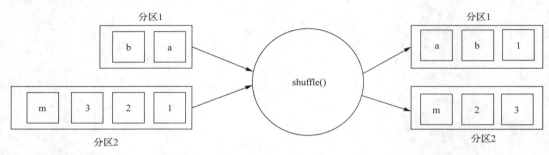

图 5-7　随机分区示意

新建代码文件 PartitionDemo1.java，内容如下：

```
package cn.edu.xmu;

import org.apache.flink.streaming.api.datastream.DataStreamSource;
import org.apache.flink.streaming.api.environment.StreamExecutionEnvironment;

public class PartitionDemo1 {
    public PartitionDemo1(){}
    public static void main(String[] args) throws Exception {
        StreamExecutionEnvironment env =
                StreamExecutionEnvironment.getExecutionEnvironment();
        // 为了看到重分区效果，必须把并行度设置为大于 1 的值
env.setParallelism(2);
        DataStreamSource<String> source = env.socketTextStream("hadoop01",9999);
        source.shuffle().print();
        env.execute();
    }
}
```

在 Linux 中启动一个 NC 程序，在 IDEA 中运行上面的程序，然后在 NC 窗口内输入若干行数据，比如输入"a"，按"Enter"键，再输入"b"，按"Enter"键，以此类推，继续输入 c、d、e、f、g。这时，可以在 IDEA 中看到类似下面的输出：

```
1> a
1> b
2> c
2> d
2> e
1> f
1> g
```

从上面的结果可以看出,输入的数据被随机分配给了两个分区中的一个。

(2)轮询分区。

轮询分区也是常见的重分区方式,该方式通过调用 DataStream 的 rebalance()方法,将上游的数据平均分配到下游所有的并行任务中(见图 5-8)。

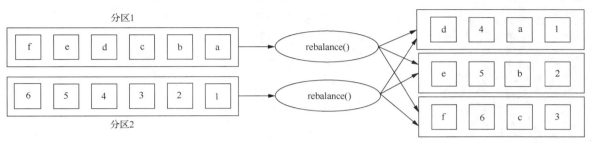

图 5-8 轮询分区示意

轮询分区的代码调用方法很简单,只需要把代码文件 PartitionDemo1.java 中的 "source.shuffle().print()" 替换成 "source.rebalance().print()" 即可。

在 Linux 中启动一个 NC 程序,在 IDEA 中运行替换后的程序,然后在 NC 窗口内输入若干行数据,比如输入 "a",按 "Enter" 键,再输入 "b",按 "Enter" 键,以此类推,继续输入 c、d、e、f、g。这时,可以在 IDEA 中看到类似下面的输出:

```
2> a
1> b
2> c
1> d
2> e
1> f
2> g
```

从上面的结果可以看出,输入的数据被均匀地分配给了两个分区。

(3)重缩放分区。

重缩放分区和轮询分区非常相似。当调用 rescale()方法时,其实底层也是使用轮询分区算法进行轮询的,但是重缩放分区只会将数据轮询发送到下游的一部分并行任务中。如图 5-9 所示,假设上游 2 个分区,下游 4 个分区,重缩放分区会先分组(不是 keyBy 算子进行的分组,而是普通的分组,比如上游分区 1 分配下游分区 1、2,上游分区 2 分配下游分区 3、4),然后在组内轮询发送数据。

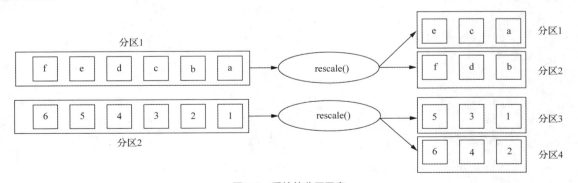

图 5-9 重缩放分区示意

重缩放分区的代码调用方法很简单,只需要把代码文件 PartitionDemo1.java 中的 "source.shuffle().print()" 替换成 "source.rescale().print()" 即可。

在 Linux 中启动一个 NC 程序，在 IDEA 中运行替换后的程序，然后在 NC 窗口内输入若干行数据，比如输入"a"，按"Enter"键，再输入"b"，按"Enter"键，以此类推，继续输入 c、d、e、f、g。这时，可以在 IDEA 中看到类似下面的输出：

```
2> a
1> b
1> c
2> d
1> e
2> f
1> g
```

因为上游是 NC 程序，只有 1 个分区，所以从上面的输出结果还看不出重缩放分区和轮询分区的差别。

（4）广播。

经过广播之后，数据会在不同的分区都保留一份，可能进行重复处理。可以通过调用 DataStream 的 broadcast() 方法，将输入数据复制并发送到下游算子的所有并行任务中（见图 5-10）。

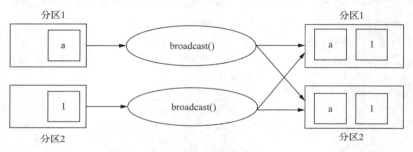

图 5-10 广播示意

广播的代码调用方法很简单，只需要把代码文件 PartitionDemo1.java 中的"source.shuffle().print()"替换成"source.broadcast().print()"即可。

在 Linux 中启动一个 NC 程序，在 IDEA 中运行替换后的程序，然后在 NC 窗口内输入若干行数据，比如输入"a"，按"Enter"键，再输入"b"，按"Enter"键，以此类推，继续输入 c、d、e、f、g。这时，可以在 IDEA 中看到类似下面的输出：

```
2> a
2> b
2> c
2> d
1> a
1> b
1> c
1> d
2> e
1> e
1> f
2> f
1> g
2> g
```

从上面的结果可以看出，每个分区都获得了所有的输入数据。

（5）全局分区。

全局分区是一种特殊的分区方式（见图 5-11）。这种方式非常极端，通过调用 global() 方法，该方式会将所有的输入流数据都发送到下游算子的第一个并行子任务中。这就相当于强行让下游任务并行度变成 1，所以使用这种方式时需要非常谨慎，因为它可能会给程序造成很大的压力。

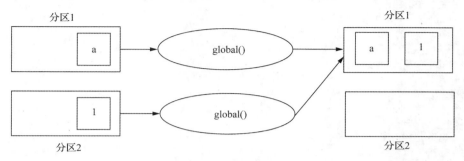

图 5-11　全局分区示意

全局分区的代码调用方法很简单，只需要把代码文件 PartitionDemo1.java 中的"source.shuffle().print()"替换成"source.global().print()"即可。

在 Linux 中启动一个 NC 程序，在 IDEA 中运行替换后的程序，然后在 NC 窗口内输入若干行数据，比如输入"a"，按"Enter"键，再输入"b"，按"Enter"键，以此类推，继续输入 c、d、e、f、g。这时，可以在 IDEA 中看到类似下面的输出：

```
1> a
1> b
1> c
1> d
1> e
1> f
1> g
```

从输出结果可以看出，所有数据都被分配给了一个分区。

3. 分流算子

分流就是将一个数据流拆分成多个数据流，也就是基于一个 DataStream，来得到多个平等的 DataStream（见图 5-12）。

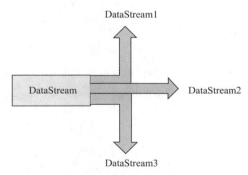

图 5-12　数据流的分流示意

Flink 提供了两种分流方式：使用过滤器（Filter）进行分流；使用侧输出流（Side Output）进行分流。

（1）使用过滤器进行分流。

这里给出一个实例，要求把一个整数数据流分成奇数流和偶数流。新建一个代码文件 SplitByFilterDemo.java，内容如下：

```
package cn.edu.xmu;
```

```java
import org.apache.flink.streaming.api.datastream.DataStreamSource;
import org.apache.flink.streaming.api.datastream.SingleOutputStreamOperator;
import org.apache.flink.streaming.api.environment.StreamExecutionEnvironment;

public class SplitByFilterDemo {
    public SplitByFilterDemo(){}
    public static void main(String[] args) throws Exception {
        StreamExecutionEnvironment env =
                StreamExecutionEnvironment.getExecutionEnvironment();
        env.setParallelism(1);
        DataStreamSource<Integer> source = env.fromElements(1,2,3,4,5,6,7,8);
        SingleOutputStreamOperator<Integer> evenDS = source.filter(value -> value % 2 == 0);
        SingleOutputStreamOperator<Integer> oddDS = source.filter(value -> value % 2 != 0);
        evenDS.print("偶数流");
        oddDS.print("奇数流");
        env.execute();
    }
}
```

从上面的代码可以看出，source.filter()执行了两次，这意味着一个数据流被处理了两次，影响了流处理程序的性能。

在 IDEA 中运行该程序，会得到如下结果：

```
奇数流> 1
偶数流> 2
奇数流> 3
偶数流> 4
奇数流> 5
偶数流> 6
奇数流> 7
偶数流> 8
```

（2）使用侧输出流进行分流。

使用过滤器对主数据流进行过滤，可以实现分流的效果，但每次过滤都要保留整个流，然后通过遍历整个流来获取相应的数据，显然很影响性能。如果能够在一个流里面进行多次输出就好了，恰好，Flink 的侧输出流就提供了这样的功能。Flink 的侧输出流的作用在于将主数据流分割成多个不同的侧输出流。侧输出流的数据类型不需要与主数据流的数据类型一致，不同侧输出流的数据类型也可以不同。

使用侧输出流进行分流时，只需要调用上下文的 output()方法，就可以输出任意类型的数据了。

这里给出一个实例，要求根据 StockID 将不同股票放入不同的侧输出流中。新建代码文件 SplitBySideOutputDemo.java，内容如下：

```java
package cn.edu.xmu;

import org.apache.flink.api.common.functions.MapFunction;
import org.apache.flink.api.common.typeinfo.Types;
import org.apache.flink.streaming.api.datastream.DataStreamSource;
import org.apache.flink.streaming.api.datastream.SideOutputDataStream;
import org.apache.flink.streaming.api.datastream.SingleOutputStreamOperator;
import org.apache.flink.streaming.api.environment.StreamExecutionEnvironment;
import org.apache.flink.streaming.api.functions.ProcessFunction;
```

```java
import org.apache.flink.util.Collector;
import org.apache.flink.util.OutputTag;

public class SplitBySideOutputDemo {
    public SplitByFilterDemo(){}
    public static void main(String[] args) throws Exception {
        StreamExecutionEnvironment env =
                StreamExecutionEnvironment.getExecutionEnvironment();
        env.setParallelism(1);
        DataStreamSource<StockPrice> stockPriceDS = env.fromElements(
                new StockPrice("stock_1", 10001L, 9.7D),
                new StockPrice("stock_2", 10002L, 4.5D),
                new StockPrice("stock_3", 10003L, 8.2D)
        );
        // 新建标签对象,其中有两个参数,第1个参数表示标签名称,第2个参数表示放入侧输出流的数据的类型
        OutputTag<StockPrice> stock1Tag =
                new OutputTag<>("stock_1", Types.POJO(StockPrice.class));
        OutputTag<StockPrice> stock2Tag =
                new OutputTag<>("stock_2", Types.POJO(StockPrice.class));
        SingleOutputStreamOperator<StockPrice> processResult
                = stockPriceDS.process(new ProcessFunction<StockPrice, StockPrice>() {
            @Override
            public void processElement(StockPrice value, ProcessFunction<StockPrice, StockPrice>.Context ctx, Collector<StockPrice> out) throws Exception {
                String stockId = value.getStockId();
                if ("stock_1".equals(stockId)) {
                    // 如果stockId是"stock_1",就将该股票放入侧输出流stock_1中
                    // output()方法有两个参数,第1个参数表示标签,第2个参数表示数据本身
                    ctx.output(stock1Tag, value);
                } else if ("stock_2".equals(stockId)) {
                    // 如果stockId是"stock_2",就将该股票放入侧输出流stock_2中
                    ctx.output(stock2Tag, value);
                } else {
                    // 其他stockId对应的股票仍然放在主数据流中
                    out.collect(value);
                }
            }
        });
        // 从主数据流中根据标签获取侧输出流
        SideOutputDataStream<StockPrice> sideOutputStock1 =
                processResult.getSideOutput(stock1Tag);
        // 从主数据流中根据标签获取侧输出流
        SideOutputDataStream<StockPrice> sideOutputStock2 =
                processResult.getSideOutput(stock2Tag);
        // 输出主数据流
        processResult.print("主数据流");
        // 输出侧输出流stock_1
        sideOutputStock1.print("侧输出流stock_1");
        // 输出侧输出流stock_2
        sideOutputStock2.print("侧输出流stock_2");
        env.execute();
    }
}
```

在 IDEA 中运行该程序，会得到如下结果：

```
侧输出流 stock_1> StockPrice{stockId=stock_1, timeStamp='10001', price=9.7}
侧输出流 stock_2> StockPrice{stockId=stock_2, timeStamp='10002', price=4.5}
主数据流> StockPrice{stockId=stock_3, timeStamp='10003', price=8.2}
```

4. 合流算子

Flink 中的合流操作应用得更加普遍，对应的 API 也更加丰富。

（1）联合。

最简单的合流操作之一，就是直接将多个数据流合并在一起，叫作流的联合（Union）（见图 5-13）。联合操作要求数据流中的数据类型必须相同，合并之后的新流会包括所有数据流中的数据，且数据类型不变。

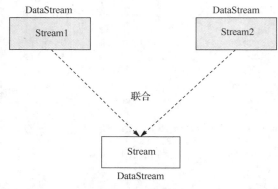

图 5-13 流的联合

新建一个代码文件 UnionDataStreamDemo.java，内容如下：

```java
package cn.edu.xmu;

import org.apache.flink.streaming.api.datastream.DataStream;
import org.apache.flink.streaming.api.datastream.DataStreamSource;
import org.apache.flink.streaming.api.environment.StreamExecutionEnvironment;

public class UnionDataStreamDemo {
    public UnionDataStreamDemo(){}
    public static void main(String[] args) throws Exception {
        StreamExecutionEnvironment env =
                StreamExecutionEnvironment.getExecutionEnvironment();
        env.setParallelism(1);
        DataStreamSource<Integer> sourceDS1 = env.fromElements(1,3,5,7,9);
        DataStreamSource<Integer> sourceDS2 = env.fromElements(2,4,6,8,10);
        DataStreamSource<Integer> sourceDS3 = env.fromElements(11,12,13,14,15);
        DataStream<Integer> unionResult = sourceDS1.union(sourceDS2).union(sourceDS3);
        unionResult.print();
        env.execute();
    }
}
```

在 IDEA 中运行该程序，从输出结果中可以看到 3 个数据流被合并成一个数据流了。

（2）连接。

流的联合虽然简单，不过受限于数据类型不能改变，灵活性不足，实践中较少使用。除了联合，Flink 还提供了另一种合流操作——连接（Connect）。如图 5-14 所示，这种操作就是直接把两个流像接线一样连接起来。为了处理更加灵活，连接操作允许流的数据类型不同，但一个数据流中的数据类型是唯一的。

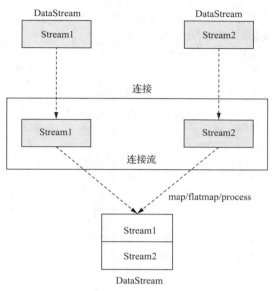

图 5-14　流的连接

一个 DataStream 中的数据类型必须是唯一的，而连接操作允许参与连接的两个流具有不同的数据类型，因此，连接操作得到的结果并不是一个 DataStream，而是一个连接流（ConnectedStream）。连接流可以看成两个流在形式上的"统一"，两个流被放在了同一个流中，事实上，各流内部仍然保持各自的数据类型不变，彼此之间是相互独立的。要想从一个连接流中得到一个新的 DataStream，还必须定义一个"协同处理"（Co-Process）转换操作，用来说明对于不同来源、不同类型的数据，怎样分别对其进行处理、转换，得到统一的输出数据类型。

"协同处理"转换操作可以使用 CoMapFunction 或者 CoProcessFunction 来完成。

CoMapFunction 接口有 3 个参数，依次表示第 1 个流、第 2 个流以及连接以后的流中的数据类型。需要实现该接口的 2 个方法有 map1()方法和 map2()方法，这两个方法分别表示针对第 1 个流和第 2 个流的处理逻辑。这里给出一个使用 CoMapFunction 的实例。新建一个代码文件 ConnectDataStreamDemo.java，内容如下：

```java
package cn.edu.xmu;

import org.apache.flink.streaming.api.datastream.ConnectedStreams;
import org.apache.flink.streaming.api.datastream.DataStreamSource;
import org.apache.flink.streaming.api.datastream.SingleOutputStreamOperator;
import org.apache.flink.streaming.api.environment.StreamExecutionEnvironment;
import org.apache.flink.streaming.api.functions.co.CoMapFunction;

public class ConnectDataStreamDemo {
    public ConnectDataStreamDemo(){}
    public static void main(String[] args) throws Exception {
        StreamExecutionEnvironment env =
                StreamExecutionEnvironment.getExecutionEnvironment();
        env.setParallelism(1);
        DataStreamSource<Integer> sourceDS1 = env.fromElements(1,2,3);
        DataStreamSource<String> sourceDS2 = env.fromElements("a","b","c");
        ConnectedStreams<Integer, String> connectResult = sourceDS1.connect(sourceDS2);
```

```java
        // CoMapFunction有3个参数，第1个参数表示第1个流的数据类型
        // 第2个参数表示第2个流的数据类型，第3个参数表示输出数据的类型
        SingleOutputStreamOperator<String> result =
            connectResult.map(new CoMapFunction<Integer, String, String>() {
                // 针对第1个流的处理逻辑
                @Override
                public String map1(Integer value) throws Exception {
                    return value.toString();
                }

                // 针对第2个流的处理逻辑
                @Override
                public String map2(String value) throws Exception {
                    return value;
                }
            });
        result.print();
        env.execute();
    }
}
```

在IDEA中运行该程序，可以得到如下结果：

```
1
2
a
3
b
c
```

CoProcessFunction 与 CoMapFunction 类似，它需要实现 2 个方法，即 processElement1()和 processElement2()，每条数据到达时，它会根据其来源的流调用其中一个方法进行处理。

这里再给出一个使用 CoProcessFunction 的实例。假设有两个数据流，第 1 个数据流中的每条数据的内容是(学号,姓名)，第 2 个数据流中的每条数据的内容是(学号,课程,成绩)，要求对两个数据流根据相同的学号进行匹配，输出(学号,姓名,课程,成绩)。新建代码文件 ConnectDataStreamExample.java，内容如下：

```java
package cn.edu.xmu;

import org.apache.flink.api.java.tuple.Tuple2;
import org.apache.flink.api.java.tuple.Tuple3;
import org.apache.flink.api.java.tuple.Tuple4;
import org.apache.flink.streaming.api.datastream.ConnectedStreams;
import org.apache.flink.streaming.api.datastream.DataStreamSource;
import org.apache.flink.streaming.api.datastream.SingleOutputStreamOperator;
import org.apache.flink.streaming.api.environment.StreamExecutionEnvironment;
import org.apache.flink.streaming.api.functions.co.CoProcessFunction;
import org.apache.flink.util.Collector;

import java.util.ArrayList;
import java.util.HashMap;
import java.util.List;
import java.util.Map;

public class ConnectDataStreamExample {
    public ConnectDataStreamDemo(){}
```

```java
        public static void main(String[] args) throws Exception {
            StreamExecutionEnvironment env =
                    StreamExecutionEnvironment.getExecutionEnvironment();
            env.setParallelism(1);
            DataStreamSource<Tuple2<Integer, String>> sourceDS1 = env.fromElements(
                    Tuple2.of(1,"xiaoming"),
                    Tuple2.of(2,"xiaowang")
            );
            DataStreamSource<Tuple3<Integer, String, Integer>> sourceDS2 = env.fromElements(
                    Tuple3.of(1,"math",98),
                    Tuple3.of(1,"english",97),
                    Tuple3.of(2,"math",94),
                    Tuple3.of(2,"english",88)
            );
            ConnectedStreams<Tuple2<Integer, String>,Tuple3<Integer, String, Integer>> connectResult = sourceDS1.connect(sourceDS2);
            /**
             * 实现根据学号字段对流进行匹配的效果
             * 对于两个流,谁的数据先到达是不一定的
             * 对于每个流,当有数据到达时,该数据就保存到一个变量中
             * 变量采用 HashMap 格式,Key 是学号,Value 是 List,List 里面保存了流的数据
             * 每个流有数据到达时,一方面要将其保存到变量中,另一方面要去另一个流查找是否有匹配的数据
             */
            SingleOutputStreamOperator<String> processResult = connectResult.process(
                    // CoProcessFunction 有 3 个参数,第 1 个参数表示第 1 个数据流的数据类型,第 2 个参数表示第 2 个数据流的数据类型,第 3 个表示输出数据的类型
                    new CoProcessFunction<Tuple2<Integer, String>, Tuple3<Integer, String, Integer>, String>() {
                        // 定义 HashMap,用来保存到达的流数据
                        Map<Integer, List<Tuple2<Integer, String>>> ds1Cache = new HashMap<>();
                        Map<Integer, List<Tuple3<Integer, String, Integer>>> ds2Cache = new HashMap<>();

                        /**
                         * 第 1 个流的处理逻辑
                         * @param value 第 1 个流的数据
                         * @param ctx 上下文
                         * @param out 采集器
                         */
                        @Override
                        public void processElement1(Tuple2<Integer, String> value, CoProcessFunction<Tuple2<Integer, String>, Tuple3<Integer, String, Integer>, String>.Context ctx, Collector<String> out) throws Exception {
                            Integer sno = value.f0;
                            // 第 1 个流的数据到达,将其保存到变量中
                            if (!ds1Cache.containsKey(sno)) {
                                // 如果 Key 不存在,就把这条数据当成第 1 条数据存入
                                List<Tuple2<Integer, String>> ds1Values = new ArrayList<>();
                                ds1Values.add(value);
                                ds1Cache.put(sno, ds1Values);
                            } else {
                                // 如果 Key 存在,表示这条数据不是第 1 条数据,直接将其添加到 List 中
                                ds1Cache.get(sno).add(value);
```

```java
                    }
                    // 去ds2Cache查找是否存在匹配的学号，存在匹配的学号就输出，不存在匹配的学号就不输出
                    if (ds2Cache.containsKey(sno)) {
                        for (Tuple3<Integer, String, Integer> ds2Element : ds2Cache.get(sno)) {
                            out.collect(Tuple4.of(value.f0,value.f1,ds2Element.f1,ds2Element.f2).toString());
                        }
                    }
                }

                /**
                 * 第2个流的处理逻辑
                 * @param value 第2个流的数据
                 * @param ctx 上下文
                 * @param out 采集器
                 */
                @Override
                public void processElement2(Tuple3<Integer, String, Integer> value,
CoProcessFunction<Tuple2<Integer, String>, Tuple3<Integer, String, Integer>, String>.Context ctx, Collector<String> out) throws Exception {
                    Integer sno = value.f0;
                    // 第2个流的数据到达，将其保存到变量中
                    if (!ds2Cache.containsKey(sno)) {
                        // 如果Key不存在，就把这条数据当成第1条数据存入
                        List<Tuple3<Integer, String, Integer>> ds2Values = new ArrayList<>();
                        ds2Values.add(value);
                        ds2Cache.put(sno, ds2Values);
                    } else {
                        // 如果Key存在，表示这条数据不是第1条数据，直接将其添加到List中
                        ds2Cache.get(sno).add(value);
                    }
                    // 去ds1Cache查找是否存在匹配的学号，存在匹配的学号就输出，不存在匹配的学号就不输出
                    if (ds1Cache.containsKey(sno)) {
                        for (Tuple2<Integer, String> ds1Element : ds1Cache.get(sno)) {
                            out.collect(Tuple4.of(ds1Element.f0,ds1Element.f1,value.f1,value.f2).toString());
                        }
                    }
                }
            }
        );
        processResult.print();
        env.execute();
    }
}
```

在IDEA中运行该程序，会输出如下结果：

```
(1,xiaoming,math,98)
(1,xiaoming,english,97)
(2,xiaowang,math,94)
(2,xiaowang,english,88)
```

5.1.3 数据输出

1. 输出到文件

Flink 专门提供了一个流式文件系统的连接器 FileSink，为批处理和流处理提供了一个统一的数据输出，它可以将分区文件写入 Flink 支持的文件系统。

如果要使用 FileSink，需要在 4.2.3 小节中的 pom.xml 文件的基础上，再增加如下依赖：
```xml
<dependency>
    <groupId>org.apache.flink</groupId>
    <artifactId>flink-connector-files</artifactId>
    <version>${flink.version}</version>
</dependency>
```
FileSink 支持行编码（Row-Encoded）和批量编码（Bulk-Encoded）格式，这两种格式都有各自的构建器，可以直接调用 FileSink 的静态方法。在创建行编码或批量编码格式的 FileSink 时，需要传入两个参数，用来指定存储桶的基本路径和数据的编码逻辑。

新建一个代码文件 FileSinkDemo1.java，内容如下：
```java
package cn.edu.xmu;

import org.apache.flink.api.common.serialization.SimpleStringEncoder;
import org.apache.flink.connector.file.sink.FileSink;
import org.apache.flink.core.fs.Path;
import org.apache.flink.streaming.api.datastream.DataStreamSource;
import org.apache.flink.streaming.api.environment.StreamExecutionEnvironment;

public class FileSinkDemo1 {
    public static void main(String[] args) throws Exception {
        StreamExecutionEnvironment env = StreamExecutionEnvironment.getExecutionEnvironment();
        env.setParallelism(1);
        DataStreamSource<StockPrice> stockPriceDS = env.fromElements(
            new StockPrice("stock_1", 10001L, 9.7D),
            new StockPrice("stock_2", 10002L, 4.5D),
            new StockPrice("stock_3", 10003L, 8.2D)
        );
        FileSink<StockPrice> fileSink =
            FileSink.<StockPrice>forRowFormat(
                    new Path("file:///home/hadoop"),
                    new SimpleStringEncoder<>("UTF-8"))
                .build();
        stockPriceDS.sinkTo(fileSink);
        env.execute();
    }
}
```
在 IDEA 中执行该程序以后，在 Linux 系统的"/home/hadoop"目录下会生成以日期命名的目录（比如"2023-12-19--21"），该目录下会包含一个文件，文件名类似"part-fdc22bfc-5759-4bd4-a482-79fbdbb6e5dd-0"，该文件包含如下内容：
```
StockPrice{stockId=stock_1, timeStamp='10001', price=9.7}
StockPrice{stockId=stock_2, timeStamp='10002', price=4.5}
StockPrice{stockId=stock_3, timeStamp='10003', price=8.2}
```
如果要写入 HDFS 文件，只需要把上面代码中的"new Path("file:///home/hadoop")"修改为"new Path("hdfs://hadoop01:9000/")"，并在 pom.xml 中增加如下两个依赖：
```xml
<dependency>
```

```xml
            <groupId>org.apache.hadoop</groupId>
            <artifactId>hadoop-common</artifactId>
            <version>3.3.5</version>
        </dependency>
        <dependency>
            <groupId>org.apache.hadoop</groupId>
            <artifactId>hadoop-client</artifactId>
            <version>3.3.5</version>
        </dependency>
```

2. 输出到 Kafka

（1）编写 Flink 程序。

编写代码文件 KafkaSinkDemo.java，内容如下：

```java
package cn.edu.xmu;

import org.apache.flink.api.common.serialization.SimpleStringEncoder;
import org.apache.flink.api.common.serialization.SimpleStringSchema;
import org.apache.flink.connector.file.sink.FileSink;
import org.apache.flink.connector.kafka.sink.KafkaRecordSerializationSchema;
import org.apache.flink.connector.kafka.sink.KafkaSink;
import org.apache.flink.connector.kafka.sink.KafkaSinkBuilder;
import org.apache.flink.core.fs.Path;
import org.apache.flink.streaming.api.datastream.DataStreamSource;
import org.apache.flink.streaming.api.environment.StreamExecutionEnvironment;

public class KafkaSinkDemo {
    public static void main(String[] args) throws Exception {
        StreamExecutionEnvironment env = StreamExecutionEnvironment.getExecutionEnvironment();
        env.setParallelism(1);
        DataStreamSource<String> source = env.socketTextStream("hadoop01", 9999);
        KafkaSink<String> kafkaSink = KafkaSink.<String>builder()
                .setBootstrapServers("hadoop01:9092")
                .setRecordSerializer(
                        KafkaRecordSerializationSchema.<String>builder()
                                .setTopic("sinkKafka")
                                .setValueSerializationSchema(new SimpleStringSchema())
                                .build()
                ).build();
        source.sinkTo(kafkaSink);
        env.execute();
    }
}
```

这里的 pom.xml 文件的内容和 5.1.1 小节中介绍 Kafka 数据源时所使用的 pom.xml 文件的内容相同。

（2）运行 Flink 程序。

首先需要启动 ZooKeeper 服务，接着启动 Kafka 服务。新建第一个终端，输入如下命令启动 ZooKeeper 服务：

```
$ cd /usr/local/kafka
$ ./bin/zookeeper-server-start.sh config/zookeeper.properties
```

新建第二个终端，输入如下命令启动 Kafka 服务：

```
$ cd /usr/local/kafka
$ ./bin/kafka-server-start.sh config/server.properties
```

新建第三个终端，输入如下命令创建一个自定义名称为"sinkKafka"的 Topic：

```
$ cd /usr/local/kafka
$ ./bin/kafka-topics.sh --create --zookeeper hadoop01:2181 \
> --replication-factor 1 --partitions 1 --topic sinkKafka
```
新建第四个终端（这个终端称为"NC 窗口"），执行如下命令启动 NC 程序：
```
$ nc -lk 9999
```
在 IDEA 中运行程序，然后在"NC 窗口"内输入"hadoop"并按"Enter"键，再输入"spark"并按"Enter"键，继续输入"flink"并按"Enter"键。

这时，KafkaSinkDemo.java 程序已经向 Kafka 中写入 3 条消息，分别是"hadoop""spark""flink"。

新建第五个终端，输入如下命令从 Kafka 中取出消息：
```
$ cd /usr/local/kafka
$./bin/kafka-console-consumer.sh --bootstrap-server hadoop01:9092 \
> --topic sinkKafka --from-beginning
```
屏幕上会显示如下结果：
```
hadoop
spark
flink
```

3. 输出到 MySQL 数据库

要想让 Flink 输出数据到 MySQL 数据库，需要在 pom.xml 中添加如下两个依赖：
```xml
<dependency>
    <groupId>mysql</groupId>
    <artifactId>mysql-connector-java</artifactId>
    <version>8.0.33</version>
</dependency>
<dependency>
    <groupId>org.apache.flink</groupId>
    <artifactId>flink-connector-jdbc</artifactId>
    <version>3.1.1-1.17</version>
</dependency>
```
在 MySQL Shell 中执行如下命令创建数据库和表：
```
mysql> create database flinkdb;
mysql> use flinkdb;
mysql> create table stockprice(stockId char(10),timeStamp bigint(20),price double(6,2));
```
新建代码文件 MySQLSinkDemo.java，内容如下：
```java
package cn.edu.xmu;

import org.apache.flink.connector.jdbc.JdbcConnectionOptions;
import org.apache.flink.connector.jdbc.JdbcExecutionOptions;
import org.apache.flink.connector.jdbc.JdbcSink;
import org.apache.flink.connector.jdbc.JdbcStatementBuilder;
import org.apache.flink.streaming.api.datastream.DataStreamSource;
import org.apache.flink.streaming.api.environment.StreamExecutionEnvironment;
import org.apache.flink.streaming.api.functions.sink.SinkFunction;
import java.sql.PreparedStatement;
import java.sql.SQLException;

public class MySQLSinkDemo {
    public static void main(String[] args) throws Exception {
        StreamExecutionEnvironment env = StreamExecutionEnvironment.getExecutionEnvironment();
        env.setParallelism(1);
        DataStreamSource<StockPrice> stockPriceDS = env.fromElements(
                new StockPrice("stock_1", 10001L, 9.7),
                new StockPrice("stock_2", 10002L, 4.5),
```

```
                new StockPrice("stock_3", 10003L, 8.2)
        );
        SinkFunction<StockPrice> jdbcSink = JdbcSink.sink(
            "insert into stockprice (stockId, timeStamp, price) values (?, ?, ?)",
            new JdbcStatementBuilder<StockPrice>() {
                @Override
                public void accept(PreparedStatement preparedStatement, StockPrice stockPrice) throws SQLException {
                    preparedStatement.setString(1, stockPrice.stockId);
                    preparedStatement.setLong(2, stockPrice.timeStamp);
                    preparedStatement.setDouble(3, stockPrice.price);
                }
            }
            ,
            JdbcExecutionOptions.builder()
                .withBatchSize(1000)
                .withBatchIntervalMs(200)
                .withMaxRetries(5)
                .build(),
            new JdbcConnectionOptions.JdbcConnectionOptionsBuilder()
                .withUrl("jdbc:mysql://localhost:3306/flinkdb")
                .withDriverName("com.mysql.cj.jdbc.Driver")
                .withUsername("root")
                .withPassword("123456")
                .build()
        );
        stockPriceDS.addSink(jdbcSink);
        env.execute();
    }
}
```

在 IDEA 中运行该程序，运行成功以后，可以到 MySQL Shell 中执行 "select *from Stockprice;" 命令查询数据（见图 5-15）。

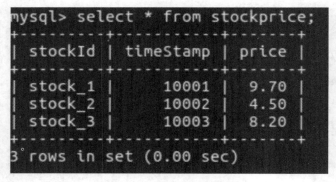

图 5-15　select 命令查询结果

5.2　窗口的划分

Flink 支持两种类型的窗口，分别是基于时间的窗口和基于数量的窗口。基于时间的窗口根据起始时间戳（闭区间）和终止时间戳（开区间）来决定窗口的大小，数据根据这两种时间戳被分配到不同的窗口中完成计算。基于数量的窗口根据固定的数量来决定窗口的大小。例如，每 10000 条数据形成一个窗口，窗口中接入的数据依赖于数据接入算子的顺序，如果数据出现乱序情况，将导致窗口的计算结果不确定。这里只介绍基于时间的窗口，关于基于数量的窗口，读者可以参考 Flink 官网资料。

在 Flink 中，窗口的设定和数据本身是无关的，它是系统事先定义好的。窗口是 Flink 划分数据的一个基本单位，窗口的划分方式是固定的，默认会根据自然时间对窗口进行划分，并且划分方式是左闭右开（见表 5-2）。

表 5-2 窗口的划分

窗口划分标准	窗口 w1	窗口 w2	窗口 w3
1s	[00:00:00,00:00:01)	[00:00:01,00:00:02)	[00:00:02,00:00:03)
5s	[00:00:00,00:00:05)	[00:00:05,00:00:10)	[00:00:10,00:00:15)
10s	[00:00:00,00:00:10)	[00:00:10,00:00:20)	[00:00:20,00:00:30)
1min	[00:00:00,00:01:00)	[00:01:00,00:02:00)	[00:02:00,00:03:00)

窗口的生命周期开始于第一个属于这个窗口的元素到达的时候，结束于第一个不属于这个窗口的元素到达的时候。

5.3 时间概念

对于流数据处理来说，其最大的特点就是数据具有时间属性。Flink 根据时间的产生位置把时间划分为 3 种类型（见图 5-16）：事件生成时间，简称"事件时间"（Event Time）；事件接入时间，简称"接入时间"（Ingestion Time）；事件处理时间，简称"处理时间"（Processing Time）。用户可以根据具体业务灵活选择时间类型。

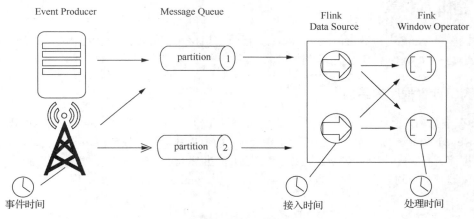

图 5-16 Flink 的 3 种时间类型

1. 事件时间

事件时间是每个独立事件在设备上产生的时间，这个时间通常在事件进入 Flink 前就已经进入事件了，也就是说，事件时间是从原始的消息中提取到的。比如对于 Kafka 消息来说，每个生成的消息中自带一个时间戳，代表每条数据的产生时间。理想情况下，不管事件何时到达或者到达顺序如何，事件时间处理都能够得到完整一致的结果。不过，这种处理方式在等待乱序事件时会产生一些延迟，这会对事件时间的应用性能产生一定的影响。

2. 接入时间

接入时间是数据进入 Flink 系统的时间，主要依赖于其数据源算子所在主机的系统时间。理论上，接入时间处于事件时间和处理时间之间。接入时间不能处理乱序问题或者延迟数据，它可以防止 Flink

内部处理数据时发生乱序的情况，但是无法解决数据到达 Flink 之前发生的乱序问题。如果需要解决此类问题，建议使用事件时间。

3. 处理时间

处理时间是指数据在操作算子计算过程中获取到的所在主机时间，这个时间是由 Flink 系统自己提供的。这种处理方式的实时性是最好的，但计算结果未必准确，主要用于对时间计算精度要求不是特别高的计算场景，比如计算延迟比较高的日志数据的场景。

可以看出，Flink 的时间类型还是比较简单的。但是，这些时间类型对于很多系统，比如 Spark Streaming，并没有进行区分。将事件时间和处理时间区别对待，并且采用事件时间作为时间属性，是 Flink 相对于 Spark Streaming 的一大进步。

在 3 种时间类型中，处理时间和事件时间是最重要的，表 5-3 给出了二者的简单比较。

表 5-3 处理时间和事件时间的比较

处理时间	事件时间
真实世界的时间	数据世界的时间
处理数据节点的本地时间	记录携带的时间戳
处理简单	处理复杂
结果不确定（无法重现）	结果确定（可重现）

在 Flink 中，由于处理时间比较简单，早期版本默认的时间属性是处理时间；而考虑到事件时间在实际中应用更为广泛，所以从 Flink 1.12 开始，Flink 已经将事件时间作为默认的时间属性。

5.4 窗口计算

窗口操作是 Flink 进行数据流处理的核心，通过窗口操作，可以将一个无限的数据流拆分成很多个有限大小的"桶"，然后在这些桶上执行计算。

5.4.1 窗口计算程序的结构

Flink 在进行窗口计算时，窗口分为两种（见图 5-17）：分组窗口（Keyed Window）和非分组窗口（Non-Keyed Window）。因此，在进行窗口计算之前，必须指定好数据流是分组还是非分组的。对于分组数据流，需要先使用 keyBy()函数把无限数据流拆分成逻辑分组的数据流，然后调用 window()函数进行窗口计算；对于非分组的数据流，则直接调用 windowAll()函数进行窗口计算。

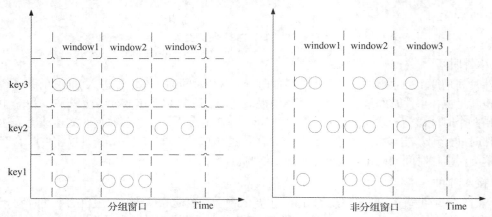

图 5-17 分组窗口和非分组窗口

图 5-18 展示了窗口计算过程中数据流类型的转换过程。可以看出，当对一个数据流执行 keyBy() 函数时，它会从 DataStream 类型转换为 KeyedStream 类型；在 KeyedStream 类型的数据流上执行 reduce() 函数时，数据流又会转换为 DataStream 类型；在 KeyedStream 类型的数据流上执行 window() 函数时，数据流又会转换为 WindowedStream 类型；在 WindowedStream 类型的数据流上执行 reduce() 等函数时，数据流又会转换成 DataStream 类型。当对一个数据流执行 window() 函数时，它会从 DataStream 类型转换为 AllWindowsedStream 类型，在 AllWindowedStream 类型的数据流上执行 reduce() 等函数时，数据流又会转换成 DataStream 类型。

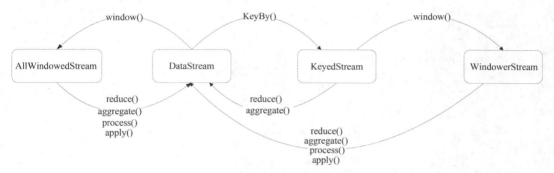

图 5-18 窗口计算过程中数据流类型的转换过程

下面是分组数据流的窗口计算程序的结构：

```
dataStream.keyBy(...)              //分组数据流
    .window(...)                   //指定窗口分配器类型
    [.trigger(...)]                //指定触发器类型（可选）
    [.evictor(...)]                //指定驱逐器（可选）
    [.allowedLateness()]           //指定延迟处理数据（可选）
    .reduce/aggregate/process/apply()    //指定窗口计算函数
```

下面是非分组数据流的窗口计算的程序结构：

```
dataStream.windowAll(...)          //指定窗口分配器类型
    [.trigger(...)]                //指定触发器类型（可选）
    [.evictor(...)]                //指定驱逐器（可选）
    [.allowedLateness()]           //指定延迟处理数据（可选）
    .reduce/aggregate/process/apply()    //指定窗口计算函数
```

可以看出，Flink 的窗口计算程序包含以下两个必需的操作。
（1）使用窗口分配器（WindowAssigner）将数据流中的元素分配到对应的窗口。
（2）当满足窗口触发条件后，对窗口内的数据使用窗口计算函数进行处理。

5.4.2 窗口分配器

窗口分配器负责将每一个到达的元素分配给一个或者多个窗口。Flink 提供了一些常用的预定义窗口分配器，即滚动窗口、滑动窗口、会话窗口和全局窗口。当然，我们也可以通过继承 WindowAssigner 类来自定义自己的窗口。前面已经介绍过，Flink 支持两种类型的窗口，分别是基于时间的窗口和基于数量的窗口，这里只介绍基于时间的窗口。

下面将分别介绍滚动窗口、滑动窗口、会话窗口和全局窗口。

1. 滚动窗口

滚动窗口根据固定时间或大小对数据流进行切分，且窗口和窗口之间的元素不会重叠（见图 5-19）。

DataStream API 提供了两种滚动窗口类型，即基于事件时间的滚动窗口和基于处理时间的滚动窗口，二者对应的窗口分配器分别为 TumblingEventTimeWindows 和 TumblingProcessingTimeWindows。窗口大小可以用 org.apache.flink.streaming.api.windowing.time.Time 中的 seconds()、minutes()、hours()和 days()来设置。

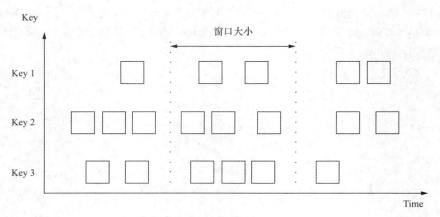

图 5-19　滚动窗口

下面是设置滚动窗口的 3 个实例：

```
DataStream<T> dataStream = ...;

//基于事件时间的滚动窗口，窗口大小为5s
dataStream
    .keyBy(...)
    .window(TumblingEventTimeWindows.of(Time.seconds(5)))
    .<window function>(...)

//基于处理时间的滚动窗口，窗口大小为5s
dataStream
    .keyBy(...)
    .window(TumblingProcessingTimeWindows.of(Time.seconds(5)))
    .<window function>(...)

//基于事件时间的滚动窗口，窗口大小为1h，偏移量为8h
dataStream
    .keyBy(...)
    .window(TumblingEventTimeWindows.of(Time.hours(1), Time.minutes(15)))
    .<window function>(...)
```

在上面的最后一个实例中，我们设置了一个基于事件时间的滚动窗口，窗口大小为 1h，偏移量为 8h。这里设置偏移量的原因是，在 Flink 系统中，默认窗口时间的时区是基于格林尼治标准时间（UTC-0）的，因此，UTC-0 所在地区以外的其他地区均需要通过设定时间偏移量来调整时区，在我国，需要设置偏移量为 Time.hours(-8)。

2. 滑动窗口

对于滑动窗口（见图 5-20）而言，也采用固定的相同间隔分配窗口，只不过每个窗口之间有重叠。滑动窗口有两个参数，分别是窗口大小（Window Size）和滑动步长（Slide），后者决定了窗口每次向前滑动的距离。当滑动步长小于窗口大小时，将会发生多个窗口重叠的现象，即一个元素可能被分配到多个窗口中。当滑动步长等于窗口大小时，该窗口就变成了滚动窗口。当滑动步长大于窗口大小时，就会出现窗口不连续的情形，数据可能不属于任何窗口。

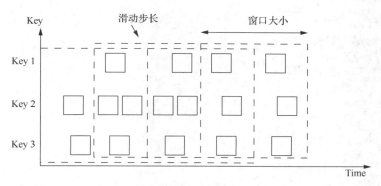

图 5-20　滑动窗口

下面是设置滑动窗口的 3 个实例：

```
DataStream<T> dataStream = ...;

//基于事件时间的滑动窗口，窗口大小为10s，滑动步长为5s
dataStream
    .keyBy(...)
    .window(SlidingEventTimeWindows.of(Time.seconds(10), Time.seconds(5)))
    .<window function>(...)

//基于处理时间的滑动窗口，窗口大小为10s，滑动步长为5s
dataStream
    .keyBy(<...>)
    .window(SlidingProcessingTimeWindows.of(Time.seconds(10), Time.seconds(5)))
    .<window function>(...)

//基于处理时间的滑动窗口，窗口大小为12h，滑动步长为1h，偏移量为8h
dataStream
    .keyBy(<...>)
    .window(SlidingProcessingTimeWindows.of(Time.hours(12), Time.hours(1), Time.hours(-8)))
    .<window function>(...)
```

3. 会话窗口

如图 5-21 所示，会话窗口根据会话间隙（Session Gap）切分不同的窗口，当一个窗口在会话间隙对应的时间内没有接收到新数据时将会关闭。在这种模式下，窗口大小是可变的，每个窗口的开始和结束时间并不是确定的。可以设置定长的会话间隙，也可以使用 SessionWindowTimeGapExtractor 动态地确定会话间隙的长度。

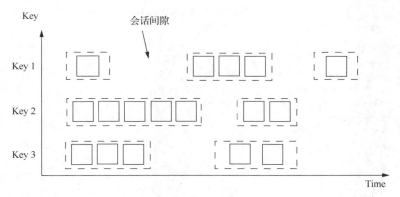

图 5-21　会话窗口

下面是设置会话窗口的两个实例：
```
DataStream<T> dataStream = ...;

//基于事件时间的会话窗口，会话间隙为10min
dataStream
   .keyBy(...)
   .window(EventTimeSessionWindows.withGap(Time.minutes(10)))
   .<window function>(...)

//基于处理时间的会话窗口，会话间隙为10min
dataStream
   .keyBy(...)
   .window(ProcessingTimeSessionWindows.withGap(Time.minutes(10)))
   .<window function>(...)
```

4. 全局窗口

全局窗口会把具有相同 Key 的所有元素都分配到相同的单个全局窗口内，这种窗口只在采用自定义触发器时才有意义。

下面是设置全局窗口的实例：
```
DataStream<T> dataStream = ...;

dataStream
   .keyBy(...)
   .window(GlobalWindows.create())
   .<window function>(...);
```

5.4.3 窗口计算函数

在 Flink 的窗口计算程序中，在指定了窗口分配器以后，接下来就要指定窗口计算函数，从而完成对窗口内数据集的计算。Flink 提供了 3 种类型的窗口计算函数，分别是 ReduceFunction、AggregateFunction 和 ProcessWindowFunction。根据计算原理，ReduceFunction 和 AggregateFunction 属于增量聚合函数，ProcessWindowFunction 则属于全量聚合函数。增量聚合函数是基于中间状态计算结果的，窗口中只维护中间状态计算结果值，不需要缓存原始的数据。而全量聚合函数会在窗口被触发时对所有的原始数据进行汇总计算，因此性能会较差。

1. ReduceFunction

ReduceFunction 可以对输入的两个相同类型的数据元素按照指定的计算方法进行聚合计算，然后输出类型相同的一个结果元素。

继续使用 5.1.1 小节中的代码文件 MyGeneratorFunction.java 和 StockPrice.java，并新建一个代码文件 ReduceWindowFunctionDemo.java，内容如下：
```
package cn.edu.xmu;

import org.apache.flink.api.common.eventtime.WatermarkStrategy;
import org.apache.flink.api.common.typeinfo.TypeInformation;
import org.apache.flink.connector.datagen.source.DataGeneratorSource;
import org.apache.flink.streaming.api.datastream.DataStreamSource;
import org.apache.flink.streaming.api.datastream.KeyedStream;
import org.apache.flink.streaming.api.datastream.SingleOutputStreamOperator;
import org.apache.flink.streaming.api.datastream.WindowedStream;
import org.apache.flink.streaming.api.environment.StreamExecutionEnvironment;
import org.apache.flink.streaming.api.windowing.assigners.TumblingProcessingTimeWindows;
```

```java
import org.apache.flink.streaming.api.windowing.time.Time;
import org.apache.flink.streaming.api.windowing.windows.TimeWindow;
import org.apache.flink.api.connector.source.util.ratelimit.RateLimiterStrategy;

public class ReduceWindowFunctionDemo {
    public static void main(String[] args) throws Exception {
        StreamExecutionEnvironment env = StreamExecutionEnvironment.getExecutionEnvironment();
        env.setParallelism(1);
        DataGeneratorSource<StockPrice> dataGeneratorSource = new DataGeneratorSource<>(
                // 指定 GeneratorFunction 实现类
                new MyGeneratorFunction(),
                // 指定生成数据的行数
                10,
                // 指定每秒生成的数据条数
                RateLimiterStrategy.perSecond(1),
                // 指定返回值类型
                TypeInformation.of(StockPrice.class)          // 将 Java 的 StockPrice 封装到 TypeInformation
        );

        // 读取 dataGeneratorSource 中的数据
        DataStreamSource<StockPrice> dataGeneratorSourceStream = env.fromSource(dataGeneratorSource
                , WatermarkStrategy.noWatermarks()   //指定水位线生成策略
                , "dataGeneratorSource");
        KeyedStream<StockPrice, String> stockPriceKS =
                dataGeneratorSourceStream.keyBy(stockPrice->stockPrice.getStockId());
        WindowedStream<StockPrice, String, TimeWindow> stockPirceWS =
                stockPriceKS.window(TumblingProcessingTimeWindows.of(Time.seconds(5)));
        SingleOutputStreamOperator<StockPrice> reducedDS =
                stockPirceWS.reduce((s1, s2) -> new StockPrice(s1.stockId, s1.timeStamp, s1.price + s2.price));
        reducedDS.print();
        env.execute();
    }
}
```

在上面的代码中，KeyedStream<StockPrice, String>中的第 1 个参数 StockPrice 表示数据流中的数据类型，第 2 个参数 String 表示作为分组的 Key 的数据类型，这里用 stockId 作为分组的 key，所以 Key 是 String 类型。

在 IDEA 中运行程序可以看到类似下面的输出结果：

```
StockPrice{stockId=stock_0, timeStamp='1692702774480', price=6.300000000000001}
StockPrice{stockId=stock_1, timeStamp='1692702775435', price=0.1}
StockPrice{stockId=stock_5, timeStamp='1692702779433', price=0.30000000000000004}
StockPrice{stockId=stock_4, timeStamp='1692702778434', price=2.0}
StockPrice{stockId=stock_3, timeStamp='1692702777433', price=2.8000000000000003}
StockPrice{stockId=stock_2, timeStamp='1692702776434', price=7.5}
StockPrice{stockId=stock_6, timeStamp='1692702780433', price=9.3}
StockPrice{stockId=stock_9, timeStamp='1692702783433', price=7.1000000000000005}
StockPrice{stockId=stock_8, timeStamp='1692702782435', price=6.7}
StockPrice{stockId=stock_7, timeStamp='1692702781435', price=0.1}
```

2. AggregateFunction

ReduceFunction 可以解决大多数聚合问题，但是它也存在一个限制，就是聚合状态的类型、输出结果的类型都必须和输入数据的类型一样。AggregateFunction 可以突破 ReduceFunction 的限制，定义更加灵活的窗口聚合操作。

Flink 的 AggregateFunction 是一个基于中间状态计算结果进行增量计算的函数。由于它采用的是迭代计算方式，所以在窗口处理过程中，不用缓存整个窗口的数据，执行效率比较高。AggregateFunction 比 ReduceFunction 更加通用，它定义了 4 个需要复写的方法，其中，createAccumulator()用于创建一个累加器，add()定义了把输入数据累加到累加器的逻辑，getResult()定义了累加器计算的结果，merge()定义了累加器合并的逻辑。

创建一个代码文件 AggregateWindowFunctionDemo.java，具体内容如下：

```java
package cn.edu.xmu;

import org.apache.flink.api.common.eventtime.WatermarkStrategy;
import org.apache.flink.api.common.functions.AggregateFunction;
import org.apache.flink.api.common.typeinfo.TypeInformation;
import org.apache.flink.api.connector.source.util.ratelimit.RateLimiterStrategy;
import org.apache.flink.api.java.tuple.Tuple2;
import org.apache.flink.api.java.tuple.Tuple3;
import org.apache.flink.connector.datagen.source.DataGeneratorSource;
import org.apache.flink.streaming.api.datastream.DataStreamSource;
import org.apache.flink.streaming.api.datastream.KeyedStream;
import org.apache.flink.streaming.api.datastream.SingleOutputStreamOperator;
import org.apache.flink.streaming.api.datastream.WindowedStream;
import org.apache.flink.streaming.api.environment.StreamExecutionEnvironment;
import org.apache.flink.streaming.api.windowing.assigners.TumblingProcessingTimeWindows;
import org.apache.flink.streaming.api.windowing.time.Time;
import org.apache.flink.streaming.api.windowing.windows.TimeWindow;

public class AggregateWindowFunctionDemo {
    public static void main(String[] args) throws Exception {
        StreamExecutionEnvironment env = StreamExecutionEnvironment.getExecutionEnvironment();
        env.setParallelism(1);
        DataGeneratorSource<StockPrice> dataGeneratorSource = new DataGeneratorSource<>(
            // 指定 GeneratorFunction 实现类
            new MyGeneratorFunction(),
            // 指定生成数据的行数
            10,
            // 指定每秒生成的数据条数
            RateLimiterStrategy.perSecond(1),
            // 指定返回值类型
            TypeInformation.of(StockPrice.class) // 将 Java 的 StockPrice 封装到 TypeInformation
        );

        // 读取 dataGeneratorSource 中的数据
        DataStreamSource<StockPrice> dataGeneratorSourceStream = env.fromSource(dataGeneratorSource
            , WatermarkStrategy.noWatermarks()   //指定水位线生成策略
            , "dataGeneratorSource");
```

```java
        KeyedStream<StockPrice, String> stockPriceKS =
                dataGeneratorSourceStream.keyBy(stockPrice->stockPrice.getStockId());
        WindowedStream<StockPrice, String, TimeWindow> stockPirceWS =
                stockPriceKS.window(TumblingProcessingTimeWindows.of(Time.seconds(5)));
        SingleOutputStreamOperator<Tuple2<String, Double>> aggregatedDS = stockPirceWS.aggregate(new MyAggregateFunction());
        aggregatedDS.print();
        env.execute();
    }
    public static class MyAggregateFunction implements AggregateFunction<StockPrice, Tuple3<String,Double,Long>, Tuple2<String,Double>>{
        @Override
        //创建一个累加器
        public Tuple3<String, Double, Long> createAccumulator() {
            return Tuple3.of("",0D,0L);
        }

        @Override
        //定义把输入数据累加到累加器的逻辑
        public Tuple3<String, Double, Long> add(StockPrice value, Tuple3<String, Double, Long> accumulator) {
            return Tuple3.of(value.stockId,accumulator.f1+value.price,accumulator.f2+1L);
        }

        @Override
        //定义累加器计算的结果
        public Tuple2<String, Double> getResult(Tuple3<String, Double, Long> accumulator) {
            return Tuple2.of(accumulator.f0,accumulator.f1 / accumulator.f2);
        }

        @Override
        //定义累加器合并的逻辑
        public Tuple3<String, Double, Long> merge(Tuple3<String, Double, Long> a, Tuple3<String, Double, Long> b) {
            return Tuple3.of(a.f0,a.f1+b.f1,a.f2+b.f2);
        }
    }
}
```

上面这个程序的功能是，实时产生股票交易价格数据流，然后采用窗口计算函数，计算每个窗口内每只股票的平均交易价格。对于 AggregateFunction 而言，需要提供 3 个输入参数，即输入类型 IN、中间状态数据类型 ACC 和输出类型 OUT。在这个程序中，输入类型是 StockPrice，中间状态数据类型是 Tuple3<String, Double, Long>，输出类型是 Tuple2<String,Double>。也就是说，最终输出结果的形式类似(股票 ID,交易价格)。

在 IDEA 中运行程序，可以看到类似下面的输出结果：

```
(stock_0,3.3000000000000003)
(stock_1,7.6000000000000005)
(stock_2,9.9)
(stock_6,7.7)
(stock_5,8.4)
(stock_4,3.8000000000000003)
(stock_3,1.4000000000000001)
```

3. ProcessWindowFunction

前面提到的 ReduceFunction 和 AggregateFunction 都是基于中间状态计算结果的增量聚合函数，虽然已经能满足绝大多数的需求，但是在统计更复杂的指标时，可能需要依赖于窗口中所有的数据元素，或需要操作窗口中的状态数据和窗口元数据。这时就需要使用 ProcessWindowFunction，因为它能够更加灵活地支持基于窗口全部数据元素的计算。

这里给出一个 ProcessWindowFunction 的实例。在这个实例中，需要统计窗口内的每只股票的平均交易价格。新建一个代码文件 ProcessWindowFunctionDemo.java，具体代码如下：

```java
package cn.edu.xmu;

import org.apache.commons.lang3.time.DateFormatUtils;
import org.apache.flink.api.common.eventtime.WatermarkStrategy;
import org.apache.flink.api.common.typeinfo.TypeInformation;
import org.apache.flink.api.connector.source.util.ratelimit.RateLimiterStrategy;
import org.apache.flink.connector.datagen.source.DataGeneratorSource;
import org.apache.flink.streaming.api.datastream.DataStreamSource;
import org.apache.flink.streaming.api.datastream.KeyedStream;
import org.apache.flink.streaming.api.datastream.SingleOutputStreamOperator;
import org.apache.flink.streaming.api.datastream.WindowedStream;
import org.apache.flink.streaming.api.environment.StreamExecutionEnvironment;
import org.apache.flink.streaming.api.functions.windowing.ProcessWindowFunction;
import org.apache.flink.streaming.api.windowing.assigners.TumblingProcessingTimeWindows;
import org.apache.flink.streaming.api.windowing.time.Time;
import org.apache.flink.streaming.api.windowing.windows.TimeWindow;
import org.apache.flink.util.Collector;
import java.util.concurrent.atomic.AtomicInteger;
import java.util.concurrent.atomic.AtomicReference;

public class ProcessWindowFunctionDemo {
    public static void main(String[] args) throws Exception {
        StreamExecutionEnvironment env = StreamExecutionEnvironment.getExecutionEnvironment();
        env.setParallelism(1);
        DataGeneratorSource<StockPrice> dataGeneratorSource = new DataGeneratorSource<>(
                // 指定 GeneratorFunction 实现类
                new MyGeneratorFunction(),
                // 指定生成数据的行数
                10,
                // 指定每秒生成的数据条数
                RateLimiterStrategy.perSecond(1),
                // 指定返回值类型
                TypeInformation.of(StockPrice.class) // 将 Java 的 StockPrice 封装到 TypeInformation
        );

        // 读取 dataGeneratorSource 中的数据
        DataStreamSource<StockPrice> dataGeneratorSourceStream = env.fromSource(dataGeneratorSource
                , WatermarkStrategy.noWatermarks()  //指定水位线生成策略
                , "dataGeneratorSource");
        KeyedStream<StockPrice, String> stockPriceKS =
                dataGeneratorSourceStream.keyBy(stockPrice->stockPrice.getStockId());
```

```
            WindowedStream<StockPrice, String, TimeWindow> stockPirceWS =
                    stockPriceKS.window(TumblingProcessingTimeWindows.of(Time.seconds(5)));
            SingleOutputStreamOperator<String> processDS =
                    stockPirceWS.process(new MyProcessWindowFunction());
            processDS.print();
            env.execute();
        }
        public static class MyProcessWindowFunction extends ProcessWindowFunction<StockPrice,
String, String, TimeWindow> {
            @Override
            //一个窗口结束的时候调用一次（一个分组执行一次），不适用于大量数据，将全量数据保存在内存中，可能
会造成内存溢出
            public void process(String s, ProcessWindowFunction<StockPrice, String, String,
TimeWindow>.Context context, Iterable<StockPrice> elements, Collector<String> out) throws
Exception {
                //聚合，注意：将整个窗口的数据保存到Iterable，Iterable中有很多条数据
                AtomicInteger count= new AtomicInteger();
                AtomicReference<Double> sumPrice= new AtomicReference<>(0.0);
                elements.forEach(stock -> {
                    sumPrice.set(sumPrice.get() + stock.price);
                    count.set(count.get() + 1);
                });
                long startTS = context.window().getStart();
                long endTS = context.window().getEnd();
                String windowStart = DateFormatUtils.format(startTS,"yyyy-MM-dd HH:mm:ss.SSS");
                String windowEnd = DateFormatUtils.format(endTS,"yyyy-MM-dd HH:mm:ss.SSS");
                out.collect("Windows start:"+windowStart+"Windows end:"+windowEnd+"stockId:
"+s+",price:"+String.valueOf(sumPrice.get()/count.get()));
            }
        }
    }
```

上面的代码中，ProcessWindowFunction<StockPrice, String, String, TimeWindow>的第 1 个参数 StockPrice 表示输入数据的类型；第 2 个参数 String 表示 Key 的类型，这里把 stockId 作为 Key，因此 Key 是 String 类型；第 3 个参数 String 表示输出数据的类型，out.collect(...)的括号中的数据就是输出数据；第 4 个参数 TimeWindow 表示窗口类型。

在 IDEA 中运行该程序，可以得到类似下面的结果：

```
Windows start:2023-08-22 20:34:05.000Windows end:2023-08-22 20:34:10.000stockId:stock_0,price:3.0
Windows start:2023-08-22 20:34:10.000Windows end:2023-08-22 20:34:15.000stockId:stock_1,price:3.2
Windows start:2023-08-22 20:34:10.000Windows end:2023-08-22 20:34:15.000stockId:stock_5,price:7.9
Windows start:2023-08-22 20:34:10.000Windows end:2023-08-22 20:34:15.000stockId:stock_4,price:0.2
Windows start:2023-08-22 20:34:10.000Windows end:2023-08-22 20:34:15.000stockId:stock_3,price:1.8
Windows start:2023-08-22 20:34:10.000Windows end:2023-08-22 20:34:15.000stockId:stock_2,price:0.5
Windows start:2023-08-22 20:34:15.000Windows end:2023-08-22 20:34:20.000stockId:stock_6,price:7.6000000000000005
Windows start:2023-08-22 20:34:15.000Windows end:2023-08-22 20:34:20.000stockId:stock_9,price:6.4
Windows start:2023-08-22 20:34:15.000Windows end:2023-08-22 20:34:20.000stockId:stock_8,price:8.1
Windows start:2023-08-22 20:34:15.000Windows end:2023-08-22 20:34:20.000stockId:stock_7,price:5.5
```

从上面的结果可以看出，该程序每 5s 会进行一次窗口计算，每次窗口触发计算时，会对该窗口内的所有数据进行一次计算，也就是计算 stockId 为某个值时股票的平均交易价格。

4. 增量聚合函数和全量聚合函数的结合使用

使用增量聚合函数 ReduceFunction 和 AggregateFunction 时，系统会每到达一条数据就执行一次计算，并且只保留中间状态计算结果，因此占用空间小，但是它不够灵活，无法获得一些关于窗口的元数据信息（比如窗口的开始时间、结束时间以及窗口包含的元素等）。使用全量聚合函数

ProcessWindowFunction时，可以获得关于窗口的元数据信息，但是系统会保存每一条到达的数据，积攒一段时间以后统一执行一次计算，这样会造成数据的堆积，占用空间大。在实际应用中，我们往往希望兼具二者的优点，把它们结合在一起使用。

在Flink中，全量聚合函数ProcessWindowFunction可以和增量聚合函数ReduceFunction或者AggregateFunction结合使用。当窗口关闭时，ProcessWindowFunction会获得聚合结果，这样就可以对窗口中的元素进行增量计算，同时能够通过ProcessWindowFunction获得一些窗口的元数据信息。

新建一个代码文件AggregateAndProcessWindowFunctionDemo.java，内容如下：

```java
package cn.edu.xmu;

import org.apache.commons.lang3.time.DateFormatUtils;
import org.apache.flink.api.common.eventtime.WatermarkStrategy;
import org.apache.flink.api.common.functions.AggregateFunction;
import org.apache.flink.api.common.typeinfo.TypeInformation;
import org.apache.flink.api.connector.source.util.ratelimit.RateLimiterStrategy;
import org.apache.flink.api.java.tuple.Tuple2;
import org.apache.flink.api.java.tuple.Tuple3;
import org.apache.flink.connector.datagen.source.DataGeneratorSource;
import org.apache.flink.streaming.api.datastream.DataStreamSource;
import org.apache.flink.streaming.api.datastream.KeyedStream;
import org.apache.flink.streaming.api.datastream.SingleOutputStreamOperator;
import org.apache.flink.streaming.api.datastream.WindowedStream;
import org.apache.flink.streaming.api.environment.StreamExecutionEnvironment;
import org.apache.flink.streaming.api.functions.windowing.ProcessWindowFunction;
import org.apache.flink.streaming.api.windowing.assigners.TumblingProcessingTimeWindows;
import org.apache.flink.streaming.api.windowing.time.Time;
import org.apache.flink.streaming.api.windowing.windows.TimeWindow;
import org.apache.flink.util.Collector;
import java.util.concurrent.atomic.AtomicInteger;
import java.util.concurrent.atomic.AtomicReference;

public class AggregateAndProcessWindowFunctionDemo {
    public static void main(String[] args) throws Exception {
        StreamExecutionEnvironment env = StreamExecutionEnvironment.getExecutionEnvironment();
        env.setParallelism(1);
        DataGeneratorSource<StockPrice> dataGeneratorSource = new DataGeneratorSource<>(
            // 指定GeneratorFunction实现类
            new MyGeneratorFunction(),
            // 指定生成数据的行数
            10,
            // 指定每秒生成的数据条数
            RateLimiterStrategy.perSecond(1),
            // 指定返回值类型
            TypeInformation.of(StockPrice.class) // 将Java的StockPrice封装到TypeInformation
        );

        // 读取dataGeneratorSource中的数据
        DataStreamSource<StockPrice> dataGeneratorSourceStream = env.fromSource(dataGeneratorSource
```

```java
                    , WatermarkStrategy.noWatermarks()   //指定水位线生成策略
                    , "dataGeneratorSource");
            dataGeneratorSourceStream.print();
            KeyedStream<StockPrice, String> stockPriceKS =
                    dataGeneratorSourceStream.keyBy(stockPrice->stockPrice.getStockId());
            WindowedStream<StockPrice, String, TimeWindow> stockPirceWS =
                    stockPriceKS.window(TumblingProcessingTimeWindows.of(Time.seconds(5)));
            SingleOutputStreamOperator<String> aggregatedDS =
                    stockPirceWS.aggregate(new MyAggregateFunction(),new MyProcessWindowFunction());
            aggregatedDS.print();
            env.execute();
        }
        public static class MyAggregateFunction implements AggregateFunction<StockPrice, Tuple3<String,Double,Long>, Tuple2<String,Double>> {
            @Override
            //创建一个累加器
            public Tuple3<String, Double, Long> createAccumulator() {
                return Tuple3.of("",0D,0L);
            }

            @Override
            //定义把输入数据累加到累加器的逻辑
            public Tuple3<String, Double, Long> add(StockPrice value, Tuple3<String, Double, Long> accumulator) {
                return Tuple3.of(value.stockId,accumulator.f1+value.price,accumulator.f2+1L);
            }

            @Override
            //定义累加器计算的结果
            public Tuple2<String, Double> getResult(Tuple3<String, Double, Long> accumulator) {
                return  Tuple2.of(accumulator.f0,accumulator.f1 / accumulator.f2);
            }

            @Override
            //定义累加器合并的逻辑
            public Tuple3<String, Double, Long> merge(Tuple3<String, Double, Long> a, Tuple3<String, Double, Long> b) {
                return Tuple3.of(a.f0,a.f1+b.f1,a.f2+b.f2);
            }
        }
        public static class MyProcessWindowFunction extends ProcessWindowFunction<Tuple2<String,Double>, String, String, TimeWindow> {

            @Override
            public void process(String s, ProcessWindowFunction<Tuple2<String, Double>, String, String, TimeWindow>.Context context, Iterable<Tuple2<String, Double>> elements, Collector<String> out) throws Exception {
                //聚合，注意：将整个窗口的数据保存到Iterable，Iterable中有很多条数据
                AtomicInteger count= new AtomicInteger();
                AtomicReference<Double> sumPrice= new AtomicReference<>(0.0);
                elements.forEach(tuple -> {
                    sumPrice.set(sumPrice.get() + tuple.f1);
```

```
                count.set(count.get() + 1);
            });
            long startTS = context.window().getStart();
            long endTS = context.window().getEnd();
            String windowStart = DateFormatUtils.format(startTS,"yyyy-MM-dd HH:mm:ss.SSS");
            String windowEnd = DateFormatUtils.format(endTS,"yyyy-MM-dd HH:mm:ss.SSS");
            out.collect("Windows start:"+windowStart+"Windows end:"+windowEnd+"stockId:
"+s+",price:"+String.valueOf(sumPrice.get()/count.get()));
        }
    }
}
```

运行该程序以后，在某个窗口内，每到达一条数据，AggregateFunction 就会进行一次增量聚合计算，计算出每只股票的平均交易价格，并将每只股票的 stockId 和计算结果封装成一个二元组 Tuple2<String, Double>，二元组中的第 1 个元素是 stockId，第 2 个元素是股票平均交易价格。当这个窗口关闭后，AggregateFunction 会把增量聚合计算结果（只包含 1 个 Tuple2<String, Double>）传递给 ProcessWindowFunction。ProcessWindowFunction<Tuple2<String,Double>, String, String, TimeWindow>中的第 1 个参数 Tuple2<String,Double>，表示接收到的来自 AggregateFunction 的增量聚合计算结果的数据类型；第 2 个参数 String 表示 Key 的数据类型，这里把 stockId 作为 Key，因此 Key 是 String 类型；第 3 个参数 String 表示输出数据的类型，out.collect(...)的括号中的数据就是输出数据；第 4 个参数 TimeWindow 表示窗口类型。

5.4.4 触发器

窗口计算的触发依赖于触发器，每种类型的窗口都有对应的窗口触发机制，且都有一个默认的触发器，触发器的作用就是控制什么时候触发计算。Flink 内部定义了多种触发器，每种触发器对应不同的窗口分配器。常见的触发器如下。

（1）EventTimeTrigger。通过对比事件时间和窗口的结束时间来确定是否触发窗口计算，如果事件时间大于结束时间则触发，否则不触发，窗口将继续等待。

（2）ProcessTimeTrigger。通过对比处理时间和窗口的结束时间来确定是否触发窗口计算，如果处理时间大于结束时间则触发计算，否则窗口继续等待。

（3）ContinuousEventTimeTrigger。根据间隔时间周期性触发窗口计算或者当窗口的结束时间小于当前结束时间时，触发窗口计算。

（4）ContinuousProcessingTimeTrigger。根据间隔时间周期性触发窗口计算或者当窗口的结束时间小于当前处理时间时，触发窗口计算。

（5）CountTrigger。根据接入数据量是否超过设定的阈值来判断是否触发窗口计算。

（6）DeltaTrigger。根据接入数据计算出来的 Delta 指标是否超过指定的阈值来判断是否触发窗口计算。

（7）PurgingTrigger。可以将任意触发器作为参数并将其转换为 Purge 类型的触发器，计算完成后数据将被清理。

（8）NeverTrigger。任何时候都不触发窗口计算。

下面使用全局窗口实现一个滚动计数窗口，每输入 5 条数据就触发一次计算，并计算窗口内的最小值。新建代码文件 TriggerDemo.java，内容如下：

```
package cn.edu.xmu;

import org.apache.flink.streaming.api.datastream.AllWindowedStream;
import org.apache.flink.streaming.api.datastream.DataStreamSource;
import org.apache.flink.streaming.api.datastream.SingleOutputStreamOperator;
```

```java
import org.apache.flink.streaming.api.environment.StreamExecutionEnvironment;
import org.apache.flink.streaming.api.windowing.assigners.GlobalWindows;
import org.apache.flink.streaming.api.windowing.triggers.CountTrigger;
import org.apache.flink.streaming.api.windowing.triggers.PurgingTrigger;
import org.apache.flink.streaming.api.windowing.windows.GlobalWindow;

public class TriggerDemo {
    public static void main(String[] args) throws Exception {
        StreamExecutionEnvironment env =
                StreamExecutionEnvironment.getExecutionEnvironment();
        env.setParallelism(1);
        DataStreamSource<String> sourceDS = env.socketTextStream("hadoop01", 9999);
        SingleOutputStreamOperator<Integer> mapDS = sourceDS.map(value -> Integer.parseInt(value));
        //定义一个大小为5的滚动计数窗口
        AllWindowedStream<Integer, GlobalWindow> allWindowedDS = mapDS.windowAll(GlobalWindows.create()).trigger(PurgingTrigger.of(CountTrigger.of(5)));
        //求窗口内的最小值
        SingleOutputStreamOperator<Integer> minDS = allWindowedDS.min(0);
        minDS.print();
        env.execute();
    }
}
```

在Linux中执行如下命令运行NC程序：
```
$ nc -lk 9999
```
在IDEA中运行TriggerDemo.java，然后在NC窗口内输入5行数据，分别是1、2、3、4、5，输入"5"并按"Enter"键后，就可以看到IDEA中输出1。

Flink也支持自定义触发器，它提供了一个名称为Trigger的触发器抽象类，该触发器抽象类具有4种抽象方法，这些方法允许触发器对不同事件做出反应。

（1）onElement()。窗口中每进入一条数据就调用一次。

（2）onProcessingTime()。根据窗口中最新的处理时间判断是否满足定时器的条件，如果满足，将触发处理时间定时器，并执行定时器的回调函数，即执行onProcessingTime()方法里的逻辑。

（3）onEventTime()。根据窗口中最新的事件时间判断是否满足定时器的条件，如果满足，将触发事件时间定时器，并执行定时器的回调函数，即执行onEventTime()方法里的逻辑。

（4）clear()。清除窗口内的元素时调用。

下面给出一个自定义触发器的实例，要求定义一个时间长度为30s的窗口，并定义一个触发器，这个触发器会对到达的数据进行计数，每当累计到达5条数据时，就触发一次计算。

新建代码文件**MyTrigger.java**，内容如下：
```java
package cn.edu.xmu;

import org.apache.flink.api.common.functions.ReduceFunction;
import org.apache.flink.api.common.state.ReducingState;
import org.apache.flink.api.common.state.ReducingStateDescriptor;
import org.apache.flink.api.common.typeutils.base.LongSerializer;
import org.apache.flink.streaming.api.windowing.triggers.Trigger;
import org.apache.flink.streaming.api.windowing.triggers.TriggerResult;
import org.apache.flink.streaming.api.windowing.windows.TimeWindow;

public class MyTrigger extends Trigger<StockPrice, TimeWindow>{
    private static final String DATA_COUNT_STATE_NAME = "dataCountState";
    // 窗口最大数据条数
```

```java
        private int maxCount;
        // 用于存储窗口当前数据条数的状态对象
        private ReducingStateDescriptor<Long> countStateDescriptor = new ReducingState
Descriptor(DATA_COUNT_STATE_NAME, new ReduceFunction<Long>() {
            @Override
            public Long reduce(Long value1, Long value2) throws Exception {
                return value1 + value2;
            }
        }, LongSerializer.INSTANCE);
        public MyTrigger(int maxCount) {
            this.maxCount = maxCount;
        }
        // 触发计算，计算结束后清空窗口内的元素
        private TriggerResult fireAndPurge(TimeWindow window, TriggerContext ctx) throws
Exception {
            clear(window, ctx);
            return TriggerResult.FIRE_AND_PURGE;
        }
        // 进入窗口的每个元素都会调用该方法
        @Override
        public TriggerResult onElement(StockPrice element, long timestamp, TimeWindow window,
TriggerContext ctx) throws Exception {
            ReducingState<Long> countState = ctx.getPartitionedState(countStateDescriptor);
            countState.add(1L);
            if (countState.get() >= maxCount) {
                return fireAndPurge(window, ctx);
            }else{
                return TriggerResult.CONTINUE;
            }
        }
        @Override
        public TriggerResult onProcessingTime(long time, TimeWindow window, TriggerContext ctx)
throws Exception {
            return fireAndPurge(window, ctx);
        }
        @Override
        public TriggerResult onEventTime(long time, TimeWindow window, TriggerContext ctx)
throws Exception {
            return null;
        }
        @Override
        public void clear(TimeWindow window, TriggerContext ctx) throws Exception {
            ctx.getPartitionedState(countStateDescriptor).clear();
        }
        // 初始化触发器
        public static MyTrigger creat(int maxCount) {
            return new MyTrigger(maxCount);
        }
    }
}
```

新建代码文件 TriggerDemo1.java，内容如下：
```java
package cn.edu.xmu;

import org.apache.flink.api.common.state.ReducingState;
import org.apache.flink.streaming.api.datastream.DataStreamSource;
import org.apache.flink.streaming.api.datastream.KeyedStream;
import org.apache.flink.streaming.api.datastream.SingleOutputStreamOperator;
```

```java
    import org.apache.flink.streaming.api.datastream.WindowedStream;
    import org.apache.flink.streaming.api.environment.StreamExecutionEnvironment;
    import org.apache.flink.streaming.api.windowing.assigners.TumblingProcessingTimeWindows;
    import org.apache.flink.streaming.api.windowing.triggers.CountTrigger;
    import org.apache.flink.streaming.api.windowing.triggers.Trigger;
    import org.apache.flink.streaming.api.windowing.triggers.TriggerResult;
    import org.apache.flink.streaming.api.windowing.windows.TimeWindow;
    import org.apache.flink.streaming.api.windowing.time.Time;

    public class TriggerDemo {
        public static void main(String[] args) throws Exception {
            StreamExecutionEnvironment env =
                    StreamExecutionEnvironment.getExecutionEnvironment();
            env.setParallelism(1);
            DataStreamSource<String> source = env.socketTextStream("hadoop01", 9999);
            SingleOutputStreamOperator<StockPrice> stockPriceDS = source.map(s -> {
                String[] element = s.split(",");
                return new StockPrice(element[0], Long.valueOf(element[1]), Double.valueOf(element[2]));
            });
            KeyedStream<StockPrice, String> stockPriceKS =
                    stockPriceDS.keyBy(stockPrice->stockPrice.getStockId());

            SingleOutputStreamOperator<StockPrice> resultDS = stockPriceKS
                    .window(TumblingProcessingTimeWindows.of(Time.seconds(30)))
                    .trigger(new MyTrigger(5))
                    .reduce((s1, s2) -> new StockPrice(s1.stockId, s1.timeStamp, s1.price + s2.price));
            resultDS.print();
            env.execute();
        }
    }
```

在 Linux 中执行如下命令运行 NC 程序：

```
$ nc -lk 9999
```

在 IDEA 中运行代码文件，然后在 NC 窗口内连续输入 5 行数据，每行数据中的 3 个字段分别代表 stockId、timeStamp 和 price：

```
s1,1,1
s1,2,2
s1,3,3
s1,4,4
s1,5,5
```

当输入第 5 行数据并按 "Enter" 键以后，MyTrigger 就会触发窗口计算，程序会使用 reduce() 函数执行一次窗口计算，这时 IDEA 中会出现如下结果：

```
StockPrice{stockId=s1, timeStamp='1', price=15.0}
```

从这个结果可以看出，MyTrigger 触发窗口计算以后，程序会对 5 只股票的交易价格进行求和计算，得到总和 15。也就是说，滚动窗口的时间长度是 30s，按照滚动窗口默认的触发器，原本应该在 30s 窗口结束时触发计算，但是由于 MyTrigger 的存在，只要数据达到 5 条就会触发计算。当然，如果输入的数据一直未达到 5 条，一旦到达 30s 的窗口结束时间，也会触发计算。

5.4.5 驱逐器

Flink 窗口还允许在窗口分配器和触发器之外指定一个驱逐器（Evictor）。驱逐器是 Flink 窗口机制中一个可选的组件，其主要作用是对进入窗口计算函数前后的数据进行驱逐处理。Flink 内部实现了 3 种驱逐器，包括 CountEvictor、DeltaEvictor 和 TimeEvictor，它们的功能如下。

（1）CountEvictor。保持在窗口中具有固定数量的记录，将超过指定大小的数据在窗口计算之前驱逐。

（2）DeltaEvictor。使用 DeltaFunction 和一个阈值，来计算窗口缓冲区中的最后一个元素与其余每个元素之间的差值，并驱逐差值大于等于阈值的元素。

（3）TimeEvictor。将以 ms 为单位的时间间隔（Interval）作为参数，对于给定的窗口，找到元素中的最大时间戳 max_ts，并驱逐时间戳小于 max_ts - interval 的所有元素。

驱逐器能够在触发器触发窗口计算之后，以及窗口计算函数使用之前或之后从窗口中驱逐元素。在使用窗口计算函数之前被驱逐的元素将不被处理。默认情况下，所有内置的驱逐器都将在使用窗口计算函数之前使用。

和触发器一样，用户也可以通过实现 Evictor 接口完成自定义驱逐器。自定义驱逐器时，需要复写 Evictor 接口的两个方法：evictBefore()和 evictAfter()。其中，evictBefore()方法定义数据在进入窗口计算函数之前执行驱逐操作的逻辑，evictAfter()方法定义数据在进入窗口计算函数之后执行驱逐操作的逻辑。

这里给出一个自定义驱逐器的实例。在这个实例中，我们需要统计窗口内的每只股票的平均交易价格，而且在进行统计时，需要驱逐股票交易价格低于 0 的记录。新建一个代码文件 EvictorDemo.java，具体代码如下：

```java
package cn.edu.xmu;

import org.apache.commons.lang3.time.DateFormatUtils;
import org.apache.flink.streaming.api.datastream.DataStreamSource;
import org.apache.flink.streaming.api.datastream.KeyedStream;
import org.apache.flink.streaming.api.datastream.SingleOutputStreamOperator;
import org.apache.flink.streaming.api.datastream.WindowedStream;
import org.apache.flink.streaming.api.environment.StreamExecutionEnvironment;
import org.apache.flink.streaming.api.functions.windowing.ProcessWindowFunction;
import org.apache.flink.streaming.api.windowing.assigners.TumblingProcessingTimeWindows;
import org.apache.flink.streaming.api.windowing.evictors.Evictor;
import org.apache.flink.streaming.api.windowing.time.Time;
import org.apache.flink.streaming.api.windowing.windows.TimeWindow;
import org.apache.flink.streaming.runtime.operators.windowing.TimestampedValue;
import org.apache.flink.util.Collector;
import java.util.Iterator;
import java.util.concurrent.atomic.AtomicInteger;
import java.util.concurrent.atomic.AtomicReference;

public class EvictorDemo {
    public static void main(String[] args) throws Exception {
        StreamExecutionEnvironment env =
                StreamExecutionEnvironment.getExecutionEnvironment();
        env.setParallelism(1);
        DataStreamSource<String> source = env.socketTextStream("hadoop01", 9999);
        SingleOutputStreamOperator<StockPrice> stockPriceDS = source.map(s -> {
            String[] element = s.split(",");
            return new StockPrice(element[0], Long.valueOf(element[1]), Double.valueOf(element[2]));
        });
        KeyedStream<StockPrice, String> stockPriceKS =
                stockPriceDS.keyBy(stockPrice->stockPrice.getStockId());
        WindowedStream<StockPrice, String, TimeWindow> stockPirceWS =
```

```java
                stockPriceKS.window(TumblingProcessingTimeWindows.of(Time.seconds(10)));
        SingleOutputStreamOperator<String> processDS =
                stockPirceWS
                        .evictor(new MyEvictor())
                        .process(new MyProcessWindowFunction());
        processDS.print();
        env.execute();
    }
    public static class MyProcessWindowFunction extends ProcessWindowFunction<StockPrice,
String, String, TimeWindow> {
        @Override
        //一个窗口结束的时候调用一次（一个分组执行一次），不适用于大量数据，将全量数据保存在内存中，可能
会造成内存溢出
        public void process(String s, ProcessWindowFunction<StockPrice, String, String,
TimeWindow>.Context context, Iterable<StockPrice> elements, Collector<String> out) throws
Exception {
            //聚合，注意：将整个窗口的数据保存到Iterable，Iterable中有很多条数据
            AtomicInteger count= new AtomicInteger();
            AtomicReference<Double> sumPrice= new AtomicReference<>(0.0);
            elements.forEach(stock -> {
                sumPrice.set(sumPrice.get() + stock.price);
                count.set(count.get() + 1);
            });
            long startTS = context.window().getStart();
            long endTS = context.window().getEnd();
            String     windowStart     =     DateFormatUtils.format(startTS,"yyyy-MM-dd
HH:mm:ss.SSS");
            String windowEnd = DateFormatUtils.format(endTS,"yyyy-MM-dd HH:mm:ss.SSS");
            out.collect("Windows start:"+windowStart+"Windows end:"+windowEnd+"stockId:
"+s+",price:"+String.valueOf(sumPrice.get()/count.get()));
        }
    }
    public static class MyEvictor implements Evictor<StockPrice,TimeWindow>{
        @Override
        public void evictBefore(Iterable<TimestampedValue<StockPrice>> elements, int size,
TimeWindow window, EvictorContext evictorContext) {
            Iterator<TimestampedValue<StockPrice>> ite = elements.iterator();
            while (ite.hasNext()) {
                TimestampedValue<StockPrice> element = ite.next();
                System.out.println("驱逐器获取到的股票交易价格: " + element.getValue().price);
                //模拟驱逐非法参数数据
                if (element.getValue().price <= 0) {
                    System.out.println("股票交易价格低于0，删除该记录");
                    ite.remove();
                }
            }
        }
        @Override
        public void evictAfter(Iterable<TimestampedValue<StockPrice>> elements, int size,
TimeWindow window, EvictorContext evictorContext) {
            //不执行任何操作
        }
    }
}
```

在 Linux 终端中启动系统自带的 NC 程序，再启动 EvictorTest 程序，然后在 NC 窗口内输入如下数据（需要逐行输入，每输入一行就按"Enter"键）：

```
stock_1,1602031567000,8
stock_1,1602031568000,-4
```

程序执行以后的输出结果如下：

```
驱逐器获取到的股票交易价格：8.0
驱逐器获取到的股票交易价格：-4.0
股票交易价格低于0，删除该记录
Windows start:2023-08-24 09:22:40.000Windows end:2023-08-24 09:22:50.000stockId:stock_1,price:8.0
```

从上面的结果可以看出，驱逐器获取到的两个股票交易价格是 8.0 和-4.0，但是-4.0 会被自动驱逐，所以计算得到的股票平均交易价格是 8.0。

5.5 水位线

Flink 为实时计算提供了 3 种时间，即事件时间、接入时间和处理时间。在进行窗口计算时，使用接入时间或处理时间的消息，都是以系统的墙上时间（Wall Clock）为标准的，事件数据都是按序到达的。但是，在实际应用中，由于网络或者系统等外部因素的影响，事件数据往往不能按序到达或者及时到达 Flink 系统，从而造成数据乱序到达或者延迟到达等问题。针对这两个问题，Flink 主要采用了以水位线（Watermark）为核心的机制来处理。

5.5.1 水位线原理

水位线是一种衡量事件时间进展的机制，它是数据本身的一个隐藏属性，本质上就是一个时间戳。水位线是配合事件时间来使用的，通常基于事件时间的数据自身都包含一个水位线用于处理数据乱序到达问题。使用处理时间来处理事件时不会有延迟，因此也不需要水位线，所以水位线只出现在基于事件时间的窗口中。正确地处理数据乱序到达问题，通常是结合窗口和水位线这两种机制来实现的。

那么，水位线是如何发挥作用的呢？在流处理过程中，从事件产生到流经数据源，再到流经算子，中间是有一个过程和需要一定时间的。虽然大部分情况下，从流经数据源到流经算子的数据都是按照事件产生的时间顺序到达的，但是也不排除由于网络拥塞、系统原因等，导致数据乱序到达和延迟到达。但是对于延迟到达的数据，我们又不能无限期地等下去，必须要有一个机制来保证在经过特定的时间后触发窗口进行计算。此时就是水位线发挥作用的时候了，它表示当达到水位线后，在水位线之前的数据已经全部到达（后面可能还有延迟到达的数据），系统可以触发相应的窗口计算。也就是说，只有水位线越过窗口对应的结束时间，窗口才会关闭和进行计算。一般而言，只有以下两个条件同时成立，才会触发窗口计算。

（1）条件 T1：水位线时间≥窗口结束时间。

（2）条件 T2：在[窗口开始时间,窗口结束时间)中有数据存在。

理想情况下，水位线应该与处理时间一致，并且处理时间与事件时间只相差常数时间甚至为零。当水位线与处理时间完全一致时，就意味着消息产生后将马上被处理，不存在消息延迟到达的情况。然而，由于网络拥塞或系统原因，数据常常存在延迟到达的情况，因此在设置水位线时，需要考虑一定的延时，从而给予延迟到达的数据一些机会。具体的延时长短根据水位线实现方式的不同而有所差别。

这里给出一个实例来解释水位线是如何解决数据延迟到达问题的。假设有一个单词数据流，需要采用基于处理时间的滑动窗口进行实时的词频统计，滑动窗口大小为 10s，滑动步长为 5s。假设数据源分别在第 12s（生成两条）和第 17s 的时候，生成 3 条内容为"a"的消息，这些消息将进入窗口中（见图 5-22）。在没有发生延迟到达时，第 12s 生成的前两条消息将进入 window1[5,15)s 和 window2[10,20)s，第 17s 生成的第 3 条消息将进入 window2 [10,20)s 和 window3[15,25)s。每个窗口提交后，最后的统计值将分别是 (a, 2)、(a, 3) 和 (a, 1)。

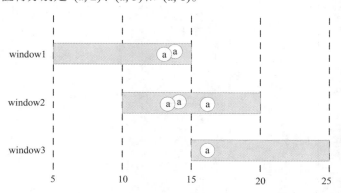

图 5-22　消息正常到达系统时的情况

现在来看，如果一条消息延迟到达系统时会发生什么。

假设在第 12s 生成的一条消息，延迟了 6s 到达系统，也就是在第 18s 到达。如图 5-23 所示，这条延迟到达的消息会落入 window2 [10,20)s 和 window3[15,25)s。每个窗口提交后，最后的统计值将分别是 (a, 1)、(a, 3) 和 (a, 2)。可以看出，这条延迟到达的消息没有对 window2 [10,20)s 的计算结果造成影响，但是影响了 window1[5,15)s 和 window3[15,25)s 的计算结果，导致二者的计算结果出现错误。一方面，当这条消息在第 18s 到达时，window1[5,15)s 的计算已经结束，这条消息不会被统计在 window1[5,15)s 中；而另一方面，这条消息又会落入 window3[15,25)s，导致其被统计在 window3[15,25)s 中。

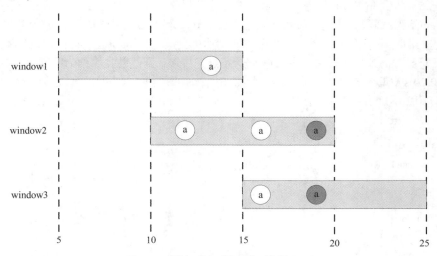

图 5-23　消息延迟到达系统时的情况

下面我们不采用处理时间，而采用事件时间来进行测试，则当系统时间行进到第 18s 时，这条延迟了 6s 到达（在第 18s 到达）的消息会落入 window2 [10,20)s（见图 5-24）。因为这条消息的事件时间是第 12s，所以就应该属于 window1[5,15)s 和 window2 [10,20)s，但是在第 18s 时，window1[5,15)s

已经关闭，所以这条延迟到达的消息只会落入 window2 [10,20)s。最终，3 个窗口的计算结果分别是 (a, 1)、(a, 3) 和 (a, 1)，也就是说，window2[10,20)s 和 window3[15,25)s 提交了正确的结果，但是 window1[5,15)s 的结果还是错误的。

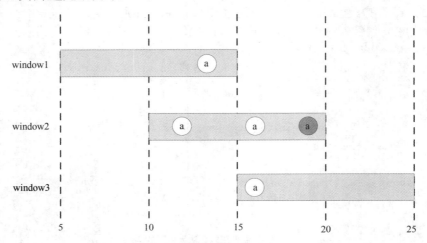

图 5-24　采用事件时间时的情况

可以看出，只采用事件时间还是无法保证获得正确的结果。为了保证获得正确的结果，在采用事件时间的基础上，进一步引入水位线。就本例而言，水位线本质上就是告诉 Flink 一条消息可以延迟多久到达，因此，这里让水位线=系统当前时间-5s。由于只有水位线越过窗口对应的结束时间，窗口才会关闭和进行计算，因此，第 1 个窗口 window1[5,15)s 将会在第 20s 的时候关闭和进行计算（因为这时的水位线是 20-5=15，水位线大于等于 window1 的结束时间，会触发 window1 窗口的关闭和计算），第 2 个窗口 window2[10,20)s 将会在第 25s 的时候关闭和进行计算（因为这时的水位线是 25-5=20，水位线大于等于 window2 的结束时间，会触发 window2 窗口的关闭和计算），第 3 个窗口 window3[15,25)s 将会在第 30s 的时候关闭和进行计算（因为这时的水位线是 30-5=25，水位线大于等于 window3 的结束时间，会触发 window3 窗口的关闭和计算）。当系统时间行进到第 18s 时，这条延迟了 6s 到达的消息（在第 12s 产生，在第 18s 到达）会落入 window1[5,15)s（由于存在水位线，这个窗口在第 18s 时仍未关闭，可以继续收纳这条延迟了 6s 到达并且事件时间是第 12s 的数据）和 window2 [10,20)s（见图 5-25），因为这条消息的事件时间是第 12s，所以就应该属于 window1[5,15)s 和 window2 [10,20)s。最终，3 个窗口都提交了正确的结果，即(a, 2)、(a, 3) 和 (a, 1)。

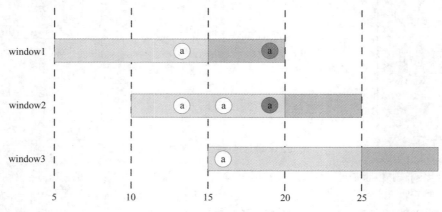

图 5-25　引入水位线以后的情况

从上面这个实例可以看出,水位线顺利保证了在数据延迟到达时计算结果的正确性。

5.5.2 水位线的设置方法

完美的水位线是"绝对正确"的,也就是说,水位线一旦出现,就表示这个时间之前的数据已经全部到齐,之后再也不会出现了。如果要保证"绝对正确",就必须等待足够长的时间,但是这会带来更高的延迟。

如果我们希望数据处理得更快,实时性更强,那么可以将水位线延迟设置得低一些。这种情况下,可能很多延迟到达的数据会在水位线之后才到达,这就会导致窗口遗漏数据,计算结果不正确。当然,如果完全不考虑正确性,一味地追求处理速度,可以直接使用处理时间,这在理论上可以得到最低的延迟。

所以,Flink 的水位线其实是流处理中针对低延迟和结果正确性的一个权衡机制,而且把控制的权力交给了程序员,我们可以在代码中定义水位线的生成策略。

为了支持事件时间,Flink 就需要知道事件的时间戳,因此必须为数据流中的每个元素分配一个时间戳。在 Flink 系统中,分配时间戳和生成水位线这两个工作是同时进行的,前者是由 TimestampAssigner 来实现的,后者则是由 WatermarkGenerator 来实现的。

当我们构建一个 DataStream 之后,可以使用 assignTimestampsAndWatermarks()方法来分配时间戳和生成水位线,调用该方法时,需要传入一个 WatermarkStrategy 对象,语法如下:

```
dataStream.assignTimestampsAndWatermarks(WatermarkStrategy<T>)
```

一般情况下,Flink 要求 WatermarkStrategy 对象中同时包含 TimestampAssigner 对象和 WatermarkGenerator 对象。

WatermarkStrategy 是一个接口,提供了很多静态的方法,对于一些常用的水位线生成策略,不需要实现这个接口,可以直接调用静态方法来生成水位线。也可以通过实现 WatermarkStrategy 接口中的 createWatermarkGenerator()方法和 createTimestampAssigner()方法,来自定义水位线生成策略。

5.5.3 内置水位线生成策略

1. 有序流中的内置水位线生成策略

有序流的主要特点就是时间戳单调增长,所以永远不会出现数据延迟到达的问题,这是周期性生成水位线的最简单的场景之一,可以直接调用 WatermarkStrategy.forMonotonousTimestamps()方法来实现。

新建代码文件 WatermarkDemo1.java,代码如下:

```java
package cn.edu.xmu;

import org.apache.commons.lang3.time.DateFormatUtils;
import org.apache.flink.api.common.eventtime.SerializableTimestampAssigner;
import org.apache.flink.api.common.eventtime.WatermarkStrategy;
import org.apache.flink.streaming.api.datastream.DataStreamSource;
import org.apache.flink.streaming.api.datastream.KeyedStream;
import org.apache.flink.streaming.api.datastream.SingleOutputStreamOperator;
import org.apache.flink.streaming.api.datastream.WindowedStream;
import org.apache.flink.streaming.api.environment.StreamExecutionEnvironment;
import org.apache.flink.streaming.api.functions.windowing.ProcessWindowFunction;
import org.apache.flink.streaming.api.windowing.assigners.TumblingEventTimeWindows;
import org.apache.flink.streaming.api.windowing.time.Time;
import org.apache.flink.streaming.api.windowing.windows.TimeWindow;
import org.apache.flink.util.Collector;
import java.util.concurrent.atomic.AtomicInteger;
```

```java
        import java.util.concurrent.atomic.AtomicReference;

    public class WatermarkDemo1 {
        public static void main(String[] args) throws Exception {
            StreamExecutionEnvironment env = StreamExecutionEnvironment.getExecutionEnvironment();
            env.setParallelism(1);
            DataStreamSource<String> source = env.socketTextStream("hadoop01", 9999);
            SingleOutputStreamOperator<StockPrice> stockPriceDS = source.map(s -> {
                String[] element = s.split(",");
                return new StockPrice(element[0], Long.valueOf(element[1]), Double.valueOf(element[2]));
            });
            WatermarkStrategy<StockPrice> watermarkStrategy = WatermarkStrategy
                    .<StockPrice>forMonotonousTimestamps()
                    .withTimestampAssigner(new SerializableTimestampAssigner<StockPrice>() {
                        @Override
                        public long extractTimestamp(StockPrice element, long recordTimestamp) {
    //从输入数据中提取时间戳作为水位线,并将其单位转换成ms
                            return element.getTimeStamp() * 1000L;
                        }
                    });

            SingleOutputStreamOperator<StockPrice> stockPriceDSWithWatermark = stockPriceDS.assignTimestampsAndWatermarks(watermarkStrategy);
            KeyedStream<StockPrice, String> stockPriceKS =
                    stockPriceDSWithWatermark.keyBy(stockPrice->stockPrice.getStockId());
            WindowedStream<StockPrice, String, TimeWindow> stockPirceWS =
                    // 使用事件时间语义窗口 TumblingEventTimeWindows
                    stockPriceKS.window(TumblingEventTimeWindows.of(Time.seconds(10)));
            SingleOutputStreamOperator<String> processDS =
                    stockPirceWS.process(new MyProcessWindowFunction());
            processDS.print();
            env.execute();
        }
        public static class MyProcessWindowFunction extends ProcessWindowFunction<StockPrice, String, String, TimeWindow> {
            @Override
            //一个窗口结束的时候调用一次(一个分组执行一次),不适用于大量数据,将全量数据保存在内存中,可能会造成内存溢出
            public void process(String s, ProcessWindowFunction<StockPrice, String, String, TimeWindow>.Context context, Iterable<StockPrice> elements, Collector<String> out) throws Exception {
                //聚合,注意:将整个窗口的数据保存到 Iterable,Iterable 中有很多条数据
                AtomicInteger count= new AtomicInteger();
                AtomicReference<Double> sumPrice= new AtomicReference<>(0.0);
                elements.forEach(stock -> {
                    sumPrice.set(sumPrice.get() + stock.price);
                    count.set(count.get() + 1);
                });
                long startTS = context.window().getStart();
                long endTS = context.window().getEnd();
                String windowStart = DateFormatUtils.format(startTS,"yyyy-MM-dd HH:mm:ss.SSS");
                String windowEnd = DateFormatUtils.format(endTS,"yyyy-MM-dd HH:mm:ss.SSS");
```

```
            out.collect("Windows start:"+windowStart+"Windows end:"+windowEnd+"stockId:
"+s+",price:"+String.valueOf(sumPrice.get()/count.get()));
        }
    }
}
```

在 Linux 中启动一个 NC 程序，在 IDEA 中运行上面的程序，然后在 NC 窗口内依次输入如下数据：

```
s1,1,1
s1,2,2
s1,3,3
s1,7,7
s1,9,9
s1,10,10
```

当输入第 1 行数据"s1,1,1"时，这行数据的第 2 个字段"1"被提取出来作为水位线，这时的水位线（第 1s）还没有越过当前窗口的结束时间（窗口从 1970-01-01 08:00:00 开始，到 1970-01-01 08:00:10 结束，也就是从第 0s 开始，到第 10s 结束，由于窗口区间是"左闭右开"，窗口实际上是在第 10s 前结束，不是恰好在第 10s 结束，第 10s 是下一个窗口的开始时间），因此，不会触发窗口计算。当输入第 2 行数据"s1,2,2"时，水位线变为第 2s，也没有越过当前窗口的结束时间（第 10s），也不会触发计算。同理，输入第 3 行数据，水位线变为第 3s；输入第 4 行数据，水位线变为第 7s；输入第 5 行数据，水位线变为第 9s，这些水位线都没有越过当前窗口的结束时间（第 10s），所以都不会触发窗口计算。

当输入最后一行"s1,10,10"并按"Enter"键后，IDEA 中马上会输出如下结果：

```
Windows start:1970-01-01 08:00:00.000Windows end:1970-01-01 08:00:10.000stockId:s1,
price:4.4
```

这是因为当输入"s1,10,10"这行数据并按"Enter"键后，这行数据的第 2 个字段"10"被提取出来作为水位线，这时的水位线（第 10s）越过了当前窗口的结束时间（第 10s），所以窗口关闭并触发计算，窗口内有如下 5 行数据（注意，"s1,10,10"这行数据不属于当前窗口，而属于下一个大小为 10s 的窗口）：

```
s1,1,1
s1,2,2
s1,3,3
s1,7,7
s1,9,9
```

触发窗口计算以后，程序会计算出 5 行数据对应的股票平均交易价格 4.4。

在 NC 窗口内继续输入如下 2 行数据：

```
s1,15,15
s1,20,20
```

当输入最后一行"s1,20,20"并按"Enter"键后，IDEA 中马上会输出如下结果：

```
Windows start:1970-01-01 08:00:10.000Windows end:1970-01-01 08:00:20.000stockId:s1,
price:12.5
```

这是因为当输入"s1,20,20"这行数据并按"Enter"键后，这行数据的第 2 个字段"20"被提取出来作为水位线，这时的水位线（第 20s）越过了当前窗口的结束时间（窗口从第 10s 开始，到第 20s 结束），所以窗口关闭并触发计算，窗口内有如下 2 行数据（注意，"s1,20,20"这行数据不属于当前窗口，而属于下一个大小为 10s 的窗口）：

```
s1,10,10
s1,15,15
```

触发窗口计算以后，程序会计算出 2 行数据对应的股票平均交易价格 12.5。

2. 乱序流中的内置水位线生成策略

由于乱序流中需要等待延迟到达数据到齐，所以必须设置一个固定的延迟时间。这时生成水位线的时间戳，就是当前数据流中最大的时间戳减延迟时间得到的结果。

固定延迟生成水位线是通过WatermarkStrategy接口的静态方法forBoundedOutOfOrderness()实现的，需要为该方法提供一个Duration类型的时间间隔，也就是我们可以接受的最大的延迟时间。使用这种水位线生成策略的时候需要对数据的延迟时间有一个大概的预估。固定延迟生成水位线的语法如下：

```
WatermarkStrategy.forBoundedOutOfOrderness(Duration maxOutOfOrderness)
```

新建一个代码文件WatermarkDemo2.java，内容如下：

```java
package cn.edu.xmu;

import org.apache.commons.lang3.time.DateFormatUtils;
import org.apache.flink.api.common.eventtime.SerializableTimestampAssigner;
import org.apache.flink.api.common.eventtime.WatermarkStrategy;
import org.apache.flink.streaming.api.datastream.DataStreamSource;
import org.apache.flink.streaming.api.datastream.KeyedStream;
import org.apache.flink.streaming.api.datastream.SingleOutputStreamOperator;
import org.apache.flink.streaming.api.datastream.WindowedStream;
import org.apache.flink.streaming.api.environment.StreamExecutionEnvironment;
import org.apache.flink.streaming.api.functions.windowing.ProcessWindowFunction;
import org.apache.flink.streaming.api.windowing.assigners.TumblingEventTimeWindows;
import org.apache.flink.streaming.api.windowing.time.Time;
import org.apache.flink.streaming.api.windowing.windows.TimeWindow;
import org.apache.flink.util.Collector;
import java.time.Duration;
import java.util.concurrent.atomic.AtomicInteger;
import java.util.concurrent.atomic.AtomicReference;

public class WatermarkDemo2 {
    public static void main(String[] args) throws Exception {
        StreamExecutionEnvironment env = StreamExecutionEnvironment.getExecutionEnvironment();
        env.setParallelism(1);
        DataStreamSource<String> source = env.socketTextStream("hadoop01", 9999);
        SingleOutputStreamOperator<StockPrice> stockPriceDS = source.map(s -> {
            String[] element = s.split(",");
            return new StockPrice(element[0], Long.valueOf(element[1]), Double.valueOf(element[2]));
        });
        WatermarkStrategy<StockPrice> watermarkStrategy = WatermarkStrategy
                .<StockPrice>forBoundedOutOfOrderness(Duration.ofSeconds(3))
                .withTimestampAssigner(new SerializableTimestampAssigner<StockPrice>() {
                    @Override
                    public long extractTimestamp(StockPrice element, long recordTimestamp) {
                        return element.getTimeStamp() * 1000L;  //将单位转换成ms
                    }
                });
        SingleOutputStreamOperator<StockPrice> stockPriceDSWithWatermark = stockPriceDS.assignTimestampsAndWatermarks(watermarkStrategy);
        KeyedStream<StockPrice, String> stockPriceKS =
                stockPriceDSWithWatermark.keyBy(stockPrice->stockPrice.getStockId());
        WindowedStream<StockPrice, String, TimeWindow> stockPirceWS =
                stockPriceKS.window(TumblingEventTimeWindows.of(Time.seconds(10)));
        SingleOutputStreamOperator<String> processDS =
                stockPirceWS.process(new MyProcessWindowFunction());
```

```java
            processDS.print();
            env.execute();
        }
        public static class MyProcessWindowFunction extends ProcessWindowFunction<StockPrice, String, String, TimeWindow> {
            @Override
            //一个窗口结束的时候调用一次（一个分组执行一次），不适用于大量数据，将全量数据保存在内存中，可能
会造成内存溢出
            public void process(String s, ProcessWindowFunction<StockPrice, String, String, TimeWindow>.Context context, Iterable<StockPrice> elements, Collector<String> out) throws Exception {
                //聚合，注意：将整个窗口的数据保存到 Iterable, Iterable 中有很多条数据
                AtomicInteger count= new AtomicInteger();
                AtomicReference<Double> sumPrice= new AtomicReference<>(0.0);
                elements.forEach(stock -> {
                    sumPrice.set(sumPrice.get() + stock.price);
                    count.set(count.get() + 1);
                });
                long startTS = context.window().getStart();
                long endTS = context.window().getEnd();
                String windowStart = DateFormatUtils.format(startTS,"yyyy-MM-dd HH:mm:ss.SSS");
                String windowEnd = DateFormatUtils.format(endTS,"yyyy-MM-dd HH:mm:ss.SSS");
                out.collect("Windows start:"+windowStart+"Windows end:"+windowEnd+"stockId:"+s+",price:"+String.valueOf(sumPrice.get()/count.get()));
            }
        }
    }
```

在 Linux 中启动一个 NC 程序，在 IDEA 中运行上面的程序，然后在 NC 窗口内依次输入如下数据：

```
s1,1,1
s1,2,2
s1,5,5
s1,3,3
s1,9,9
s1,2,2
s1,10,10
s1,3,3
s1,11,11
s1,13,13
```

当输入第 1 行数据"s1,1,1"时，这行数据的第 2 个字段"1"被提取出来并减 3 作为水位线，这时的水位线(第-2s)还没有越过当前窗口的结束时间(窗口从 1970-01-01 08:00:00 开始，到 1970-01-01 08:00:10 结束，也就是从第 0s 开始，到第 10s 结束)，因此，不会触发窗口计算。当输入第 2 行数据"s1,2,2"时，水位线变为第-1s，没有越过当前窗口的结束时间（第 10s），也不会触发计算。当输入第 3 行数据"s1,5,5"时，水位线变成第 2s，没有越过当前窗口的结束时间（第 10s），不会触发计算。当输入第 4 行数据"s1,3,3"时，这是一条延迟到达的数据，它的时间戳是第 3s，减 3 后是第 0s，小于当前的水位线（第 2s），所以不会改变当前水位线的值，当前水位线仍然是第 2s，没有越过当前窗口的结束时间（第 10s），不会触发计算。当输入第 5 行数据"s1,9,9"时，水位线变为第 6s，没有越过当前窗口的结束时间（第 10s），也不会触发计算。当输入第 6 行数据"s1,2,2"时，这是一条延迟到达的数据，不会改变当前水位线的值，当前水位线仍然是第 6s，没有越过当前窗口的结束时间（第 10s），不会触发计算。当输入第 7 行数据"s1,10,10"时，水位线变为第 7s，没有越过当前窗口的结束时间（第 10s），也不会触发计算。当输入第 8 行数据"s1,3,3"时，这是一条延迟到达的数据，不

会改变当前水位线的值，当前水位线仍然是第 7s，没有越过当前窗口的结束时间（第 10s），不会触发计算。当输入第 9 行数据"s1,11,11"时，水位线变为第 8s，没有越过当前窗口的结束时间（第 10s），也不会触发计算。当输入第 10 行数据"s1,13,13"时，水位线变为第 10s，已经越过了当前窗口的结束时间（窗口在第 10s 结束，实际上是在第 9.999s 结束），因此，程序会关闭窗口并触发计算，这时被关闭的窗口内包含如下数据（注意，"s1,13,13"不属于这个窗口，而属于下一个大小为 10s 的窗口）：

```
s1,1,1
s1,2,2
s1,5,5
s1,3,3
s1,9,9
s1,2,2
s1,10,10
s1,3,3
s1,11,11
```

所以，这时 IDEA 中马上会输出如下结果：
```
Windows start:1970-01-01 08:00:00.000Windows end:1970-01-01 08:00:10.000stockId:s1,price:5.111111111
```

3. 自定义水位线生成策略

Flink 允许我们自定义水位线生成策略，我们只需要实现 WatermarkStrategy 接口中的 createWatermarkGenerator()方法和 createTimestampAssigner()方法就可以了。createTimestampAssigner()方法比较简单，这里不进行详细介绍，对于其用法读者可以直接参考后文中涉及的相关代码。

createWatermarkGenerator()方法需要返回一个 WatermarkGenerator 对象。WatermarkGenerator 是一个接口，需要实现这个接口里面的 onEvent()方法和 onPeriodicEmit()方法。

- onEvent()：数据流中的每个元素（或事件）到达以后，都会调用该方法，如果想依赖每个元素生成一个水位线，然后将其发射到下游，就可以通过实现这个方法来完成。
- onPeriodicEmit()：当数据量比较大的时候，为每个元素都生成一个水位线会影响系统性能，所以 Flink 提供了该方法实现周期性生成水位线。水位线的生成周期的设置方法是：env.getConfig.setAutoWatermarkInterval(5000L)。其中 5000L 是时间间隔，可以由用户自定义。

在自定义水位线生成策略时，Flink 提供了两种不同的机制。

- 周期水位线：在这种机制中，系统会通过 onEvent()方法对系统中到达的事件进行监控，然后在系统调用 onPeriodicEmit()方法时，生成一个水位线。
- 标点水位线：在这种机制中，系统会通过 onEvent()方法对系统中到达的事件进行监控，并等待具有特定标记的事件到达，一旦监测到具有特定标记的事件到达，就立即生成一个水位线。通常，这种机制不会调用 onPeriodicEmit()方法来生成一个水位线。

（1）自定义周期水位线生成策略。

这里给出一个采用自定义周期水位线生成策略的具体实例。新建代码文件 PeriodicWatermarkDemo.java，内容如下：

```java
package cn.edu.xmu;

import org.apache.flink.api.common.eventtime.*;
import org.apache.flink.streaming.api.datastream.DataStreamSource;
import org.apache.flink.streaming.api.datastream.KeyedStream;
import org.apache.flink.streaming.api.datastream.SingleOutputStreamOperator;
import org.apache.flink.streaming.api.datastream.WindowedStream;
import org.apache.flink.streaming.api.environment.StreamExecutionEnvironment;
import org.apache.flink.streaming.api.windowing.assigners.TumblingEventTimeWindows;
import org.apache.flink.streaming.api.windowing.time.Time;
```

```java
import org.apache.flink.streaming.api.windowing.windows.TimeWindow;

public class PeriodicWatermarkDemo {
    public static void main(String[] args) throws Exception {
        StreamExecutionEnvironment env = StreamExecutionEnvironment.getExecutionEnvironment();
        env.setParallelism(1);
        env.getConfig().setAutoWatermarkInterval(2000); // 设置周期水位线生成时间间隔为2000ms
        DataStreamSource<String> source = env.socketTextStream("hadoop01", 9999);
        SingleOutputStreamOperator<StockPrice> stockPriceDS = source.map(s -> {
            String[] element = s.split(",");
            return new StockPrice(element[0], Long.valueOf(element[1]), Double.valueOf(element[2]));
        });
        WatermarkStrategy<StockPrice> watermarkStrategy =
                WatermarkStrategy.<StockPrice>forGenerator(new WatermarkGeneratorSupplier<StockPrice>() {
                    @Override
                    public WatermarkGenerator<StockPrice> createWatermarkGenerator(Context context) {
                        return new MyPeriodicWatermarkGenerator<>(2000L); // 2000ms
                    }
                }).withTimestampAssigner(
                        (element, recordTimestamp) -> element.getTimeStamp()*1000L
                );
        SingleOutputStreamOperator<StockPrice> stockPriceDSWithWatermark =
                stockPriceDS.assignTimestampsAndWatermarks(watermarkStrategy);
        KeyedStream<StockPrice, String> stockPriceKS =
                stockPriceDSWithWatermark.keyBy(stockPrice->stockPrice.getStockId());
        WindowedStream<StockPrice, String, TimeWindow> stockPriceWS =
                stockPriceKS.window(TumblingEventTimeWindows.of(Time.seconds(3)));
        SingleOutputStreamOperator<StockPrice> reducedDS = stockPriceWS.reduce((s1, s2)
                -> new StockPrice(s1.stockId, s1.timeStamp, s1.price + s2.price));
        reducedDS.print();
        env.execute();
    }
    public static class MyPeriodicWatermarkGenerator<StockPrice> implements WatermarkGenerator<StockPrice>{
        // 乱序等待时间
        private long delayTime;
        // 用来保存到目前为止的最大时间戳
        private long maxTimestamp;

        public MyPeriodicWatermarkGenerator(long delayTs){
            this.delayTime = delayTs;
            this.maxTimestamp = Long.MIN_VALUE + this.delayTime + 1;
        }

        /**
         * 每条数据到达都会调用一次 onEvent()方法,用来提取最大时间戳,并保存
         * @param event 当前到达的数据
         * @param eventTimestamp 提取到的时间戳
         * @param output
         */
        @Override
        public void onEvent(StockPrice event, long eventTimestamp, WatermarkOutput output)
```

```
            {
                // 将已经保存的时间戳和当前提取到的时间戳进行比较，取二者中的较大值
                maxTimestamp = Math.max(maxTimestamp, eventTimestamp);
                System.out.println("调用 onEvent()方法，获取到目前为止的最大时间戳=" + maxTimestamp);
            }

            /**
             * 周期性调用：发射水位线
             * @param output
             */
            @Override
            public void onPeriodicEmit(WatermarkOutput output) {
                output.emitWatermark(new Watermark(maxTimestamp - delayTime - 1)); //1表示1ms
                System.out.println("调用 onPeriodicEmit()方法，生成 Watermark=" + (maxTimestamp - delayTime - 1));

            }
        }
    }
```

在 Linux 中启动 NC 程序，然后在 IDEA 中运行该程序，再在 NC 窗口中输入类似下面的两行记录：
```
s1,10,10
s1,20,20
```
这时在 IDEA 中可以看到类似下面的输出结果：

调用 onPeriodicEmit()方法，生成 Watermark=-9223372036854775808

调用 onPeriodicEmit()方法，生成 Watermark=-9223372036854775808

调用 onEvent()方法，获取到目前为止的最大时间戳=10000

调用 onPeriodicEmit()方法，生成 Watermark=7999

调用 onPeriodicEmit()方法，生成 Watermark=7999

调用 onPeriodicEmit()方法，生成 Watermark=7999

调用 onEvent()方法，获取到目前为止的最大时间戳=20000

调用 onPeriodicEmit()方法，生成 Watermark=17999

StockPrice{stockId=s1, timeStamp='10', price=10.0}

（2）自定义标点水位线生成策略。

这里给出一个采用自定义标点水位线生成策略的具体实例，详细解释水位线的实际应用。新建一个代码文件 PunctuatedWatermarkDemo.java，内容如下：
```
package cn.edu.xmu;

import org.apache.flink.api.common.eventtime.*;
import org.apache.flink.streaming.api.datastream.DataStreamSource;
import org.apache.flink.streaming.api.datastream.KeyedStream;
import org.apache.flink.streaming.api.datastream.SingleOutputStreamOperator;
import org.apache.flink.streaming.api.datastream.WindowedStream;
import org.apache.flink.streaming.api.environment.StreamExecutionEnvironment;
import org.apache.flink.streaming.api.windowing.assigners.TumblingEventTimeWindows;
import org.apache.flink.streaming.api.windowing.time.Time;
import org.apache.flink.streaming.api.windowing.windows.TimeWindow;
import java.text.Format;
import java.text.SimpleDateFormat;
```

```java
    public class PunctuatedWatermarkDemo {
        public static void main(String[] args) throws Exception {
            StreamExecutionEnvironment env = StreamExecutionEnvironment.getExecutionEnvironment();
            env.setParallelism(1);
            DataStreamSource<String> source = env.socketTextStream("hadoop01", 9999);
            SingleOutputStreamOperator<StockPrice> stockPriceDS = source.map(s -> {
                String[] element = s.split(",");
                return new StockPrice(element[0], Long.valueOf(element[1]), Double.valueOf(element[2]));
            });
            SingleOutputStreamOperator<StockPrice> stockPriceDSWithWatermark = stockPriceDS.assignTimestampsAndWatermarks(new MyWatermarkStrategy());

            KeyedStream<StockPrice, String> stockPriceKS =
                    stockPriceDSWithWatermark.keyBy(stockPrice->stockPrice.getStockId());
            WindowedStream<StockPrice, String, TimeWindow> stockPriceWS =
                    stockPriceKS.window(TumblingEventTimeWindows.of(Time.seconds(3)));
            SingleOutputStreamOperator<StockPrice> reducedDS = stockPriceWS.reduce((s1, s2)
    -> new StockPrice(s1.stockId, s1.timeStamp, s1.price + s2.price));
            reducedDS.print();
            env.execute();
        }
        public static class MyWatermarkStrategy implements WatermarkStrategy<StockPrice>{

            @Override
            public WatermarkGenerator<StockPrice> createWatermarkGenerator
    (WatermarkGeneratorSupplier.Context context) {
                return new WatermarkGenerator<StockPrice>(){
                    long maxOutOfOrderness = 10000L; //设定最大延迟时间为10s
                    long currentMaxTimestamp = 0L;
                    Watermark a = null;
                    Format format = new SimpleDateFormat("yyyy-MM-dd HH:mm:ss.SSS");
                    @Override
                    public void onEvent(StockPrice event, long eventTimestamp, WatermarkOutput output) {
                        currentMaxTimestamp = Math.max(eventTimestamp, currentMaxTimestamp);
                        a = new Watermark(currentMaxTimestamp - maxOutOfOrderness);
                        output.emitWatermark(a);
                        System.out.println("timestamp:" + event.stockId + "," + event.timeStamp
    + "|" + format.format(event.timeStamp) + "," + currentMaxTimestamp + "|" +
    format.format(currentMaxTimestamp) + "," + a.toString());
                    }

                    @Override
                    public void onPeriodicEmit(WatermarkOutput output) {
                        // 没有使用周期性发送水印,因此这里没有执行任何操作
                    }
                };
            }

            @Override
            public TimestampAssigner<StockPrice> createTimestampAssigner
    (TimestampAssignerSupplier.Context context) {
                return new SerializableTimestampAssigner<StockPrice>() {
                    @Override
```

```
                public long extractTimestamp(StockPrice element, long recordTimestamp) {
                    return element.timeStamp; //从到达消息中提取时间戳
                }
            };
        }
    }
}
```

新建一个 Linux 终端（NC 窗口），使用如下命令运行 NC 程序：
```
$ nc -lk 9999
```

在 IDEA 中运行上面的程序，然后把表 5-4 中的 7 个事件（或 7 条消息）的内容逐个输入 NC 窗口内。比如，先输入第 1 个事件的内容"stock_1,1602031567000,8.14"，按"Enter"键，再输入第 2 个事件的内容"stock_1,1602031571000,8.23"，再按"Enter"键，以此类推，把剩余的事件的内容都输入 NC 窗口内。

表 5-4　输入数据内容

事件编号	事件内容
s1	stock_1,1602031567000,8.14
s2	stock_1,1602031571000,8.23
s3	stock_1,1602031577000,8.24
s4	stock_1,1602031578000,8.87
s5	stock_1,1602031579000,8.55
s6	stock_1,1602031581000,8.43
s7	stock_1,1602031582000,8.78

7 个事件的内容全部输入完成以后，在 IDEA 中就可以看到如下输出信息：
```
    timestamp:stock_1,1602031567000|2020-10-07        08:46:07.000,1602031567000|2020-10-07
08:46:07.000,Watermark @ 1602031557000 (2020-10-07 08:45:57.000)
    timestamp:stock_1,1602031571000|2020-10-07        08:46:11.000,1602031571000|2020-10-07
08:46:11.000,Watermark @ 1602031561000 (2020-10-07 08:46:01.000)
    timestamp:stock_1,1602031577000|2020-10-07        08:46:17.000,1602031577000|2020-10-07
08:46:17.000,Watermark @ 1602031567000 (2020-10-07 08:46:07.000)
    timestamp:stock_1,1602031578000|2020-10-07        08:46:18.000,1602031578000|2020-10-07
08:46:18.000,Watermark @ 1602031568000 (2020-10-07 08:46:08.000)
    timestamp:stock_1,1602031579000|2020-10-07        08:46:19.000,1602031579000|2020-10-07
08:46:19.000,Watermark @ 1602031569000 (2020-10-07 08:46:09.000)
    StockPrice{stockId=stock_1, timeStamp='1602031567000', price=8.14}
    timestamp:stock_1,1602031581000|2020-10-07        08:46:21.000,1602031581000|2020-10-07
08:46:21.000,Watermark @ 1602031571000 (2020-10-07 08:46:11.000)
    timestamp:stock_1,1602031582000|2020-10-07        08:46:22.000,1602031582000|2020-10-07
08:46:22.000,Watermark @ 1602031572000 (2020-10-07 08:46:12.000)
    StockPrice{stockId=stock_1, timeStamp='1602031571000', price=8.23}
```

为了正确理解水位线的工作原理，下面详细解释每个事件到达后水位线的变化情况、各个窗口中的事件分布情况以及窗口触发计算的情况。关于窗口计算，这里再次强调，只有以下两个条件同时成立时，才会触发窗口计算。

（1）条件 T1：水位线时间 ≥ 窗口结束时间。

（2）条件 T2：在[窗口开始时间,窗口结束时间)中有数据存在。

1. 当事件 s1 到达系统以后

表 5-5 给出了事件 s1 到达系统以后水位线的变化情况，可以看出，当前的水位线已经达到了 1602031557000(2020-10-07 08:45:57.000)。

表 5–5　事件 s1 到达系统以后水位线的变化情况

事件	事件时间	当前最大时间戳	水位线
s1	1602031567000	1602031567000	1602031557000
	2020-10-07 08:46:07.000	2020-10-07 08:46:07.000	2020-10-07 08:45:57.000

表 5-6 给出了 s1 到达系统以后各个窗口内包含的事件的情况。

表 5–6　s1 到达系统以后各个窗口内包含的事件的情况

窗口名称	窗口开始时间	窗口结束时间	窗口内的事件
w1	2020-10-07 08:46:06.000	2020-10-07 08:46:09.000	s1

这时，窗口 w1 内存在数据，窗口计算的触发条件 T2 成立。但是，此时水位线(2020-10-07 08:45:57.000)小于窗口 w1 的结束时间(2020-10-07 08:46:09.000)，触发条件 T1 不成立，因此，不会触发窗口 w1 的计算。

2. 当事件 s2 到达系统以后

表 5-7 给出了事件 s2 到达系统以后水位线的变化情况，可以看出，当前的水位线已经达到了 1602031561000(2020-10-07 08:46:01.000)。

表 5–7　事件 s2 到达系统以后水位线的变化情况

事件	事件时间	当前最大时间戳	水位线
s2	1602031571000	1602031571000	1602031561000
	2020-10-07 08:46:11.000	2020-10-07 08:46:11.000	2020-10-07 08:46:01.000

表 5-8 给出了 s2 到达系统以后各个窗口内包含的事件的情况。

表 5–8　s2 到达系统以后各个窗口内包含的事件的情况

窗口名称	窗口开始时间	窗口结束时间	窗口内的事件
w1	2020-10-07 08:46:06.000	2020-10-07 08:46:09.000	s1
w2	2020-10-07 08:46:09.000	2020-10-07 08:46:12.000	s2

这时，窗口 w1 内存在数据，窗口计算的触发条件 T2 成立。但是，此时水位线(2020-10-07 08:46:01.000)小于窗口 w1 的结束时间(2020-10-07 08:46:09.000)，触发条件 T1 不成立，因此，不会触发窗口 w1 的计算。

窗口 w2 内存在数据，窗口计算的触发条件 T2 成立。但是，此时水位线(2020-10-07 08:46:01.000)小于窗口 w2 的结束时间(2020-10-07 08:46:12.000)，触发条件 T1 不成立，因此，不会触发窗口 w2 的计算。

3. 当事件 s3 到达系统以后

表 5-9 给出了事件 s3 到达系统以后水位线的变化情况，可以看出，当前的水位线已经达到了 1602031567000(2020-10-07 08:46:07.000)。

表 5–9　事件 s3 到达系统以后水位线的变化情况

事件	事件时间	当前最大时间戳	水位线
s3	1602031577000	1602031577000	1602031567000
	2020-10-07 08:46:17.000	2020-10-07 08:46:17.000	2020-10-07 08:46:07.000

表 5-10 给出了 s3 到达系统以后各个窗口内包含的事件的情况。

表 5-10　s3 到达系统以后各个窗口内包含的事件的情况

窗口名称	窗口开始时间	窗口结束时间	窗口内的事件
w1	2020-10-07 08:46:06.000	2020-10-07 08:46:09.000	s1
w2	2020-10-07 08:46:09.000	2020-10-07 08:46:12.000	s2
w3	2020-10-07 08:46:12.000	2020-10-07 08:46:15.000	无
w4	2020-10-07 08:46:15.000	2020-10-07 08:46:18.000	s3

这时，窗口 w1 内存在数据，窗口计算的触发条件 T2 成立。但是，此时水位线(2020-10-07 08:46:07.000)小于窗口 w1 的结束时间(2020-10-07 08:46:09.000)，触发条件 T1 不成立，因此，不会触发窗口 w1 的计算。

窗口 w2 内存在数据，窗口计算的触发条件 T2 成立。但是，此时水位线(2020-10-07 08:46:07.000)小于窗口 w2 的结束时间(2020-10-07 08:46:12.000)，触发条件 T1 不成立，因此，不会触发窗口 w2 的计算。

窗口 w3 内不存在数据，窗口计算的触发条件 T2 不成立，因此，不会触发窗口 w3 的计算。

窗口 w4 内存在数据，窗口计算的触发条件 T2 成立。但是，此时水位线(2020-10-07 08:46:07.000)小于窗口 w4 的结束时间(2020-10-07 08:46:18.000)，触发条件 T1 不成立，因此，不会触发窗口 w4 的计算。

4. 当事件 s4 到达系统以后

表 5-11 给出了事件 s4 到达系统以后水位线的变化情况，可以看出，当前的水位线已经达到了 1602031568000(2020-10-07 08:46:08.000)。

表 5-11　事件 s4 到达系统以后水位线的变化情况

事件	事件时间	当前最大时间戳	水位线
s4	1602031578000	1602031578000	1602031568000
	2020-10-07 08:46:18.000	2020-10-07 08:46:18.000	2020-10-07 08:46:08.000

表 5-12 给出了 s4 到达系统以后各个窗口内包含的事件的情况。

表 5-12　s4 到达系统以后各个窗口内包含的事件的情况

窗口名称	窗口开始时间	窗口结束时间	窗口内的事件
w1	2020-10-07 08:46:06.000	2020-10-07 08:46:09.000	s1
w2	2020-10-07 08:46:09.000	2020-10-07 08:46:12.000	s2
w3	2020-10-07 08:46:12.000	2020-10-07 08:46:15.000	无
w4	2020-10-07 08:46:15.000	2020-10-07 08:46:18.000	s3
w5	2020-10-07 08:46:18.000	2020-10-07 08:46:21.000	s4

这时，窗口 w1 内存在数据，窗口计算的触发条件 T2 成立。但是，此时水位线(2020-10-07 08:46:08.000)小于窗口 w1 的结束时间(2020-10-07 08:46:09.000)，触发条件 T1 不成立，因此，不会触发窗口 w1 的计算。

窗口 w2 内存在数据，窗口计算的触发条件 T2 成立。但是，此时水位线(2020-10-07 08:46:08.000)小于窗口 w2 的结束时间(2020-10-07 08:46:12.000)，触发条件 T1 不成立，因此，不会触发窗口 w2 的计算。

窗口 w3 内不存在数据，窗口计算的触发条件 T2 不成立，因此，不会触发窗口 w3 的计算。

窗口 w4 内存在数据，窗口计算的触发条件 T2 成立。但是，此时水位线(2020-10-07 08:46:08.000)小于窗口 w4 的结束时间(2020-10-07 08:46:18.000)，触发条件 T1 不成立，因此，不会触发窗口 w4 的计算。

窗口 w5 内存在数据，窗口计算的触发条件 T2 成立。但是，此时水位线(2020-10-07 08:46:08.000)

小于窗口 w5 的结束时间(2020-10-07 08:46:21.000)，触发条件 T1 不成立，因此，不会触发窗口 w5 的计算。

5. 当事件 s5 到达系统以后

表 5-13 给出了事件 s5 到达系统以后水位线的变化情况，可以看出，当前的水位线已经达到了 1602031569000(2020-10-07 08:46:09.000)。

表 5–13　事件 s5 到达系统以后水位线的变化情况

事件	事件时间	当前最大时间戳	水位线
s5	1602031579000	1602031579000	1602031569000
	2020-10-07 08:46:19.000	2020-10-07 08:46:19.000	2020-10-07 08:46:09.000

表 5-14 给出了 s5 到达系统以后各个窗口内包含的事件的情况。

表 5–14　s5 到达系统以后各个窗口内包含的事件的情况

窗口名称	窗口开始时间	窗口结束时间	窗口内的事件
w1	2020-10-07 08:46:06.000	2020-10-07 08:46:09.000	s1
w2	2020-10-07 08:46:09.000	2020-10-07 08:46:12.000	s2
w3	2020-10-07 08:46:12.000	2020-10-07 08:46:15.000	无
w4	2020-10-07 08:46:15.000	2020-10-07 08:46:18.000	s3
w5	2020-10-07 08:46:18.000	2020-10-07 08:46:21.000	s4,s5

这时，窗口 w1 内存在数据，窗口计算的触发条件 T2 成立。水位线(2020-10-07 08:46:09.000)等于窗口 w1 的结束时间(2020-10-07 08:46:09.000)，触发条件 T1 也成立，因此，触发窗口 w1 的计算，输出结果 StockPrice(stock_1,1602031567000,8.14)，然后窗口 w1 关闭。

当前的水位线(2020-10-07 08:46:09.000)小于窗口 w2、w4、w5 的结束时间，因此，窗口 w2、w4、w5 不会触发计算。窗口 w3 内不存在数据，也不会触发计算。

6. 当事件 s6 到达系统以后

表 5-15 给出了事件 s6 到达系统以后水位线的变化情况，可以看出，当前的水位线已经达到了 1602031571000(2020-10-07 08:46:11.000)。

表 5–15　事件 s6 到达系统以后水位线的变化情况

事件	事件时间	当前最大时间戳	水位线
s6	1602031581000	1602031581000	1602031571000
	2020-10-07 08:46:21.000	2020-10-07 08:46:21.000	2020-10-07 08:46:11.000

表 5-16 给出了 s6 到达系统以后各个窗口内包含的事件的情况。

表 5–16　s6 到达系统以后各个窗口内包含的事件的情况

窗口名称	窗口开始时间	窗口结束时间	窗口内的事件
w1	2020-10-07 08:46:06.000	2020-10-07 08:46:09.000	窗口已关闭
w2	2020-10-07 08:46:09.000	2020-10-07 08:46:12.000	s2
w3	2020-10-07 08:46:12.000	2020-10-07 08:46:15.000	无
w4	2020-10-07 08:46:15.000	2020-10-07 08:46:18.000	s3
w5	2020-10-07 08:46:18.000	2020-10-07 08:46:21.000	s4,s5
w6	2020-10-07 08:46:21.000	2020-10-07 08:46:24.000	s6

当前的水位线(2020-10-07 08:46:11.000)仍然小于窗口 w2、w4、w5、w6 的结束时间，因此，窗

□ w2、w4、w5、w6 不会触发计算。窗口 w3 内不存在数据，也不会触发计算。

7. 当事件 s7 到达系统以后

表 5-17 给出了事件 s7 到达系统以后水位线的变化情况，可以看出，当前的水位线已经达到了 1602031572000(2020-10-07 08:46:12.000)。

表 5–17　事件 s7 到达系统以后水位线的变化情况

事件	事件时间	当前最大时间戳	水位线
s7	1602031582000	1602031582000	1602031572000
	2020-10-07 08:46:22.000	2020-10-07 08:46:22.000	2020-10-07 08:46:12.000

表 5-18 给出了 s7 到达系统以后各个窗口内包含的事件的情况。

表 5–18　s7 到达系统以后各个窗口内包含的事件的情况

窗口名称	窗口开始时间	窗口结束时间	窗口内的事件
w1	2020-10-07 08:46:06.000	2020-10-07 08:46:09.000	窗口已关闭
w2	2020-10-07 08:46:09.000	2020-10-07 08:46:12.000	s2
w3	2020-10-07 08:46:12.000	2020-10-07 08:46:15.000	无
w4	2020-10-07 08:46:15.000	2020-10-07 08:46:18.000	s3
w5	2020-10-07 08:46:18.000	2020-10-07 08:46:21.000	s4,s5
w6	2020-10-07 08:46:21.000	2020-10-07 08:46:24.000	s6,s7

这时，窗口 w2 内存在数据，窗口计算的触发条件 T2 成立。水位线(2020-10-07 08:46:12.000)等于窗口 w2 的结束时间(2020-10-07 08:46:12.000)，触发条件 T1 成立。因此，会触发窗口 w2 的计算，得到计算结果 StockPrice(stock_1,1602031571000,8.23)，然后窗口 w2 关闭。

5.6　延迟到达数据处理

在 5.4.1 小节介绍数据流的窗口计算程序的结构时，我们说过结构中还存在一个可选方法 allowedLateness()，在学习水位线知识以后，就可以来了解 allowedLateness() 的用法了。

默认情况下，当水位线越过窗口结束时间之后，再有之前的数据到达时，这些数据会被删除。为了避免有些延迟到达的数据被删除，便产生了 allowedLateness() 的概念。简单来讲，allowedLateness() 是针对事件时间而言的，水位线越过窗口结束时间之后，还允许有一段时间（也是以事件时间来衡量的）来等待之前的数据到达，以便再次处理这些数据。默认情况下，如果没有在程序中指定 allowedLateness()，那么它的默认值是 0，即水位线越过窗口结束时间之后，如果还有属于此窗口的数据到达，这些数据就会被删除。

另外，对于窗口计算而言，如果没有设置 allowedLateness()，窗口触发计算以后就会被销毁；设置 allowedLateness() 以后，只有水位线大于"窗口结束时间+allowedLateness()"时，窗口才会被销毁。

通常情况下，用户虽然希望对延迟到达的数据进行窗口计算，但并不想将结果混入正常的计算流程中，而是想将延迟到达数据和结果保存到数据库中，便于后期对延迟到达数据进行分析。对于这种情况，就需要借助"侧输出流"来处理。先使用 sideOutputLateData(OutputTag) 来标记延迟到达数据的计算结果，再使用 getSideOutput(lateOutputTag) 从窗口中获取 lateOutputTag 对应的数据，之后将其转换成独立的 DataStream 数据集进行处理。

这里给出一个具体的实例，来演示如何处理延迟到达的数据。新建一个代码文件 LateDataDemo.java，内容如下：

```
package cn.edu.xmu;
```

```java
import org.apache.flink.api.common.eventtime.*;
import org.apache.flink.api.common.typeinfo.Types;
import org.apache.flink.streaming.api.datastream.*;
import org.apache.flink.streaming.api.environment.StreamExecutionEnvironment;
import org.apache.flink.streaming.api.windowing.assigners.TumblingEventTimeWindows;
import org.apache.flink.streaming.api.windowing.time.Time;
import org.apache.flink.streaming.api.windowing.windows.TimeWindow;
import org.apache.flink.util.OutputTag;
import java.text.Format;
import java.text.SimpleDateFormat;

public class LateDataDemo {
    public static void main(String[] args) throws Exception {
        StreamExecutionEnvironment env = StreamExecutionEnvironment.getExecutionEnvironment();
        env.setParallelism(1);
        DataStreamSource<String> source = env.socketTextStream("hadoop01", 9999);
        SingleOutputStreamOperator<StockPrice> stockPriceDS = source.map(s -> {
            String[] element = s.split(",");
            return new StockPrice(element[0], Long.valueOf(element[1]), Double.valueOf(element[2]));
        });
        SingleOutputStreamOperator<StockPrice> stockPriceDSWithWatermark =
                stockPriceDS.assignTimestampsAndWatermarks(new MyWatermarkStrategy());
        KeyedStream<StockPrice, String> stockPriceKS =
                stockPriceDSWithWatermark.keyBy(stockPrice->stockPrice.getStockId());
        OutputTag<StockPrice> lateData = new OutputTag<>("late", Types.POJO(StockPrice.class));
        WindowedStream<StockPrice, String, TimeWindow> stockPriceWS =
                stockPriceKS
                        .window(TumblingEventTimeWindows.of(Time.seconds(3)))
                        .allowedLateness(Time.seconds(2L))
                        .sideOutputLateData(lateData);
        SingleOutputStreamOperator<StockPrice> reducedDS = stockPriceWS.reduce((s1, s2)
-> new StockPrice(s1.stockId, s1.timeStamp, s1.price + s2.price));
        reducedDS.print("window 计算结果:");
        SideOutputDataStream<StockPrice> lateDS = reducedDS.getSideOutput(lateData);
        lateDS.print("延迟到达的数据:");
        env.execute();
    }
    public static class MyWatermarkStrategy implements WatermarkStrategy<StockPrice>{

        @Override
        public WatermarkGenerator<StockPrice> createWatermarkGenerator
(WatermarkGeneratorSupplier.Context context) {
            return new WatermarkGenerator<StockPrice>(){
                long maxOutOfOrderness = 10000L; //设定最大延迟时间为10s
                long currentMaxTimestamp = 0L;
                Watermark a = null;
                Format format = new SimpleDateFormat("yyyy-MM-dd HH:mm:ss.SSS");
                @Override
                public void onEvent(StockPrice event, long eventTimestamp, WatermarkOutput output) {
                    currentMaxTimestamp = Math.max(eventTimestamp, currentMaxTimestamp);
                    a = new Watermark(currentMaxTimestamp - maxOutOfOrderness);
                    output.emitWatermark(a);
                    System.out.println("timestamp:" + event.stockId + "," + event.timeStamp
```

```java
                    + "|" + format.format(event.timeStamp) + "," + currentMaxTimestamp + "|" + format.format(currentMaxTimestamp) + "," + a.toString());
                }

                @Override
                public void onPeriodicEmit(WatermarkOutput output) {
                    // 没有使用周期性发送水印,因此这里没有执行任何操作
                }
            };
        }

        @Override
        public TimestampAssigner<StockPrice> createTimestampAssigner
(TimestampAssignerSupplier.Context context) {
            return new SerializableTimestampAssigner<StockPrice>() {
                @Override
                public long extractTimestamp(StockPrice element, long recordTimestamp) {
                    return element.timeStamp; //从到达消息中提取时间戳
                }
            };
        }
    }
}
```

在 Linux 终端中启动 NC 程序,然后在 IDEA 中启动程序 LateDataDemo.java,再在 NC 窗口中输入如下数据(逐行输入):

```
stock_1,1602031567000,8.14
stock_1,1602031571000,8.23
stock_1,1602031577000,8.24
stock_1,1602031578000,8.87
stock_1,1602031579000,8.55
stock_1,1602031577000,8.24
stock_1,1602031581000,8.43
stock_1,1602031582000,8.78
stock_1,1602031581000,8.76
stock_1,1602031579000,8.55
stock_1,1602031591000,8.13
stock_1,1602031581000,8.34
stock_1,1602031580000,8.45
stock_1,1602031579000,8.33
stock_1,1602031578000,8.56
stock_1,1602031577000,8.32
```

IDEA 中将输出如下结果:

```
    timestamp:stock_1,1602031567000|2020-10-07    08:46:07.000,1602031567000|2020-10-07 08:46:07.000,Watermark @ 1602031557000 (2020-10-07 08:45:57.000)
    timestamp:stock_1,1602031571000|2020-10-07    08:46:11.000,1602031571000|2020-10-07 08:46:11.000,Watermark @ 1602031561000 (2020-10-07 08:46:01.000)
    timestamp:stock_1,1602031577000|2020-10-07    08:46:17.000,1602031577000|2020-10-07 08:46:17.000,Watermark @ 1602031567000 (2020-10-07 08:46:07.000)
    timestamp:stock_1,1602031578000|2020-10-07    08:46:18.000,1602031578000|2020-10-07 08:46:18.000,Watermark @ 1602031568000 (2020-10-07 08:46:08.000)
    timestamp:stock_1,1602031579000|2020-10-07    08:46:19.000,1602031579000|2020-10-07 08:46:19.000,Watermark @ 1602031569000 (2020-10-07 08:46:09.000)
    timestamp:stock_1,1602031577000|2020-10-07    08:46:17.000,1602031579000|2020-10-07 08:46:19.000,Watermark @ 1602031569000 (2020-10-07 08:46:09.000)
    timestamp:stock_1,1602031581000|2020-10-07    08:46:21.000,1602031581000|2020-10-07 08:46:21.000,Watermark @ 1602031571000 (2020-10-07 08:46:11.000)
```

```
    timestamp:stock_1,1602031582000|2020-10-07        08:46:22.000,1602031582000|2020-10-07
08:46:22.000,Watermark @ 1602031572000 (2020-10-07 08:46:12.000)
    timestamp:stock_1,1602031581000|2020-10-07        08:46:21.000,1602031582000|2020-10-07
08:46:22.000,Watermark @ 1602031572000 (2020-10-07 08:46:12.000)
    timestamp:stock_1,1602031579000|2020-10-07        08:46:19.000,1602031582000|2020-10-07
08:46:22.000,Watermark @ 1602031572000 (2020-10-07 08:46:12.000)
    timestamp:stock_1,1602031591000|2020-10-07        08:46:31.000,1602031591000|2020-10-07
08:46:31.000,Watermark @ 1602031581000 (2020-10-07 08:46:21.000)
    timestamp:stock_1,1602031581000|2020-10-07        08:46:21.000,1602031591000|2020-10-07
08:46:31.000,Watermark @ 1602031581000 (2020-10-07 08:46:21.000)
    timestamp:stock_1,1602031580000|2020-10-07        08:46:20.000,1602031591000|2020-10-07
08:46:31.000,Watermark @ 1602031581000 (2020-10-07 08:46:21.000)
    timestamp:stock_1,1602031579000|2020-10-07        08:46:19.000,1602031591000|2020-10-07
08:46:31.000,Watermark @ 1602031581000 (2020-10-07 08:46:21.000)
    timestamp:stock_1,1602031578000|2020-10-07        08:46:18.000,1602031591000|2020-10-07
08:46:31.000,Watermark @ 1602031581000 (2020-10-07 08:46:21.000)
    window 计算结果:> StockPrice{stockId=stock_1, timeStamp='1602031567000', price=8.14}
    window 计算结果:> StockPrice{stockId=stock_1, timeStamp='1602031571000', price=8.23}
    window 计算结果:> StockPrice{stockId=stock_1, timeStamp='1602031577000', price=16.48}
    window 计算结果:> StockPrice{stockId=stock_1, timeStamp='1602031578000', price=
25.970000000000002}
    window 计算结果:> StockPrice{stockId=stock_1, timeStamp='1602031578000', price=34.42}
    window 计算结果:> StockPrice{stockId=stock_1, timeStamp='1602031578000', price=42.75}
    window 计算结果:> StockPrice{stockId=stock_1, timeStamp='1602031578000', price=51.31}
    timestamp:stock_1,1602031577000|2020-10-07        08:46:17.000,1602031591000|2020-10-07
08:46:31.000,Watermark @ 1602031581000 (2020-10-07 08:46:21.000)
    延迟到达的数据:> StockPrice{stockId=stock_1, timeStamp='1602031577000', price=8.32}
```

5.7 基于双流的合并

这里介绍两种基于双流的合并,即窗口连接(Window Join)和间隔连接(Interval Join)。

5.7.1 窗口连接

窗口连接在代码中的实现步骤:首先需要调用 DataStream 的 join()方法来合并两个流,得到一个 JoinedStreams;然后通过 where()和 equalTo()方法指定两个流中连接的 Key;最后通过 window()打开窗口,并调用 apply()传入窗口连接函数进行处理和计算。通用调用形式如下:

```
stream1.join(stream2)
        .where(<KeySelector>)
        .equalTo(<KeySelector>)
        .window(<WindowAssigner>)
        .apply(<JoinFunction>)
```

上面的代码中,where()的参数是键选择器(KeySelector),用来指定第一个流中的 Key;equalTo() 传入的 KeySelector 则指定了第二个流中的 Key。两个 key 是相同的元素,如果在同一窗口中,就可以进行匹配,并通过一个"连接函数"(JoinFunction)进行处理。这里的 window()传入的就是窗口分配器,5.4 节介绍的 3 种时间窗口都可以用在这里,包括滚动窗口、滑动窗口和会话窗口。而后面调用的 apply()可以看作实现了一个特殊的窗口函数。注意,这里只能调用 apply(),没有其他替代的方法。apply()传入的 JoinFunction 也是一个函数类接口,使用时需要实现内部的 join()方法,这个方法有两个参数,分别表示两条流中成对匹配的数据。

新建一个代码文件 WindowJoinDemo.java,内容如下:

```java
package cn.edu.xmu;

import org.apache.flink.api.common.eventtime.WatermarkStrategy;
import org.apache.flink.api.common.functions.JoinFunction;
import org.apache.flink.api.java.tuple.Tuple2;
import org.apache.flink.api.java.tuple.Tuple3;
import org.apache.flink.streaming.api.datastream.DataStream;
import org.apache.flink.streaming.api.datastream.DataStreamSource;
import org.apache.flink.streaming.api.datastream.SingleOutputStreamOperator;
import org.apache.flink.streaming.api.environment.StreamExecutionEnvironment;
import org.apache.flink.streaming.api.windowing.assigners.TumblingEventTimeWindows;
import org.apache.flink.streaming.api.windowing.time.Time;

public class WindowJoinDemo {
    public static void main(String[] args) throws Exception {
        StreamExecutionEnvironment env = StreamExecutionEnvironment.getExecutionEnvironment();
        env.setParallelism(1);
        DataStreamSource<Tuple2<String, Integer>> sourceDS1 = env.fromElements(
                Tuple2.of("b", 1), // 第1个元素是Key，第2个元素是时间戳（单位为s）
                Tuple2.of("b", 2),
                Tuple2.of("c", 3),
                Tuple2.of("d", 4)
        );
        SingleOutputStreamOperator<Tuple2<String, Integer>> sourceDS1WithWatermark = sourceDS1.assignTimestampsAndWatermarks(
                WatermarkStrategy
                        .<Tuple2<String, Integer>>forMonotonousTimestamps()
                        .withTimestampAssigner((value, ts) -> value.f1 * 1000L)
        );

        DataStreamSource<Tuple3<String, Integer, Integer>> sourceDS2 = env.fromElements(
                Tuple3.of("b", 1, 1), // 第1个元素是Key，第2个元素是时间戳（单位为s）
                Tuple3.of("b", 12, 1),
                Tuple3.of("c", 2, 1),
                Tuple3.of("d", 14, 1)
        );
        SingleOutputStreamOperator<Tuple3<String, Integer, Integer>> sourceDS2WithWatermark = sourceDS2.assignTimestampsAndWatermarks(
                WatermarkStrategy
                        .<Tuple3<String, Integer, Integer>>forMonotonousTimestamps()
                        .withTimestampAssigner((value, ts) -> value.f1 * 1000L)
        );
        // 执行窗口连接
        DataStream<String> joinResult = sourceDS1WithWatermark.join(sourceDS2WithWatermark)
                .where(value1 -> value1.f0) //sourceDS1WithWatermark的keyBy
                .equalTo(value2 -> value2.f0) //sourceDS2WithWatermark的keyBy
                .window(TumblingEventTimeWindows.of(Time.seconds(5)))
                .apply(new JoinFunction<Tuple2<String, Integer>, Tuple3<String, Integer, Integer>, String>() {
                    /**
                     * 可以发生连接的数据会调用join()方法
                     * @param first 来自sourceDS1WithWatermark的数据
                     * @param second 来自sourceDS2WithWatermark的数据
```

```
                            */
                    @Override
                    public String join(Tuple2<String, Integer> first, Tuple3<String, Integer, Integer> second) throws Exception {
                        return first + "<------>" + second;
                    }
                });
        joinResult.print();
        env.execute();
    }
}
```

在 IDEA 中运行该程序，可以得到如下输出结果：

```
(b,1)可以和(b,1,1)发生连接
(b,2)可以和(b,1,1)发生连接
(c,3)可以和(c,2,1)发生连接
```

这里的("b", 1)可以和("b", 1, 1)发生连接，是因为二者都属于[0,5)s 的时间窗口。而("b", 1)和("b", 12, 1)无法发生连接，是因为("b", 1)属于[0,5)s 的时间窗口，("b", 12, 1)属于[10,15)s 的时间窗口，二者不在一个时间窗口内。

5.7.2 间隔连接

间隔连接也使用相同的 Key 来连接两个流，比如流 A 和流 B，并且流 B 的元素中的时间戳和流 A 的元素中的时间戳有一个时间间隔，即间隔区间。如图 5-26 所示，下方的流 A 间隔连接上方的流 B，对于流 A 中的每个元素，都可以通过设置下界（Lower Bound）和上界（Upper Bound）开辟一个间隔区间，只要流 B 中的元素落入这个间隔区间，二者就可以发生连接。图 5-26 中，上方的流 B 的元素 0 和元素 1 都落入了下方的流 A 的第 2 个元素的间隔区间，因此，流 B 的元素 0 和元素 1 都可以和流 A 的第 2 个元素发生连接。需要说明的是，间隔连接只支持事件时间。

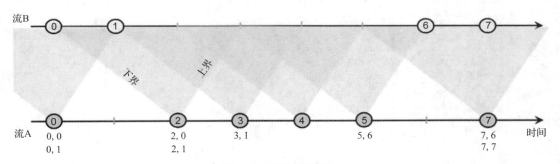

图 5-26　间隔连接示意

新建一个代码文件 IntervalJoinDemo.java，内容如下：

```
package cn.edu.xmu;

import org.apache.flink.api.common.eventtime.WatermarkStrategy;
import org.apache.flink.api.java.tuple.Tuple2;
import org.apache.flink.api.java.tuple.Tuple3;
import org.apache.flink.streaming.api.datastream.DataStreamSource;
import org.apache.flink.streaming.api.datastream.KeyedStream;
import org.apache.flink.streaming.api.datastream.SingleOutputStreamOperator;
import org.apache.flink.streaming.api.environment.StreamExecutionEnvironment;
import org.apache.flink.streaming.api.functions.co.ProcessJoinFunction;
import org.apache.flink.streaming.api.windowing.time.Time;
```

```java
import org.apache.flink.util.Collector;

public class IntervalJoinDemo {
    public static void main(String[] args) throws Exception {
        StreamExecutionEnvironment env = StreamExecutionEnvironment.getExecutionEnvironment();
        env.setParallelism(1);
        DataStreamSource<Tuple2<String, Integer>> sourceDS1 = env.fromElements(
                Tuple2.of("b", 1), // 第1个元素是Key,第2个元素是时间戳(单位为s)
                Tuple2.of("b", 2),
                Tuple2.of("c", 3),
                Tuple2.of("d", 4)
        );
        SingleOutputStreamOperator<Tuple2<String, Integer>> sourceDS1WithWatermark = sourceDS1.assignTimestampsAndWatermarks(
                WatermarkStrategy
                        .<Tuple2<String, Integer>>forMonotonousTimestamps()
                        .withTimestampAssigner((value, ts) -> value.f1 * 1000L)
        );

        DataStreamSource<Tuple3<String, Integer, Integer>> sourceDS2 = env.fromElements(
                Tuple3.of("b", 1, 1), // 第1个元素是Key,第2个元素是时间戳(单位为s)
                Tuple3.of("b", 12, 1),
                Tuple3.of("c", 2, 1),
                Tuple3.of("d", 14, 1)
        );
        SingleOutputStreamOperator<Tuple3<String, Integer, Integer>> sourceDS2WithWatermark = sourceDS2.assignTimestampsAndWatermarks(
                WatermarkStrategy
                        .<Tuple3<String, Integer, Integer>>forMonotonousTimestamps()
                        .withTimestampAssigner((value, ts) -> value.f1 * 1000L)
        );
        // 对两个流分别执行 keyBy 操作
        KeyedStream<Tuple2<String, Integer>, String> keyedStream1 = sourceDS1WithWatermark.keyBy(value1 -> value1.f0);
        KeyedStream<Tuple3<String, Integer, Integer>, String> keyedStream2 = sourceDS2WithWatermark.keyBy(value2 -> value2.f0);
        // 调用间隔连接
        SingleOutputStreamOperator<String> processResult = keyedStream1.intervalJoin(keyedStream2)
                .between(Time.seconds(-2), Time.seconds(2)) //设置下界和上界
                .process(new ProcessJoinFunction<Tuple2<String, Integer>, Tuple3<String, Integer, Integer>, String>() {
                    /**
                     * 只有当两个流的数据可以发生连接时,才会调用 processElement()方法
                     * @param left 第1个流 keyedStream1
                     * @param right 第2个流 keyedStream2
                     * @param ctx 上下文
                     * @param out 采集器
                     */
                    @Override
                    public void processElement(Tuple2<String, Integer> left, Tuple3<String, Integer, Integer> right, ProcessJoinFunction<Tuple2<String, Integer>, Tuple3<String, Integer, Integer>, String>.Context ctx, Collector<String> out) throws Exception {
                        out.collect(left + "可以和" + right + "发生连接");
```

```
                });
        processResult.print();
        env.execute();
    }
}
```
在IDEA中运行该程序，可以得到如下输出结果：
```
(b,1)可以和(b,1,1)发生连接
(b,2)可以和(b,1,1)发生连接
(c,3)可以和(c,2,1)发生连接
```
("b", 1)的下界是-2，上界是2，因此能够和("b", 1)发生连接的数据应该属于时间窗口[-1,3)，("b", 1, 1)这条记录的时间戳是1，正好属于时间窗口[-1,3)，因此("b", 1)和("b", 1, 1)可以发生连接。而("b", 12, 1)的时间戳是12，不属于时间窗口[-1,3)，因此("b", 1)和("b", 12, 1)无法发生连接。

下面讨论间隔连接存在延迟到达数据的情况。新建一个代码文件IntervalJoinWithLateDataDemo.java，内容如下：

```
package cn.edu.xmu;

import org.apache.flink.api.common.eventtime.WatermarkStrategy;
import org.apache.flink.api.common.functions.MapFunction;
import org.apache.flink.api.common.typeinfo.Types;
import org.apache.flink.api.java.tuple.Tuple2;
import org.apache.flink.api.java.tuple.Tuple3;
import org.apache.flink.streaming.api.datastream.DataStreamSource;
import org.apache.flink.streaming.api.datastream.KeyedStream;
import org.apache.flink.streaming.api.datastream.SingleOutputStreamOperator;
import org.apache.flink.streaming.api.environment.StreamExecutionEnvironment;
import org.apache.flink.streaming.api.functions.co.ProcessJoinFunction;
import org.apache.flink.streaming.api.windowing.time.Time;
import org.apache.flink.util.Collector;
import org.apache.flink.util.OutputTag;
import java.time.Duration;

public class IntervalJoinWithLateDataDemo {
    public static void main(String[] args) throws Exception {
        StreamExecutionEnvironment env = StreamExecutionEnvironment.getExecutionEnvironment();
        env.setParallelism(1);
        DataStreamSource<String> sourceDS1 = env.socketTextStream("hadoop01", 9999);
        SingleOutputStreamOperator<Tuple2<String, Integer>> mapDS1 = sourceDS1.map(new MapFunction<String, Tuple2<String, Integer>>() {
            @Override
            public Tuple2<String, Integer> map(String value) throws Exception {
                String[] splitResult = value.split(",");
                return Tuple2.of(splitResult[0], Integer.parseInt(splitResult[1]));
            }
        });
        SingleOutputStreamOperator<Tuple2<String, Integer>> mapDS1WithWatermark = mapDS1.assignTimestampsAndWatermarks(
                WatermarkStrategy
                        .<Tuple2<String, Integer>>forBoundedOutOfOrderness(Duration.ofSeconds(3))
                        .withTimestampAssigner((value, ts) -> value.f1 * 1000L)
        );
```

```java
            DataStreamSource<String> sourceDS2 = env.socketTextStream("hadoop01", 8888);
            SingleOutputStreamOperator<Tuple3<String, Integer, Integer>> mapDS2 = sourceDS2.map(new MapFunction<String, Tuple3<String, Integer, Integer>>() {
                @Override
                public Tuple3<String, Integer, Integer> map(String value) throws Exception {
                    String[] splitResult = value.split(",");
                    return Tuple3.of(splitResult[0], Integer.parseInt(splitResult[1]), Integer.parseInt(splitResult[2]));
                }
            });
            SingleOutputStreamOperator<Tuple3<String, Integer, Integer>> mapDS2WithWatermark = mapDS2.assignTimestampsAndWatermarks(
                    WatermarkStrategy
                            .<Tuple3<String, Integer, Integer>>forBoundedOutOfOrderness(Duration.ofSeconds(3))
                            .withTimestampAssigner((value, ts) -> value.f1 * 1000L)
            );
            // 对两个流分别执行 keyBy 操作
            KeyedStream<Tuple2<String, Integer>, String> keyedStream1 = mapDS1WithWatermark.keyBy(value1 -> value1.f0);
            KeyedStream<Tuple3<String, Integer, Integer>, String> keyedStream2 = mapDS2WithWatermark.keyBy(value2 -> value2.f0);
            // 调用间隔连接
            OutputTag<Tuple2<String, Integer>> keyedStream1LateTag = new OutputTag<>("keyedStream1-late", Types.TUPLE(Types.STRING, Types.INT));
            OutputTag<Tuple3<String, Integer, Integer>> keyedStream2LateTag = new OutputTag<>("keyedStream2-late", Types.TUPLE(Types.STRING, Types.INT, Types.INT));

            SingleOutputStreamOperator<String> processResult = keyedStream1.intervalJoin(keyedStream2)
                    .between(Time.seconds(-2), Time.seconds(2))
                    .sideOutputLeftLateData(keyedStream1LateTag)
                    .sideOutputRightLateData(keyedStream2LateTag)
                    .process(new ProcessJoinFunction<Tuple2<String, Integer>, Tuple3<String, Integer, Integer>, String>() {
                        /**
                         * 只有当两个流的数据可以发生连接时，才会调用 processElement() 方法
                         * @param left 第 1 个流 keyedStream1
                         * @param right 第 2 个流 keyedStream2
                         * @param ctx 上下文
                         * @param out 采集器
                         */
                        @Override
                        public void processElement(Tuple2<String, Integer> left, Tuple3<String, Integer, Integer> right, ProcessJoinFunction<Tuple2<String, Integer>, Tuple3<String, Integer, Integer>, String>.Context ctx, Collector<String> out) throws Exception {
                            out.collect(left + "可以和" + right + "发生连接");
                        }
                    });
            processResult.print("主数据流");
            processResult.getSideOutput(keyedStream1LateTag).printToErr("keyedStream1 延迟到达的数据");
            processResult.getSideOutput(keyedStream2LateTag).printToErr("keyedStream2 延迟到达的数据");
            env.execute();
```

```
        }
    }
```

在 Linux 系统中新建一个终端（这里称这个终端为"NC1 窗口"），执行如下命令运行 NC 程序：

```
$ nc -lk 9999
```

再新建一个终端（这里称这个终端为"NC2 窗口"），执行如下命令运行 NC 程序：

```
$ nc -lk 8888
```

在 IDEA 中运行 IntervalJoinWithLateDataDemo.java 程序。

在 NC1 窗口内输入如下数据（属于流 keyedStream1）：

```
a,3
```

这时，keyedStream1 的水位线是 0（3-3），元素 a 的下界是 1（3-2），上界是 5（3+2）。

在 NC2 窗口内输入如下数据（属于流 keyedStream2）：

```
a,2,3
```

因为 keyedStream2 中元素 a 的时间戳是 2，正好落入 keyedStream1 的第 1 个元素 a 的间隔区间 [1,5)，二者会发生连接，所以，这时 IDEA 中会输出如下信息：

```
主数据流> (a,3)可以和(a,2,3)发生连接
```

在 NC1 窗口内继续输入如下数据（属于流 keyedStream1）：

```
a,9
```

这时，流 keyedStream1 的水位线是 6（9-3），流 keyedStream2 的水位线是-1（2-3），因此，两个流连接以后的流的水位线是二者的较小值，即-1。这个 a 元素的下界是 7（9-2），上界是 11（9+2）。

在 NC2 窗口内继续输入如下数据（属于流 keyedStream2）：

```
a,10,11
```

keyedStream2 中的元素 a 的时间戳是 10，正好落入 keyedStream1 的第 2 个 a 元素的间隔区间，二者会发生连接，因此，这时 IDEA 中会输出如下信息：

```
主数据流> (a,9)可以和(a,10,11)发生连接
```

这时，keyedStream1 的水位线是 6（9-3），keyedStream2 的水位线是 7（10-3），两个流连接以后的流的水位线是二者的较小值，即 6。

在 NC2 窗口内继续输入如下数据（属于流 keyedStream2）：

```
a,4,5
```

这个 a 元素的时间戳是 4，当前连接流的水位线是 6，很显然，这个 a 元素是一个延迟到达的数据。原本这个 a 元素是可以和 keyedStream1 的第 1 个 a 元素发生连接的（因为 4 正好落入间隔区间 [1,5)），但是，由于这是一个延迟到达的数据，二者不会发生连接，这个 a 元素会从侧输出流中输出，因此，这时 IDEA 中会输出如下信息：

```
keyedStream2 延迟到达的数据> (a,4,5)
```

在 NC1 窗口内继续输入如下数据（属于流 keyedStream1）：

```
a,2
```

这个 a 元素的时间戳是 2，当前连接流的水位线是 6，很显然，这个 a 元素是一个延迟到达的数据。原本，这个 a 元素是可以和 keyedStream2 的第 1 个 a 元素发生连接的，但是，由于这是一个延迟到达的数据，二者不会发生连接，这个 a 元素会从侧输出流中输出，因此，这时 IDEA 中会输出如下信息：

```
keyedStream1 延迟到达的数据> (a,2)
```

5.8 状态编程

在传统的批处理中，数据划分为块分片，每一个任务处理一个分片。当分片处理完成后，把输

出聚合起来就是最终的结果。这个过程对于状态的要求还是比较低的。但是，对于流计算而言，它对状态有非常高的要求，因为流系统输入的是一个无限制的流，会运行很长一段时间，甚至运行几天或者几个月都不会停机。在这个过程当中，就需要把状态数据很好地管理起来。在目前市场上已有的产品中，除了 Flink 以外的其他传统的流计算系统，对状态管理的支持并不是很完善（比如，Storm 没有任何对程序状态管理的支持）。Flink 做到了高效的流计算状态管理，提供了丰富的状态访问功能和高效的容错机制。

5.8.1 状态的定义

状态在 Flink 中叫作 State，用来保存中间计算结果或者缓存数据。有状态的流计算是流处理框架要实现的重要功能，因为稍复杂的流处理场景都需要记录状态，然后在新流入数据的基础上不断更新状态。下面的 3 个场景都需要使用流处理框架的有状态的流计算功能。

（1）求和。对一个时间窗口内的数据进行聚合分析，分析 1h 内某项指标的 75 分位或 99 分位的数值。

（2）去重。数据流中的数据有重复，想对重复数据去重，就需要记录哪些数据流入过应用，当新数据流入时，根据流入过应用的数据来判断、去重。

（3）模式检测。检测输入流是否符合某个特定的模式，需要将之前流入的元素以状态的形式缓存。比如，判断一个温度传感器数据流中的温度是否在持续上升。

一个状态更新和获取的流程如图 5-27 所示。一个算子子任务接收输入流，获取对应的状态，根据新的计算结果更新状态并输出结果。一个简单的实例是对一个时间窗口内输入流的某个整数字段求和，那么当算子子任务接收到新数据时，会获取已经存储在状态中的数值，然后将当前输入加到状态上，并将状态数据更新，最后输出结果。

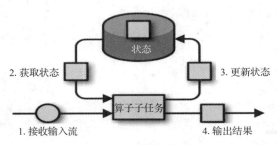

图 5-27　一个状态更新和获取的流程

5.8.2 状态的类型

Flink 有两种基本类型的状态：托管状态（Managed State）和原生状态（Raw State）。从名称中也能看出两者的区别：托管状态是由 Flink 管理的，Flink 帮忙存储、恢复和优化；原生状态是由开发者自己管理的，需要自己序列化。一般而言，我们只需要学习托管状态的用法，原生状态很少使用。

托管状态又包含两种类型的状态：算子状态（Operator State）和键控状态（Keyed State）。

算子状态的作用范围限定为算子子任务（见图 5-28）。这意味着由同一并行任务所处理的所有数据都可以访问相同的状态，状态对于同一并行任务而言是共享的。算子状态不能由相同或不同算子的另一个子任务访问。

键控状态是根据输入数据流中定义的 Key（键）来维护和访问的（见图 5-29）。Flink 为每个 Key 维护一个状态实例，并将具有相同 Key 的所有数据都分区到同一个算子子任务中，这个任务会维护和处理这个 Key 对应的状态。当任务处理一条数据时，它会自动将状态的访问范围限定为当前数据的 Key。因此，具有相同 Key 的所有数据都会访问相同的状态。键控状态类似于一个分布式的键值（Key-Value）对映射数据结构，只能用于 KeyedStream（keyBy 算子处理之后）。

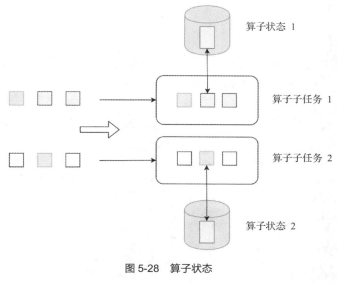

图 5-28　算子状态

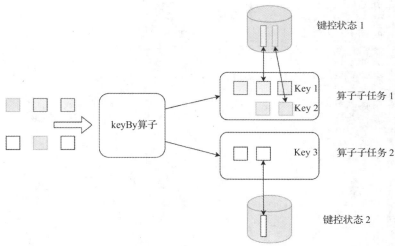

图 5-29　键控状态

无论是键控状态还是算子状态，Flink 的状态都是基于本地的，即每个算子子任务都维护着自己所对应的状态存储，算子子任务之间不能相互访问状态。表 5-19 给出了键控状态和算子状态的区别。

表 5-19　键控状态和算子状态的区别

项目类型	键控状态	算子状态
适用算子类型	只适用于 KeyedStream 上的算子	适用于所有算子
状态分配	每个 Key 对应一个状态	一个算子子任务对应一个状态
创建和访问方式	重写 Rich Function，通过里面的 RuntimeContext 访问	实现 CheckpointedFunction 等接口
横向扩展	状态随着 Key 自动在多个算子子任务上迁移	有多种状态重新分配的方式
支持的数据结构	ValueState、ListState、MapState、ReducingState、AggregatingState 等	ListState、BroadcastState 等

算子状态的实际应用场景不如键控状态的多，一般用在数据源或数据输出等与外部系统连接的算子上，或者完全没有 Key 定义的场景。因此，这里不对算子状态进行介绍，下面只介绍键控状态。

5.8.3 键控状态

键控状态包括值状态（ValueState）、列表状态（ListState）、映射状态（MapState）、归约状态（ReducingState）、聚合状态（AggregatingState）。

1. ValueState

ValueState 就是类型为 T 的单值状态，可以使用 update(T)方法进行更新，并通过 value()方法获取状态值。

下面编写一个程序 KeyedValueStateDemo.java，它会对当前每只股票的交易价格进行实时监测，一旦发现某只股票前后两次交易价格的差值超过阈值，就会发出警告并输出该只股票前后两次的交易价格。程序的具体代码如下：

```java
package cn.edu.xmu;

import org.apache.flink.api.common.eventtime.WatermarkStrategy;
import org.apache.flink.api.common.state.ValueState;
import org.apache.flink.api.common.state.ValueStateDescriptor;
import org.apache.flink.api.common.typeinfo.Types;
import org.apache.flink.configuration.Configuration;
import org.apache.flink.streaming.api.datastream.DataStreamSource;
import org.apache.flink.streaming.api.datastream.SingleOutputStreamOperator;
import org.apache.flink.streaming.api.environment.StreamExecutionEnvironment;
import org.apache.flink.streaming.api.functions.KeyedProcessFunction;
import org.apache.flink.util.Collector;
import java.time.Duration;

public class KeyedValueStateDemo {
    public static void main(String[] args) throws Exception {
        StreamExecutionEnvironment env = StreamExecutionEnvironment.getExecutionEnvironment();
        env.setParallelism(1);
        DataStreamSource<String> source = env.socketTextStream("hadoop01", 9999);
        SingleOutputStreamOperator<StockPrice> stockPriceDS = source.map(s -> {
            String[] element = s.split(",");
            return new StockPrice(element[0], Long.valueOf(element[1]), Double.valueOf(element[2]));
        });
        SingleOutputStreamOperator<StockPrice> stockPriceDSWithWatermark = stockPriceDS.assignTimestampsAndWatermarks(
                WatermarkStrategy
                        .<StockPrice>forBoundedOutOfOrderness(Duration.ofSeconds(3))
                        .withTimestampAssigner((element, recordTimestamp) -> element.getTimeStamp() * 1000L)
        );
        SingleOutputStreamOperator<String> resultDS = stockPriceDSWithWatermark.keyBy(stockPrice -> stockPrice.getStockId())
                .process(new KeyedProcessFunction<String, StockPrice, String>() {
                    // 定义状态
                    ValueState<Double> lastPriceState;

                    @Override
```

```java
                    public void open(Configuration parameters) throws Exception {
                        super.open(parameters);
                        // 初始化状态
                        // ValueStateDescriptor 有两个参数，第 1 个参数表示名称，第 2 个参数表示存储
的数据类型
                        lastPriceState = getRuntimeContext().getState(new ValueStateDescriptor
<Double>("lastPriceState", Types.DOUBLE));
                    }

                    @Override
                    public void processElement(StockPrice value, KeyedProcessFunction
<String, StockPrice, String>.Context ctx, Collector<String> out) throws Exception {
                        // 取出上一条数据的股票交易价格
                        double lastPrice =
   lastPriceState.value()==null?0.0:lastPriceState.value();
                        double currentPrice = value.getPrice();
                        // 求出两次交易价格的差值，判断是否超过 5
                        if (Math.abs(currentPrice - lastPrice) > 5) {
                            out.collect("股票 ID 是" + value.getStockId() + ", 当前股票交易价格
=" + currentPrice + ", 上一次股票交易价格=" + lastPrice + ", 二者差值大于 5");
                        }
                        // 把状态里面的股票交易价格更新为当前这条数据的股票交易价格
                        lastPriceState.update(currentPrice);
                    }
                });
        resultDS.print();
        env.execute();
    }
}
```

在 Linux 终端中启动 NC 程序，然后在 IDEA 中启动程序 KeyedValueStateDemo.java，再在 NC 窗口中输入如下数据：

s1,1,1

这时，IDEA 中不会输出任何信息。然后在 NC 窗口中输入如下数据：

s1,2,3

因为前后两次股票交易价格差值是 2，没有超过 5，所以 IDEA 中不会输出任何信息。然后，在 NC 窗口中输入如下数据：

s1,3,9

这时，前后两次股票交易价格差值是 6，超过 5，所以 IDEA 中会输出如下信息：

股票 ID 是 s1,当前股票交易价格=9.0,上一次股票交易价格=3.0,二者差值大于 5

再在 NC 窗口中输入如下数据：

s2,1,1

这时，虽然前后两次股票交易价格差值是 8，但是，这两次交易价格属于两只不同的股票，因此 IDEA 中不会输出任何信息。再在 NC 窗口中输入如下数据：

s2,2,7

这时，前后两次股票交易价格差值是 6，超过 5，并且这两次交易价格属于同一只股票，所以 IDEA 中会输出如下信息：

股票 ID 是 s2,当前股票交易价格=7.0,上一次股票交易价格=1.0,二者差值大于 5

2. ListState

ListState 是存储列表（List）类型的状态，它提供了以下方法。

（1）get()方法。获取值。
（2）add(IN value)和addAll(List values)方法。更新值。
（3）update(List values)方法。用新列表替换原来的列表。
（4）clear()方法。清空列表，列表还存在，但是没有元素。

下面编写一个程序KeyedListStateDemo.java，它会对接收到的股票数据进行排序，始终只保留每只股票最高的3次股票交易价格。程序的具体代码如下：

```java
package cn.edu.xmu;

import org.apache.flink.api.common.eventtime.WatermarkStrategy;
import org.apache.flink.api.common.state.ListState;
import org.apache.flink.api.common.state.ListStateDescriptor;
import org.apache.flink.api.common.typeinfo.Types;
import org.apache.flink.configuration.Configuration;
import org.apache.flink.streaming.api.datastream.DataStreamSource;
import org.apache.flink.streaming.api.datastream.SingleOutputStreamOperator;
import org.apache.flink.streaming.api.environment.StreamExecutionEnvironment;
import org.apache.flink.streaming.api.functions.KeyedProcessFunction;
import org.apache.flink.util.Collector;
import java.time.Duration;
import java.util.ArrayList;
import java.util.List;

public class KeyedListStateDemo {
    public static void main(String[] args) throws Exception {
        StreamExecutionEnvironment env = StreamExecutionEnvironment.getExecutionEnvironment();
        env.setParallelism(1);
        DataStreamSource<String> source = env.socketTextStream("hadoop01", 9999);
        SingleOutputStreamOperator<StockPrice> stockPriceDS = source.map(s -> {
            String[] element = s.split(",");
            return new StockPrice(element[0], Long.valueOf(element[1]), Double.valueOf(element[2]));
        });
        SingleOutputStreamOperator<StockPrice> stockPriceDSWithWatermark = stockPriceDS.assignTimestampsAndWatermarks(
                WatermarkStrategy
                        .<StockPrice>forBoundedOutOfOrderness(Duration.ofSeconds(3))
                        .withTimestampAssigner((element, recordTimestamp) -> element.getTimeStamp() * 1000L)
        );
        SingleOutputStreamOperator<String> resultDS = stockPriceDSWithWatermark.keyBy(stockPrice -> stockPrice.getStockId())
                .process(new KeyedProcessFunction<String, StockPrice, String>() {
                    ListState<Double> stockPirceListState;
                    @Override
                    public void open(Configuration parameters) throws Exception {
                        super.open(parameters);
                        // 初始化状态
                        // ListStateDescriptor有两个参数，第1个参数表示名称，第2个参数表示存储的数据类型
                        stockPirceListState = getRuntimeContext().getListState(new ListStateDescriptor<Double>("stockPirceListState", Types.DOUBLE));
                    }
                    @Override
```

```
                            public void processElement(StockPrice value, KeyedProcess
Function<String, StockPrice, String>.Context ctx, Collector<String> out) throws Exception {
                            // 新到达一条数据,将其保存到ListState中
                            stockPirceListState.add(value.getPrice());
                            // 从 ListState 中取出数据进行排序,只保留排序为前 3 的数据,更新
ListState
                            Iterable<Double> stockPriceListIterable = stockPirceList
State.get();
                            // 把 ListState 中的数据复制到一个新的列表中
                            List<Double> stockPriceList = new ArrayList<>();
                            for(Double stockPrice : stockPriceListIterable){
                                stockPriceList.add(stockPrice);
                            }
                            // 对列表中的元素进行降序排序
                            stockPriceList.sort((t1,t2)-> (int) (t2-t1));
                            // 只保留列表中的前 3 个元素
                            if(stockPriceList.size()>3){
                                stockPriceList.remove(3); // 清除第 4 个元素
                            }
                            out.collect("股票 ID 是" + value.getStockId() + ",最高的 3 次股
票交易价格是: "+stockPriceList.toString());
                            // 更新 ListState 中的数据
                            stockPirceListState.update(stockPriceList);
                        }
                    }
                );
        resultDS.print();
        env.execute();
    }
}
```

在 Linux 终端中启动 NC 程序,然后在 IDEA 中启动程序 KeyedListStateDemo.java,再在 NC 窗口中输入如下数据:

```
s1,1,1
s1,2,2
s1,3,3
s1,4,4
```

在 IDEA 会输出如下信息:

股票 ID 是 s1,最高的 3 次股票交易价格是: [1.0]
股票 ID 是 s1,最高的 3 次股票交易价格是: [2.0, 1.0]
股票 ID 是 s1,最高的 3 次股票交易价格是: [3.0, 2.0, 1.0]
股票 ID 是 s1,最高的 3 次股票交易价格是: [4.0, 3.0, 2.0]

3. MapState

MapState 用于维护映射(Map)类型的状态,常用的方法如下。
(1) get()方法。获取值。
(2) put()和 putAll()方法。更新值。
(3) remove()方法。删除某个 Key。
(4) contains()方法。判断是否存在某个 Key。
(5) isEmpty()方法。判断是否为空。

下面编写一个程序 KeyedMapStateDemo.java,它会对接收到的股票数据进行统计,统计出每只

股票每种交易价格出现的次数。程序的具体代码如下：

```java
package cn.edu.xmu;

import org.apache.flink.api.common.eventtime.WatermarkStrategy;
import org.apache.flink.api.common.state.MapState;
import org.apache.flink.api.common.state.MapStateDescriptor;
import org.apache.flink.api.common.typeinfo.Types;
import org.apache.flink.configuration.Configuration;
import org.apache.flink.streaming.api.datastream.DataStreamSource;
import org.apache.flink.streaming.api.datastream.SingleOutputStreamOperator;
import org.apache.flink.streaming.api.environment.StreamExecutionEnvironment;
import org.apache.flink.streaming.api.functions.KeyedProcessFunction;
import org.apache.flink.util.Collector;
import java.time.Duration;
import java.util.Map;

public class KeyedMapStateDemo {
    public static void main(String[] args) throws Exception {
        StreamExecutionEnvironment env = StreamExecutionEnvironment.getExecutionEnvironment();
        env.setParallelism(1);
        DataStreamSource<String> source = env.socketTextStream("localhost", 9999);
        SingleOutputStreamOperator<StockPrice> stockPriceDS = source.map(s -> {
            String[] element = s.split(",");
            return new StockPrice(element[0], Long.valueOf(element[1]), Double.valueOf(element[2]));
        });
        SingleOutputStreamOperator<StockPrice> stockPriceDSWithWatermark = stockPriceDS.assignTimestampsAndWatermarks(
                WatermarkStrategy
                        .<StockPrice>forBoundedOutOfOrderness(Duration.ofSeconds(3))
                        .withTimestampAssigner((element, recordTimestamp) -> element.getTimeStamp() * 1000L)
        );
        SingleOutputStreamOperator<String> resultDS = stockPriceDSWithWatermark.keyBy(stockPrice -> stockPrice.getStockId())
                .process(new KeyedProcessFunction<String, StockPrice, String>() {
                    // 定义状态
                    MapState<Double,Integer> stockPriceCountMapState;

                    @Override
                    public void open(Configuration parameters) throws Exception {
                        super.open(parameters);
                        // 初始化状态
                        // MapStateDescriptor有3个参数，第1个参数表示名称，第2个参数表示Map的Key的数据类型，第3个参数表示Map的Value的数据类型
                        stockPriceCountMapState = getRuntimeContext().getMapState(new MapStateDescriptor<Double,Integer>("stockPriceCountMapState",Types.DOUBLE,Types.INT));
                    }

                    @Override
                    public void processElement(StockPrice value, KeyedProcessFunction<String, StockPrice, String>.Context ctx, Collector<String> out) throws Exception {
                        // 获得一条数据以后，首先判断该数据表示的股票交易价格对应的Key是否存在
                        Double stockPrice = value.getPrice();
```

```
                                if(stockPriceCountMapState.contains(stockPrice)){
                                    // 如果存在与该数据表示的股票交易价格对应的 Key，就把对应的 Map 的 Value 增
加 1
                                    Integer count = stockPriceCountMapState.get(stockPrice);
                                    count = count + 1;
                                    stockPriceCountMapState.put(stockPrice,count);
                                }else{
                                    // 如果不存在与该数据表示的股票交易价格对应的 Key，就在 Map 中新建一个
Key-Value 对
                                    stockPriceCountMapState.put(stockPrice,1);
                                }
                                StringBuilder outString = new StringBuilder();
                                outString.append("股票 ID 是"+value.getStockId()+"\n");
                                // 遍历 MapState，输出 Map 中的每个 Key-Value 对
                                for (Map.Entry<Double, Integer> stockPriceCount : stockPriceCount
MapState.entries()) {
                                    outString.append("交易价格是:"+stockPriceCount.getKey()+", 该交易
价格出现次数是:"+stockPriceCount.getValue()+"\n");
                                }
                                out.collect(outString.toString());
                            }
                        });
        resultDS.print();
        env.execute();
    }
}
```

在 Linux 终端中启动 NC 程序，然后在 IDEA 中启动程序 KeyedMapStateDemo.java，再在 NC 窗口中输入如下数据：

```
s1,1,1
s1,2,1
s1,3,1
s2,1,1
s2,2,1
```

IDEA 会输出如下信息：

```
股票 ID 是 s1
交易价格是:1.0, 该交易价格出现次数是:1
股票 ID 是 s1
交易价格是:1.0, 该交易价格出现次数是:2
股票 ID 是 s1
交易价格是:1.0, 该交易价格出现次数是:3
股票 ID 是 s2
交易价格是:1.0, 该交易价格出现次数是:1
股票 ID 是 s2
交易价格是:1.0, 该交易价格出现次数是:2
```

4. ReducingState

ReducingState 是和 ReduceFunction 配合使用的，它主要提供了两个方法。

（1）get()方法。获取状态的值。

（2）add()方法。添加一个元素，触发 ReduceFunction 计算一次，并将结果合并到一个单一的状态值。

下面编写一个程序 KeyedReducingStateDemo.java，它会对接收到的股票数据进行计算，计算出每只股票的所有交易价格总和。程序的具体代码如下：

```java
package cn.edu.xmu;

import org.apache.flink.api.common.eventtime.WatermarkStrategy;
import org.apache.flink.api.common.state.ReducingState;
import org.apache.flink.api.common.state.ReducingStateDescriptor;
import org.apache.flink.api.common.typeinfo.Types;
import org.apache.flink.configuration.Configuration;
import org.apache.flink.streaming.api.datastream.DataStreamSource;
import org.apache.flink.streaming.api.datastream.SingleOutputStreamOperator;
import org.apache.flink.streaming.api.environment.StreamExecutionEnvironment;
import org.apache.flink.streaming.api.functions.KeyedProcessFunction;
import org.apache.flink.util.Collector;
import java.time.Duration;

public class KeyedReducingStateDemo {
    public static void main(String[] args) throws Exception {
        StreamExecutionEnvironment env = StreamExecutionEnvironment.getExecutionEnvironment();
        env.setParallelism(1);
        DataStreamSource<String> source = env.socketTextStream("localhost", 9999);
        SingleOutputStreamOperator<StockPrice> stockPriceDS = source.map(s -> {
            String[] element = s.split(",");
            return new StockPrice(element[0], Long.valueOf(element[1]), Double.valueOf(element[2]));
        });
        SingleOutputStreamOperator<StockPrice> stockPriceDSWithWatermark = stockPriceDS.assignTimestampsAndWatermarks(
                WatermarkStrategy
                        .<StockPrice>forBoundedOutOfOrderness(Duration.ofSeconds(3))
                        .withTimestampAssigner((element, recordTimestamp) -> element.getTimeStamp() * 1000L)
        );
        SingleOutputStreamOperator<String> resultDS = stockPriceDSWithWatermark.keyBy(stockPrice -> stockPrice.getStockId())
                .process(new KeyedProcessFunction<String, StockPrice, String>() {
                    // 定义状态
                    ReducingState<Double> stockPriceSumReducingState;

                    @Override
                    public void open(Configuration parameters) throws Exception {
                        super.open(parameters);
                        // 初始化状态
                        stockPriceSumReducingState = getRuntimeContext().getReducingState(
                                new ReducingStateDescriptor<Double>(
                                        "stockPriceSumReducingState", //名称
                                        (value1,value2)->value1+value2, // 匿名函数
                                        Types.DOUBLE //输出数据类型
                                )
                        );
                    }

                    @Override
```

```
                        public void processElement(StockPrice value, KeyedProcessFunction
<String, StockPrice, String>.Context ctx, Collector<String> out) throws Exception {
                    // 到达一条数据就将其添加到ReducingState中
                    stockPriceSumReducingState.add(value.getPrice());
                    out.collect("股票ID是:"+value.getStockId()+", 股票交易价格总和是:
"+stockPriceSumReducingState.get());
                }
            });
        resultDS.print();
        env.execute();
    }
}
```

在 Linux 终端中启动 NC 程序，然后在 IDEA 中启动程序 KeyedReducingStateDemo.java，再在 NC 窗口中输入如下数据：

```
s1,1,3
s1,2,5
s1,3,4
s2,1,7
s2,2,9
```

IDEA 会输出如下信息：

股票ID是:s1, 股票交易价格总和是: 3.0
股票ID是:s1, 股票交易价格总和是: 8.0
股票ID是:s1, 股票交易价格总和是: 12.0
股票ID是:s2, 股票交易价格总和是: 7.0
股票ID是:s2, 股票交易价格总和是: 16.0

5. AggregatingState

AggregatingState 和 ReducingState 不同，它聚合的可以是不同的元素类型，并且输入和输出的类型也可以不同。AggregatingState 使用 add()方法添加元素，并使用 AggregateFunction 函数计算聚合结果。

下面编写一个程序 KeyedAggregatingStateDemo.java，它会对接收到的股票数据进行计算，计算出每只股票的平均交易价格。程序的具体代码如下：

```
package cn.edu.xmu;

import org.apache.flink.api.common.eventtime.WatermarkStrategy;
import org.apache.flink.api.common.functions.AggregateFunction;
import org.apache.flink.api.common.state.AggregatingState;
import org.apache.flink.api.common.state.AggregatingStateDescriptor;
import org.apache.flink.api.common.typeinfo.Types;
import org.apache.flink.api.java.tuple.Tuple2;
import org.apache.flink.configuration.Configuration;
import org.apache.flink.streaming.api.datastream.DataStreamSource;
import org.apache.flink.streaming.api.datastream.SingleOutputStreamOperator;
import org.apache.flink.streaming.api.environment.StreamExecutionEnvironment;
import org.apache.flink.streaming.api.functions.KeyedProcessFunction;
import org.apache.flink.util.Collector;
import java.time.Duration;

public class KeyedAggregatingStateDemo {
    public static void main(String[] args) throws Exception {
        StreamExecutionEnvironment env = StreamExecutionEnvironment.getExecutionEnvironment();
        env.setParallelism(1);
```

```java
            DataStreamSource<String> source = env.socketTextStream("localhost", 9999);
            SingleOutputStreamOperator<StockPrice> stockPriceDS = source.map(s -> {
                String[] element = s.split(",");
                return new StockPrice(element[0], Long.valueOf(element[1]), Double.valueOf(element[2]));
            });
            SingleOutputStreamOperator<StockPrice> stockPriceDSWithWatermark = stockPriceDS.assignTimestampsAndWatermarks(
                    WatermarkStrategy
                            .<StockPrice>forBoundedOutOfOrderness(Duration.ofSeconds(3))
                            .withTimestampAssigner((element, recordTimestamp) -> element.getTimeStamp() * 1000L)
            );
            SingleOutputStreamOperator<String> resultDS = stockPriceDSWithWatermark.keyBy(stockPrice -> stockPrice.getStockId())
                    .process(new KeyedProcessFunction<String, StockPrice, String>() {
                        // 定义状态
                        //AggregatingState 有两个参数, 第 1 个参数表示输入数据的类型, 第 2 个参数表示输出数据的类型
                        AggregatingState<Double,Double> stockPriceAvgAggregatingState;

                        @Override
                        public void open(Configuration parameters) throws Exception {
                            super.open(parameters);
                            // 初始化状态
                            stockPriceAvgAggregatingState = getRuntimeContext()
                                    // AggregatingStateDescriptor 有 3 个参数, 分别表示输入数据的类型、累加器的类型和输出数据的类型
                                    .getAggregatingState(new AggregatingStateDescriptor<Double, Tuple2<Double,Integer>, Double>(
                                            "stockPriceAvgAggregatingState", // 名称
                                            new AggregateFunction<Double, Tuple2<Double, Integer>, Double>() {
                                                @Override
                                                public Tuple2<Double, Integer> createAccumulator() {
                                                    return Tuple2.of(0.0,0); // 初始化累加器
                                                }

                                                @Override
                                                public Tuple2<Double, Integer> add(Double value, Tuple2<Double, Integer> accumulator) {
                                                    return Tuple2.of(accumulator.f0+value,accumulator.f1+1);
                                                }

                                                @Override
                                                public Double getResult(Tuple2<Double, Integer> accumulator) {
                                                    return accumulator.f0/accumulator.f1;
                                                }

                                                @Override
                                                public Tuple2<Double, Integer> merge(Tuple2<Double, Integer> a, Tuple2<Double, Integer> b) {
                                                    return Tuple2.of(a.f0+b.f0,a.f1+b.f1);
```

```
                                }
                            },
                            Types.TUPLE(Types.DOUBLE, Types.INT)  // 累加器的类型
                        ));

                    @Override
                    public void processElement(StockPrice value, KeyedProcessFunction
<String, StockPrice, String>.Context ctx, Collector<String> out) throws Exception {
                        // 收到一条数据以后,把该数据表示的股票交易价格添加到AggregatingState中
                        stockPriceAvgAggregatingState.add(value.getPrice());
                        // 从AggregatingState中读取结果
                        Double stockPriceAvg = stockPriceAvgAggregatingState.get();
                        out.collect("股票ID是: "+value.getStockId()+", 该股票的平均交易价格是:
"+stockPriceAvg);
                    }
                });
        resultDS.print();
        env.execute();
    }
}
```

在 Linux 终端中启动 NC 程序,然后在 IDEA 中启动程序 KeyedAggregatingStateDemo.java,再在 NC 窗口中输入如下数据:

```
s1,1,1
s1,2,2
s1,3,3
s2,4,4
```

IDEA 会输出如下信息:

```
股票ID是: s1, 该股票的平均交易价格是: 1.0
股票ID是: s1, 该股票的平均交易价格是: 1.5
股票ID是: s1, 该股票的平均交易价格是: 2.0
股票ID是: s2, 该股票的平均交易价格是: 4.0
```

5.9 处理函数

前面介绍的流处理 API,无论是基本的转换、聚合,还是更为复杂的窗口操作,其实都是基于 DataStream 进行的,所以可以将其统称为 DataStream API,这也是 Flink 编程的核心。实际上,为了让代码有更强的表现力和易用性,Flink 本身提供了多层 API,DataStream API 只是中间的一层。在多层 API 的更底层,我们可以不定义任何具体的转换算子(比如 map、filter 或者 window),而是只提炼出一个统一的"process"(处理)操作,它是所有转换算子的一个概括性的表达,可以自定义处理逻辑,这一层接口被称为"处理函数"(Process Function)。

处理函数主要定义数据流的转换操作,所以也可以把它归类在转换算子中。在 Flink 中,几乎所有转换算子都提供了对应的函数类接口,处理函数也不例外,它所提供的对应的函数类接口是 ProcessFunction。

5.9.1 处理函数的功能和作用

ProcessFunction 可以被认为是一种提供了对 KeyedState 和定时器访问的 FlatMapFunction。每当

输入流接收到一个事件时，就会调用此函数来处理。对于容错的状态，ProcessFunction 可以通过 RuntimeContext 访问 KeyedState，类似于其他有状态函数访问 KeyedState。定时器可以对处理时间和事件时间的变化做一些处理。每次调用 processElement() 都可以获得一个 Context 对象，通过该对象可以访问元素的事件时间戳以及 TimerService。TimerService 可以为尚未发生的处理时间或事件时间实例注册回调。当定时器到达某个时刻时，会调用 onTimer() 方法。

5.9.2 处理函数的分类

Flink 中的处理函数其实是一个大家族，ProcessFunction 只是其中的一员。DataStream 在调用一些转换方法之后，有可能得到新的流类型。例如，调用 keyBy() 之后得到 KeyedStream，进而在调用 window() 之后得到 WindowedStream。对于不同类型的流，其实都可以直接调用 process() 方法进行自定义处理，这时传入的参数都叫作处理函数。

Flink 提供了 8 个不同的处理函数。

（1）ProcessFunction。最基本的处理函数之一，当 DataStream 直接调用 process() 时作为参数传入。

（2）KeyedProcessFunction。对流进行按 Key 分区后的处理函数，当 KeyedStream 调用 process() 时作为参数传入。

（3）ProcessWindowFunction。开窗之后的处理函数，也是全窗口函数的代表，当 WindowedStream 调用 process() 时作为参数传入。

（4）ProcessAllWindowFunction。同样是开窗之后的处理函数，当 AllWindowedStream 调用 process() 时作为参数传入。

（5）CoProcessFunction。合并两个流之后的处理函数，当 ConnectedStreams 调用 process() 时作为参数传入。

（6）ProcessJoinFunction。间隔连接两个流之后的处理函数，当 IntervalJoinedStream 调用 process() 时作为参数传入。

（7）BroadcastProcessFunction。广播连接流处理函数，当 BroadcastConnectedStream 调用 process() 时作为参数传入。

（8）KeyedBroadcastProcessFunction。按 Key 分区的广播连接流处理函数，同样是当 BroadcastConnectedStream 调用 process() 时作为参数传入。

5.9.3 KeyedProcessFunction

1. 概述

在 Flink 程序中，为了实现数据的聚合统计或者开窗计算之类的功能，一般要先用 keyBy 算子对数据流进行"按 Key 分区"，得到一个 KeyedStream。也就是指定一个 Key，按照它的哈希值将数据分成不同的"区"，然后分配到不同的并行子任务上执行计算。这相当于做了一个逻辑分流的操作，从而可以充分利用并行计算的优势实时处理海量数据。所以一般情况下，都是先对数据流进行按 Key 分区，再定义处理操作，代码中更加常见的处理函数是 KeyedProcessFunction，基本的 ProcessFunction 反而使用频率没有那么高。

KeyedProcessFunction 的一个特色，就是可以灵活地使用定时器（Timer）。定时器是处理函数中进行时间相关操作的主要机制。onTimer() 方法可以实现定时处理的逻辑，定时器能触发的前提，就是之前注册过定时器并且现在已经到了触发时间。注册定时器的功能是通过上下文中提供的"定时服务"（TimerService）来实现的。

TimerService 是 Flink 关于时间和定时器的基础服务接口，包含以下 6 个方法：

```
// 获取当前的处理时间
```

```
long currentProcessingTime();
// 获取当前的水位线（事件时间）
long currentWatermark();
// 注册处理时间定时器，当处理时间超过 time 时触发
void registerProcessingTimeTimer(long time);
// 注册事件时间定时器，当事件时间超过 time 时触发
void registerEventTimeTimer(long time);
// 删除触发时间为 time 的处理时间定时器
void deleteProcessingTimeTimer(long time);
// 删除触发时间为 time 的事件时间定时器
void deleteEventTimeTimer(long time);
```

这6个方法可以分成两大类：基于处理时间和基于事件时间。这6个方法对应的操作主要有3个：获取当前时间、注册定时器以及删除定时器。需要注意，尽管处理函数可以直接访问TimerService，但是，只有基于KeyedStream的处理函数才能调用对应注册和删除定时器操作的方法，未进行按Key分区的DataStream不支持定时器操作，只能获取当前时间。

对于基于处理时间和基于事件时间这两种类型的定时器，TimerService内部会用一个优先队列将它们的时间戳（TimeStamp）保存起来，排队等待执行。可以认为，定时器其实是KeyedStream上处理算子的一个状态，它以时间戳作为区分。所以，TimerService会以Key和时间戳为标准，对定时器进行去重，也就是说，对于每个Key和时间戳最多只有一个定时器，如果注册了多次，onTimer()方法也将只被调用一次。这样就可以对一个Key多次注册定时器，而不用担心重复注册，因为一个时间戳上的定时器只会触发一次。

2. 处理时间语义下的 KeyedProcessFunction

这里给出一个采用处理时间的 KeyedProcessFunction 的实例。新建代码文件 ProcessingTimeTimerDemo，内容如下：

```
package cn.edu.xmu;

import org.apache.flink.streaming.api.datastream.DataStreamSource;
import org.apache.flink.streaming.api.datastream.SingleOutputStreamOperator;
import org.apache.flink.streaming.api.environment.StreamExecutionEnvironment;
import org.apache.flink.streaming.api.functions.KeyedProcessFunction;
import org.apache.flink.util.Collector;
import java.sql.Timestamp;

public class ProcessingTimeTimerDemo {
    public static void main(String[] args) throws Exception {
        StreamExecutionEnvironment env = StreamExecutionEnvironment.getExecutionEnvironment();
        env.setParallelism(1);
        // 在处理时间语义下，不需要分配时间戳和水位线
        DataStreamSource<String> source = env.socketTextStream("hadoop01", 9999);
        SingleOutputStreamOperator<StockPrice> stockPriceDS = source.map(s -> {
            String[] element = s.split(",");
            return new StockPrice(element[0], Long.valueOf(element[1]), Double.valueOf(element[2]));
        });
        // 要用定时器，必须基于 KeyedStream
        stockPriceDS.keyBy(value -> value.getStockId())
                // KeyedProcessFunction 的第1个参数表示 Key 的类型，第2个参数表示输入数据的类型，第3个参数表示输出数据的类型
                .process(new KeyedProcessFunction<String, StockPrice, String>() {
```

```
                @Override
                public void processElement(StockPrice value, Context ctx, Collector
<String> out) throws Exception {
                    Long currTs = ctx.timerService().currentProcessingTime();
                    out.collect("数据到达, 到达时间: " + new Timestamp(currTs));
                    // 注册一个10s后的定时器
                    ctx.timerService().registerProcessingTimeTimer(currTs + 10 * 1000L);
                }
                @Override
                public void onTimer(long timestamp, OnTimerContext ctx, Collector
<String> out) throws Exception {
                    out.collect("定时器触发, 触发时间: " + new Timestamp(timestamp));
                }
        }).print();
        env.execute();
    }
}
```

在 Linux 系统中新建一个终端,运行 NC 程序,然后在 IDEA 中运行上面的程序。在 NC 窗口中输入如下数据:

```
s1,1,1
```

这时,IDEA 中会输出如下数据:

```
数据到达, 到达时间: 2023-09-03 21:49:38.72
```

几秒以后,因为 10s 后的定时器被触发,IDEA 中会继续输出如下数据:

```
定时器触发, 触发时间: 2023-09-03 21:49:48.72
```

3. 事件时间语义下的 KeyedProcessFunction

新建一个代码文件 ClickEvent.java,内容如下:

```java
package cn.edu.xmu;

public class ClickEvent {
    public String name;
    public String url;
    public Long myTimeStamp;

    // 一定要提供一个空参的构造器(反射的时候要使用)
    public ClickEvent() {
    }
    public ClickEvent(String name, String url, Long myTimeStamp) {
        this.name = name;
        this.url = url;
        this.myTimeStamp = myTimeStamp;
    }
    public String getName() {
        return name;
    }
    public void setName(String name) {
        this.name = name;
    }
    public String getUrl() {
        return url;
    }
    public void setUrl(String url) {
        this.url = url;
```

```java
        }
        public Long getMyTimeStamp() {
            return myTimeStamp;
        }
        public void setMyTimeStamp(Long myTimeStamp) {
            this.myTimeStamp = myTimeStamp;
        }
        @Override
        public String toString() {
            return "ClickEvent{" +
                    "name=" + name +
                    ", url='" + url + '\'' +
                    ", myTimeStamp=" + myTimeStamp +
                    '}';
        }
    }
```

新建一个代码文件 EventTimeTimerDemo.java,内容如下：
```java
package cn.edu.xmu;

import org.apache.flink.api.common.eventtime.SerializableTimestampAssigner;
import org.apache.flink.api.common.eventtime.WatermarkStrategy;
import org.apache.flink.streaming.api.datastream.SingleOutputStreamOperator;
import org.apache.flink.streaming.api.environment.StreamExecutionEnvironment;
import org.apache.flink.streaming.api.functions.KeyedProcessFunction;
import org.apache.flink.streaming.api.functions.source.SourceFunction;
import org.apache.flink.util.Collector;

public class EventTimeTimerDemo {
    public static void main(String[] args) throws Exception {
        StreamExecutionEnvironment env = StreamExecutionEnvironment.getExecutionEnvironment();
        env.setParallelism(1);
        SingleOutputStreamOperator<ClickEvent> stream = env.addSource(new CustomSource())
                .assignTimestampsAndWatermarks(WatermarkStrategy.<ClickEvent>forMonotonousTimestamps()
                        .withTimestampAssigner(new SerializableTimestampAssigner<ClickEvent>() {
                            @Override
                            public long extractTimestamp(ClickEvent element, long recordTimestamp) {
                                return element.myTimeStamp;
                            }
                        }));
        // 基于 KeyedStream 定义事件时间定时器
        stream.keyBy(data -> true) //将所有数据的 Key 都指定为了 true,其实就是使所有数据拥有相同的 key,被分配到同一个分区
                .process(new KeyedProcessFunction<Boolean, ClickEvent, String>() {
                    @Override
                    public void processElement(ClickEvent value, Context ctx, Collector<String> out) throws Exception {
                        out.collect("数据到达,时间戳为: " + ctx.timestamp());
                        out.collect("数据到达,水位线为： " + ctx.timerService().currentWatermark() + "\n -------分割线-------");
                        // 注册一个 10 s 后的定时器
```

```
                        ctx.timerService().registerEventTimeTimer(ctx.timestamp() + 10 *
1000L);
                    }

                    @Override
                    public void onTimer(long timestamp, OnTimerContext ctx,
Collector<String> out) throws Exception {
                        out.collect("定时器触发, 触发时间: " + timestamp);
                    }
                })
                .print();
        env.execute();
    }

    // 自定义测试数据源
    public static class CustomSource implements SourceFunction<ClickEvent> {
        @Override
        public void run(SourceContext<ClickEvent> ctx) throws Exception {
            // 直接发出测试数据
            ctx.collect(new ClickEvent("Mary", "./home", 1000L));
            // 为了更加明显, 中间停顿 5 s
            Thread.sleep(5000L);
            // 发出 10 s 后的数据
            ctx.collect(new ClickEvent("Mary", "./home", 11000L));
            Thread.sleep(5000L);
            // 发出 10 s+1ms 后的数据
            ctx.collect(new ClickEvent("Alice", "./cart", 11001L));
            Thread.sleep(5000L);
        }
        @Override
        public void cancel() {
        }
    }
}
```

由于程序采用的是事件时间语义下的 KeyedProcessFunction, 所以必须从数据源中提取出数据产生时间戳。这里为了更清楚地看到程序行为, 我们自定义了一个测试数据源, 发出了 3 条测试数据, 时间戳分别为 1000、11000 和 11001, 单位是 ms, 并且发出数据后都会停顿 5s。在代码中, 我们依然将所有数据分到同一分区, 然后在自定义的 KeyedProcessFunction 中使用定时器。同样地, 每到达一条数据, 我们就将当前的数据时间戳和水位线信息输出, 并注册一个 10 s 后(以当前数据时间戳为基准)的事件时间定时器。在 IDEA 中运行该程序, 执行结果如下:

```
数据到达, 时间戳为: 1000
数据到达, 水位线为: -9223372036854775808
 -------分割线-------
数据到达, 时间戳为: 11000
数据到达, 水位线为: 999
 -------分割线-------
数据到达, 时间戳为: 11001
数据到达, 水位线为: 10999
 -------分割线-------
定时器触发, 触发时间: 11000
```

定时器触发，触发时间：21000
定时器触发，触发时间：21001

每到达一条数据，都会输出两行"数据到达"的信息，并以分割线隔开，两条数据到达的时间间隔为 5s。当第三条数据到达后，立即输出一条定时器触发的信息。再过 5s，剩余两条定时器触发的信息输出，程序运行结束。

可以发现，数据到达之后，当前的水位线与时间戳并不是一致的。当第一条数据到达之后，时间戳为 1000（单位是 ms），可水位线的生成是周期性（默认 200ms 一次）的，不会立即发生改变，所以水位线依然是最小值 Long.MIN_VALUE（-9223372036854775808）。随后只要到了水位线生成的时间（到了 200ms），就会依据当前的最大时间戳 1000 来生成水位线了。这里我们没有设置水位线延迟，默认生成的水位线需要在最大时间戳的基础上减 1ms，所以水位线推进到了 999。而当时间戳为 11000 的第二条数据到达之后，水位线同样没有立即改变，仍然是 999，就好像总是"滞后"一样。

这样，程序的行为就可以得到合理解释了。在事件时间语义下，定时器触发的条件就是水位线推进到设定的时间。第一条数据到达后，设定的定时器时间为 1000+10×1000=11000；而当时间戳为 11000 的第二条数据到达后，水位线还处在 999 的位置，当然不会立即触发定时器；之后水位线会推进到 10999，同样是无法触发定时器的。必须等到第三条数据到达，将水位线真正推进到 11000，就可以触发第一个定时器了。第三条数据发出后再过 5s，没有更多的数据生成了，整个程序运行结束将要退出，此时 Flink 会自动将水位线推进到长整型的最大值（Long.MAX_VALUE）。于是所有尚未触发的定时器这时就统一触发了，我们就在控制台看到了后两个定时器触发的信息。

5.9.4 ProcessAllWindowFunction

窗口的计算处理在实际应用中非常常见。对于一些比较复杂的需求，如果增量聚合函数无法满足，我们就需要考虑使用窗口处理函数。

有一个非常经典的实例，就是实时统计一段时间内的热门 URL（Uniform Resource Locator，统一资源定位符）链接。例如，需要统计最近 10s 内最热门的两个 URL 链接，并且每 5s 更新一次。实际上，我们可以用一个滑动窗口来实现这个功能，并且"热度"一般可以直接用访问量来表示。于是我们就需要开窗收集 URL 链接的访问数据，按照不同的 URL 链接进行统计，而后汇总排序并最终输出前两名。这其实就是著名的"Top N"问题。

很显然，使用简单的增量聚合函数可以得到 URL 链接的访问量，但是后续的排序并输出前两名就很难实现了。所以接下来我们用窗口处理函数进行实现。

一种比较简单的想法是，不区分 URL 链接，将所有访问数据都收集起来，统一进行统计计算。所以，我们可以不进行按 Key 分区，直接基于 DataStream 开窗，然后使用全窗口函数 ProcessAllWindowFunction 来进行处理。

在窗口中我们可以用一个 HashMap 来保存每个 URL 链接的访问量，只要遍历窗口中的所有数据，自然就能得到所有 URL 链接的热度。然后把 HashMap 转换成一个列表 ArrayList，最后进行排序。取出前两名输出就可以了。

新建代码文件 ProcessAllWindowTopNDemo.java，内容如下：

```
package cn.edu.xmu;

import org.apache.flink.api.common.eventtime.SerializableTimestampAssigner;
import org.apache.flink.api.common.eventtime.WatermarkStrategy;
import org.apache.flink.api.common.functions.MapFunction;
import org.apache.flink.api.java.tuple.Tuple2;
import org.apache.flink.streaming.api.datastream.SingleOutputStreamOperator;
```

```java
import org.apache.flink.streaming.api.environment.StreamExecutionEnvironment;
import org.apache.flink.streaming.api.functions.source.SourceFunction;
import org.apache.flink.streaming.api.functions.windowing.ProcessAllWindowFunction;
import org.apache.flink.streaming.api.windowing.assigners.SlidingEventTimeWindows;
import org.apache.flink.streaming.api.windowing.time.Time;
import org.apache.flink.streaming.api.windowing.windows.TimeWindow;
import org.apache.flink.util.Collector;
import java.sql.Timestamp;
import java.util.ArrayList;
import java.util.Comparator;
import java.util.HashMap;

public class ProcessAllWindowTopNDemo {
    public static void main(String[] args) throws Exception {
        StreamExecutionEnvironment env = StreamExecutionEnvironment.getExecutionEnvironment();
        env.setParallelism(1);
        SingleOutputStreamOperator<ClickEvent> eventStream = env.addSource(new CustomSource())
                .assignTimestampsAndWatermarks(WatermarkStrategy.<ClickEvent>forMonotonousTimestamps()
                        .withTimestampAssigner(new SerializableTimestampAssigner<ClickEvent>() {
                            @Override
                            public long extractTimestamp(ClickEvent element, long recordTimestamp) {
                                return element.getMyTimeStamp();
                            }
                        })
                );
        // 只需要 URL 链接就可以统计访问量，所以将 URL 链接转换成 String 直接开窗统计
        SingleOutputStreamOperator<String> result = eventStream
                .map(new MapFunction<ClickEvent, String>() {
                    @Override
                    public String map(ClickEvent value) throws Exception {
                        return value.url;
                    }
                })
                .windowAll(SlidingEventTimeWindows.of(Time.seconds(10), Time.seconds(5)))
                // 开窗，窗口大小是 10s，滑动步长是 5s
                .process(new ProcessAllWindowFunction<String, String, TimeWindow>() {
                    @Override
                    public void process(Context context, Iterable<String> elements, Collector<String> out) throws Exception {
                        HashMap<String, Long> urlCountMap = new HashMap<>();
                        // 遍历窗口中的数据，将访问量保存到一个 HashMap 中
                        for (String url : elements) {
                            if (urlCountMap.containsKey(url)) {
                                long count = urlCountMap.get(url);
                                urlCountMap.put(url, count + 1L);
                            } else {
                                urlCountMap.put(url, 1L);
                            }
                        }
                        // 把 HashMap 中的数据复制到 ArrayList 中，从而支持排序
                        ArrayList<Tuple2<String, Long>> mapList = new ArrayList<Tuple2
```

```java
<String, Long>>();
                        // 将访问量数据放入 ArrayList 进行排序
                        for (String key : urlCountMap.keySet()) {
                            mapList.add(Tuple2.of(key, urlCountMap.get(key)));
                        }
                        mapList.sort(new Comparator<Tuple2<String, Long>>() {
                            @Override
                            public int compare(Tuple2<String, Long> o1, Tuple2<String,
                                Long> o2) {
                                return o2.f1.intValue() - o1.f1.intValue(); //后面的值 o2 减前
```
面的值 o1 表示降序排序
```java
                            }
                        });
                        // 取排序后的前两名，构建输出结果
                        StringBuilder result = new StringBuilder();
                        result.append("=========================================\n");
                        for (int i = 0; i < Math.min(2,mapList.size()); i++) {
                            Tuple2<String, Long> temp = mapList.get(i);
                            String info = "访问量 No." + (i + 1) +
                                " URL: " + temp.f0 +
                                " 访问量: " + temp.f1 +
                                " 窗口开始时间 : " + new Timestamp(context.window().
```
getStart()) +
```java
                                " 窗口结束时间 : " + new Timestamp(context.window().getEnd())
```
+ "\n";
```java
                            result.append(info);
                        }
                        result.append("=========================================\n");
                        out.collect(result.toString());
                    }
                });
        result.print();
        env.execute();
    }
    // 自定义测试数据源
    public static class CustomSource implements SourceFunction<ClickEvent> {
        @Override
        public void run(SourceContext<ClickEvent> ctx) throws Exception {
            // 直接发出测试数据
            ctx.collect(new ClickEvent("Mary", "./home", 1000L));
            ctx.collect(new ClickEvent("Mary", "./home", 2000L));
            ctx.collect(new ClickEvent("Alice", "./cart", 3000L));
            ctx.collect(new ClickEvent("Mary", "./cart", 4000L));
            ctx.collect(new ClickEvent("Alice", "./play", 5000L));
            ctx.collect(new ClickEvent("Alice", "./cart", 6000L));
        }

        @Override
        public void cancel() {
        }
    }
}
```

在 IDEA 中运行该程序，结果如图 5-30 所示。

```
========================================
访问量 No.1 URL: ./cart 访问量: 2 窗口开始时间 : 1970-01-01 07:59:55.0 窗口结束时间 : 1970-01-01 08:00:05.0
访问量 No.2 URL: ./home 访问量: 2 窗口开始时间 : 1970-01-01 07:59:55.0 窗口结束时间 : 1970-01-01 08:00:05.0
========================================

========================================
访问量 No.1 URL: ./cart 访问量: 3 窗口开始时间 : 1970-01-01 08:00:00.0 窗口结束时间 : 1970-01-01 08:00:10.0
访问量 No.2 URL: ./home 访问量: 2 窗口开始时间 : 1970-01-01 08:00:00.0 窗口结束时间 : 1970-01-01 08:00:10.0
========================================

========================================
访问量 No.1 URL: ./cart 访问量: 1 窗口开始时间 : 1970-01-01 08:00:05.0 窗口结束时间 : 1970-01-01 08:00:15.0
访问量 No.2 URL: ./play 访问量: 1 窗口开始时间 : 1970-01-01 08:00:05.0 窗口结束时间 : 1970-01-01 08:00:15.0
========================================
```

图 5-30　ProcessAllWindowTopNDemo.java 程序执行结果

5.9.5　KeyedProcessFunction

在 ProcessAllWindowTopNDemo.java 程序的实现过程中，我们没有进行按 Key 分区，而是直接将所有数据放在一个分区上进行了开窗操作。这相当于将并行度强行设置为 1，在实际应用中是要尽量避免的，所以 Flink 官方也并不推荐使用 AllWindowedStream 进行处理。另外，我们在全窗口函数中定义了 HashMap 来统计 URL 链接的访问量，计算过程是先集齐所有数据，再逐一遍历、更新 HashMap，这显然不够高效。如果可以利用增量聚合函数的特性，每到达一条数据就更新一次对应 URL 链接的访问量，那么到窗口触发计算时只需要完成排序和输出就可以了。

基于这样的想法，我们可以从两个方面来进行优化：一是对数据进行按 Key 分区，分别统计访问量；二是进行增量聚合，得到结果之后再进行排序和输出。所以，我们可以使用增量聚合函数 AggregateFunction 进行访问量的统计，然后结合 ProcessWindowFunction() 进行排序和输出来解决 Top N 的需求。

具体实现思路就是，先按照 URL 链接对数据进行按 Key 分区，然后开窗进行增量聚合。这里就会发现一个问题：按 Key 分区之后，窗口的计算只针对当前 Key 有效，也就是说，每个窗口的统计结果中，只会有一个 URL 链接的访问量，这是无法直接用 ProcessWindowFunction 进行排序的。所以，只能分成两步：先对每个 URL 链接统计出访问量，再将统计结果收集起来，排序和输出最终结果。因为最后的排序还是基于每个时间窗口的，所以为了让输出的统计结果中包含窗口信息，可以借用一个 POJO 类 UrlViewCount，它包含 URL 链接、访问量以及窗口的起始、结束时间。之后对 UrlViewCount 的处理，可以先按窗口分区，然后用 KeyedProcessFunction 来实现。

总体而言，处理流程如下。

（1）读取数据源。

（2）筛选访问行为。

（3）提取时间戳并生成水位线。

（4）按照 URL 链接进行按 Key 分区操作。

（5）开长度为 10s、步长为 5s 的事件时间滑动窗口。

（6）使用增量聚合函数 AggregateFunction，并结合全窗口函数 WindowFunction 进行窗口聚合，得到每个 URL 链接在每个统计窗口内的访问量，将其包装成 UrlViewCount。

（7）按照窗口进行按 Key 分区操作。

（8）对同一窗口的统计结果数据，使用 KeyedProcessFunction 进行数据收集并排序和输出结果。

但是，这里又会产生新的问题：最后用 KeyedProcessFunction 来收集数据并排序和输出结果时面对的是窗口聚合之后的数据流，而窗口已经不存在了。那么到底什么时候能集齐所有数据呢？统计访问量的窗口已经关闭，就说明当前已经到了要输出结果的时候，那么此时是否可以直接输出呢？答案是否定的。因为数据流中的元素是逐个到达的，所以即使理论上应该"同时"收到很多 URL 链接的访问量统计结果，但实际上这些数据也是有先后的，只能一条一条处理。下游任务（就是我们定义的 KeyedProcessFunction）看到一个 URL 链接的访问量统计结果，并不能保证这个时间段的统计数据不会再到达了，所以不能贸然进行排序和输出。解决的办法就是等所有数据到齐（这很容易让我们联想到水位线设置延迟时间的方法）。这里我们也可以多等一会儿，等到水位线真正越过了窗口结束时间，要统计的数据就肯定到齐了。

具体实现上，可以采用一个延迟触发的事件时间定时器。基于窗口的结束时间来设置延迟时间，其实并不需要延迟太久，因为我们是靠水位线的推进来触发定时器的，而水位线的含义就是"之前的数据都到齐了"，所以我们只需要设置 1ms 的延迟时间，就一定可以保证这一点。

在等待过程中，之前已经到达的数据应该缓存起来，可以用一个自定义的 HashMap 来进行缓存。之后每到达一个 UrlViewCount，就把它添加到当前的 HashMap 中，并注册一个触发时间为窗口结束时间加 1ms（windowEnd + 1）的定时器。待水位线到达这个时间，定时器触发，我们可以保证当前窗口所有 URL 链接的访问量统计结果 UrlViewCount 都到齐了，于是从 HashMap 中将其取出并进行排序和输出。

新建一个代码文件 UrlViewCount.java，内容如下：

```
package cn.edu.xmu;

public class UrlViewCount {
    public String url;
    public Long startTs;
    public Long endTs;
    public Long count;
    // 一定要提供一个空参的构造器（反射的时候要使用）
    public UrlViewCount() {
    }
    public UrlViewCount(String url, Long count, Long startTs, Long endTs) {
        this.url = url;
        this.count = count;
        this.startTs = startTs;
        this.endTs = endTs;
    }
    public String getUrl() {
        return url;
    }
    public void setUrl(String url) {
        this.url = url;
    }
    public Long getStartTs() {
        return startTs;
    }
    public void setStartTs(Long startTs) {
        this.startTs = startTs;
    }
    public Long getEndTs() {
        return endTs;
    }
    public void setEndTs(Long endTs) {
        this.endTs = endTs;
    }
```

```java
        public Long getCount() {
            return count;
        }
        public void setCount(Long count) {
            this.count = count;
        }
        @Override
        public String toString() {
            return "UrlViewCount{" +
                    "url=" + url +
                    ", startTs='" + startTs + '\'' +
                    ", endTs='" + endTs + '\'' +
                    ", count=" + count +
                    '}';
        }
    }
```

新建一个代码文件 KeyedProcessTopNDemo.java,内容如下:

```java
package cn.edu.xmu;

import org.apache.flink.api.common.eventtime.SerializableTimestampAssigner;
import org.apache.flink.api.common.eventtime.WatermarkStrategy;
import org.apache.flink.api.common.functions.AggregateFunction;
import org.apache.flink.api.common.state.ListState;
import org.apache.flink.api.common.state.ListStateDescriptor;
import org.apache.flink.api.common.typeinfo.Types;
import org.apache.flink.configuration.Configuration;
import org.apache.flink.streaming.api.datastream.SingleOutputStreamOperator;
import org.apache.flink.streaming.api.environment.StreamExecutionEnvironment;
import org.apache.flink.streaming.api.functions.KeyedProcessFunction;
import org.apache.flink.streaming.api.functions.source.SourceFunction;
import org.apache.flink.streaming.api.functions.windowing.ProcessWindowFunction;
import org.apache.flink.streaming.api.windowing.assigners.SlidingEventTimeWindows;
import org.apache.flink.streaming.api.windowing.time.Time;
import org.apache.flink.streaming.api.windowing.windows.TimeWindow;
import org.apache.flink.util.Collector;
import java.sql.Timestamp;
import java.util.*;

public class KeyedProcessTopNDemo {
    public static void main(String[] args) throws Exception {
        StreamExecutionEnvironment env = StreamExecutionEnvironment.getExecutionEnvironment();
        env.setParallelism(1);
        // 从自定义数据源读取数据
        SingleOutputStreamOperator<ClickEvent> eventStream = env.addSource(new ClickSource())
                .assignTimestampsAndWatermarks(WatermarkStrategy.<ClickEvent>forMonotonousTimestamps()
                        .withTimestampAssigner(new SerializableTimestampAssigner<ClickEvent>() {
                            @Override
                            public long extractTimestamp(ClickEvent element, long recordTimestamp) {
                                return element.getMyTimeStamp();
                            }
                        }));
```

```java
        // 需要按照URL链接分组,求出每个URL链接的访问量
        // 开窗聚合后就是普通的流,没有窗口信息,因此需要自己打上窗口的标签,也就是在UrlViewCount中
包含窗口开始时间和结束时间
        SingleOutputStreamOperator<UrlViewCount> urlCountStream = eventStream.keyBy(data
-> data.url)
                .window(SlidingEventTimeWindows.of(Time.seconds(10), Time.seconds(5)))
                .aggregate(new UrlViewCountAgg(), new UrlViewCountResult());
        // 对结果中同一个窗口的统计数据进行排序处理
        // 需要按照窗口标签(对窗口结束时间执行 keyBy 操作,保证同一窗口时间范围内的结果分在一起,之后
再排序取出前两名)
        SingleOutputStreamOperator<String> result = urlCountStream.keyBy(data -> data.endTs)
                .process(new TopN(2));
        result.print();
        env.execute();
    }
    // 自定义增量聚合
    public static class UrlViewCountAgg implements AggregateFunction<ClickEvent, Long,
Long> {
        @Override
        public Long createAccumulator() {
            return 0L;
        }
        @Override
        public Long add(ClickEvent value, Long accumulator) {
            return accumulator + 1;
        }
        @Override
        public Long getResult(Long accumulator) {
            return accumulator;
        }
        @Override
        public Long merge(Long a, Long b) {
            return null;
        }
    }
    // ProcessWindowFunction 有 4 个参数,第 1 个参数表示输入数据的类型,要和 UrlViewCountAgg 的输
出数据的类型保持一致,因为 UrlViewCountAgg 的输出就是 ProcessWindowFunction 的输入
    // 第 2 个参数表示输出数据的类型,输出数据是 UrlViewCount 类型,里面包含窗口结束时间
    // 第 3 个参数表示 Key 的类型,这里把 URL 链接作为 Key,所以 Key 是 String 类型;第 4 个参数表示窗
口类型
    public static class UrlViewCountResult extends ProcessWindowFunction<Long, UrlViewCount,
String, TimeWindow>{
        @Override
        public void process(String s, ProcessWindowFunction<Long, UrlViewCount, String,
TimeWindow>.Context context, Iterable<Long> elements, Collector<UrlViewCount> out) throws
Exception {
            // 迭代器里面只有一条数据,所以值需要执行一次 next()
            Long count = elements.iterator().next();
            long windowStart = context.window().getStart();
            long windowEnd = context.window().getEnd();
            out.collect(new UrlViewCount(s, windowStart, windowEnd, count));
        }
    }
    // KeyedProcessFunction 有 3 个参数,第 1 个参数表示 Key 的类型,也就是窗口结束时间的类型
```

```java
        // 第 2 个参数表示输入数据的类型，第 3 个参数表示输出数据的类型
        public static class TopN extends KeyedProcessFunction<Long, UrlViewCount, String>{
            // 用来存储不同窗口的统计结果，Key=windowEnd, Value=List 数据
            private Map<Long, List<UrlViewCount>> dataListMap;
            private int threshold;    // n 的取值
            public TopN(int threshold){
                this.threshold = threshold;
                this.dataListMap = new HashMap<>();
            }
            @Override
            public void processElement(UrlViewCount value, KeyedProcessFunction<Long, UrlViewCount, String>.Context ctx, Collector<String> out) throws Exception {
                // 进入这个方法的只是一条数据，要排序就需要等到所有数据到齐，因此，需要先把数据存储起来，而且不同的窗口的数据要分开存储
                // 存储到 HashMap
                Long windowEnd = value.endTs;
                if (dataListMap.containsKey(windowEnd)) {
                    // 到达的数据不是该 URL 链接的第一条数据，直接将其添加到 List 中
                    List<UrlViewCount> dataList = dataListMap.get(windowEnd);
                    dataList.add(value);
                }else{
                    // 到达的数据是该 URL 链接的第一条数据，需要初始化 List 并加入数据
                    List<UrlViewCount> dataList = new ArrayList<>();
                    dataList.add(value);
                    dataListMap.put(windowEnd,dataList);
                }
                // 注册 windowEnd + 1ms 后的定时器，等待所有数据到齐开始排序
                ctx.timerService().registerEventTimeTimer(windowEnd + 1);
            }
            @Override
            public void onTimer(long timestamp, KeyedProcessFunction<Long, UrlViewCount, String>.OnTimerContext ctx, Collector<String> out) throws Exception {
                super.onTimer(timestamp, ctx, out);
                // 同一个窗口时间范围的结果都到齐了，开始排序，取前两名
                Long windowEnd = ctx.getCurrentKey();
                // 排序
                List<UrlViewCount> dataList = dataListMap.get(windowEnd);
                dataList.sort(new Comparator<UrlViewCount>() {
                    @Override
                    public int compare(UrlViewCount o1, UrlViewCount o2) {
                        return Long.valueOf(o2.count).intValue() - Long.valueOf(o1.count).intValue(); // 后面的值减前面的值表示降序排序
                    }
                });
                // 取前两名
                StringBuilder result = new StringBuilder();
                result.append("=========================================\n");
                result.append("窗口结束时间: " + new Timestamp(timestamp - 1) + "\n");
                for (int i = 0; i < Math.min(threshold, dataList.size()); i++) {
                    UrlViewCount UrlViewCount = dataList.get(i);
                    String info = "No." + (i + 1) + " "
                            + "URL: " + UrlViewCount.url + " "
                            + "访问量: " + UrlViewCount.count + "\n";
```

```
            result.append(info);
        }
        result.append("===========================================\n");
        //用完的 List 要及时清理
        dataList.clear();
        out.collect(result.toString());
    }
}
// 自定义测试数据源
public static class ClickSource implements SourceFunction<ClickEvent> {
    @Override
    public void run(SourceContext<ClickEvent> ctx) throws Exception {
        // 直接发出测试数据
        ctx.collect(new ClickEvent("Mary", "./home", 1000L));
        ctx.collect(new ClickEvent("Mary", "./home", 2000L));
        ctx.collect(new ClickEvent("Alice", "./cart", 3000L));
        ctx.collect(new ClickEvent("Mary", "./cart", 4000L));
        ctx.collect(new ClickEvent("Alice", "./play", 5000L));
        ctx.collect(new ClickEvent("Alice", "./cart", 6000L));
    }
    @Override
    public void cancel() {
    }
}
```

在 IDEA 中运行该程序,就可以得到图 5-31 所示的结果。

```
========================================
窗口结束时间:1970-01-01 08:00:05.0
No.1 URL:./home   访问量:2
No.2 URL:./cart   访问量:2
========================================


========================================
窗口结束时间:1970-01-01 08:00:10.0
No.1 URL:./cart   访问量:3
No.2 URL:./home   访问量:2
========================================


========================================
窗口结束时间:1970-01-01 08:00:15.0
No.1 URL:./cart   访问量:1
No.2 URL:./play   访问量:1
========================================
```

图 5-31 KeyedProcessTopNDemo 程序运行结果

5.10 本章小结

DataStream API 是 Flink 的核心，Flink 和其他计算框架（比如 Spark、MapReduce 等）相比，最大的优势就在于强大的流计算功能。本章首先介绍了 DataStream API 的主要模块，包括数据源、数据转换、数据输出等。

流式数据处理最大的特点是数据具有时间属性，Flink 根据时间产生位置的不同，将时间划分为 3 种，分别为事件时间、接入时间和处理时间，本章对 3 种时间进行了详细介绍。

窗口计算是流计算中非常常用的数据计算方式之一，通过按照固定时间或长度将数据流切分成不同的窗口，然后对数据进行相应的聚合计算，就可以得到一定时间范围内的统计结果。本章介绍了窗口的 3 种类型以及窗口计算函数。

对于因网络或者系统等外部因素的影响而导致数据乱序到达或者延迟到达的问题，本章介绍了水位线这一解决方法；本章最后介绍了有状态的流计算的编程方法和处理函数的用法。

5.11 习题

（1）请阐述 Flink 流处理程序的基本运行流程包括哪 5 个步骤。
（2）请阐述 Flink 的窗口是如何划分的。
（3）请阐述 Flink 的 3 种时间及其具体含义。
（4）请阐述分组数据流的窗口计算程序结构。
（5）请阐述 Flink 提供了哪些常用的预定义窗口分配器。
（6）请阐述 Flink 提供了哪 3 种类型的窗口计算函数。
（7）请阐述水位线的基本原理。
（8）请阐述水位线的设置方法。
（9）请阐述键控状态包括哪几种状态。
（10）请阐述处理函数的功能和作用。

实验 3　Flink DataStream API 编程实践

一、实验目的

（1）掌握常用的 DataStream API 的使用方法。
（2）掌握使用 IDEA 编写和调试 Flink 程序的基本方法。

二、实验平台

操作系统：Ubuntu 16.04。
Flink 版本：1.17.0。
Hadoop 版本：3.3.5。

三、实验内容和要求

1. 使用多种算子完成 Flink 实时文本事件处理实验

本实验将模拟一个简单的实时文本事件处理场景，通过创建一个 Socket 数据源并使用不同的

Flink 算子在文本数据流中统计每个含字母"a"的单词(不区分大小写)出现的次数,并将结果输出到终端。输入样例数据如下:

```
This is a sample input text with some words
It contains several words that have the letter a
These words will be counted by the Flink program
```

请根据给定的输入样例数据,按照以下实验步骤编写 Flink 代码完成实验要求。

(1)创建一个 Flink 应用程序,该程序从一个 Socket 数据源接收文本数据流。
(2)使用 map 算子将输入的文本转换为小写字母,以确保大小写不敏感。
(3)使用 flatMap 算子将每行文本拆分成单词。
(4)使用 filter 算子筛选出包含特定字母的单词,例如筛选出包含字母"a"的单词。
(5)使用 keyBy 算子按字母对单词进行分组。
(6)使用 reduce 算子计算每个字母对应的单词数量,并输出结果。

2. 使用窗口计算函数 ReduceFunction 统计实时传感器最大温度值

通过 Socket 模拟监听实时传感器温度数据流,创建一个滚动时间窗口,使用窗口计算函数 ReduceFuction 计算给定窗口时间内对应传感器的最大温度值。Socket 中输入的每行传感器数据格式为"传感器 ID 温度",输入样例数据如下:

```
s1 2
s2 3
s3 4
s1 6
```

3. 使用窗口计算函数 AggregateFunction 计算给定窗口时间内的订单销售额

通过 Socket 模拟在线销售订单的实时统计场景,创建一个滚动时间窗口,使用窗口计算函数 AggregateFunction 计算给定窗口时间内的订单销售额,Socket 中输入的每行订单数据格式为"订单 ID,产品名称,销售数量",样例数据如下:

```
s10235,towel,2
s10236,toothbrush,3
s10237,toothbrush,7
s10238,instantnoodles,5
s10239,towel,3
s10240,toothbrush,3
s10241,instantnoodles,3
```

4. 使用窗口计算函数 ProcessWindowFunction 完成车辆种类数量统计

通过模拟监听实时车辆数据流,创建一个滚动窗口,使用窗口计算函数 ProcessWindowFunction 计算给定窗口时间内的不同车辆种类的总数量。每行输入数据格式为"种类 数量",例如"卡车 10"表示有 10 辆卡车。在窗口时间内,对每个种类的车辆数量进行累加,并输出每个种类的车辆总数量。样例数据如下:

```
卡车 10
燃油车 20
电动车 20
摩托车 10
摩托车 30
卡车 15
燃油车 20
```

5. 基于增量聚合和全窗口函数的水传感器最大水位值分析

假设有一个实时数据流(用 Socket 模拟),数据流中包含水传感器的数据,每条数据包括传感器

ID、水位值,需要计算每个传感器在一个固定时间窗口内的最大水位值。要求使用增量聚合函数来计算窗口内的最大水位值,并使用全窗口函数来输出结果。增量聚合函数每次收到数据时都会更新最大水位值,全窗口函数在窗口结束时将最大水位值输出,并利用其上下文输出窗口开始时间以及结束时间。

本实验的样例输入如下:

```
s1,20
s1,30
s1,25
s2,10
s2,15
【下一个时间窗口】
s1,40
s1,35
s2,10
s2,5
```

6. **自定义触发器实现窗口数据求和**

设计一个自定义触发器,用于在数据流中的一定时间窗口内计算窗口数据的和。数据流中的每个元素代表一个整数,通过自定义触发器,当累计到达一定数量的数据时,触发窗口计算并输出窗口数据的总和。

本实验的样例输入为自定义的数据源,在一定时间内随机生成整数,样例输入和输出如下:

```
Input Data:3> 10
Input Data:4> 1
Input Data:5> 6
Input Data:6> 3
Input Data:7> 7
Sum of window:2> 27
Input Data:8> 9
Input Data:1> 2
Input Data:2> 8
Input Data:3> 1
Input Data:4> 4
Sum of window:3> 24
```

7. **自定义驱逐器实现窗口数据驱逐**

本实验从 Socket 接收传感器的温度数据,其输入的数据格式为"传感器 ID,温度",要求使用自定义驱逐器,在一定的时间窗口内,驱逐与最后一个元素绝对值之差大于 10 的元素。(提示:Flink 预先实现了 DeltaEvictor,可以计算窗口缓冲区中最后一个元素与剩余每个元素之间的增量,并驱逐增量大于等于阈值的元素。)

本实验的样例输入如下:

```
s1,40
s1,32
s1,20
s1,30
s1,25
s2,10
s2,35
```

8. **自定义周期水位线生成器**

实现一个自定义的周期水位线生成器,模拟 Flink 滚动窗口乱序流中内置水位线的生成策略(即 WatermarkStrategy.forBoundedOutOfOrderness()方法)。输入数据是乱序的,数据格式为"传感器 ID,时间戳,值",要求输出生成器中 onEvent()和 onPeriodicEmit()两个方法关于水位线的信息以及窗口元素信息。

本实验的样例输入如下：
```
s1,4,10
s1,6,5
s1,4,5
s1,11,4
s1,14,4
```

9. 水位线中对延迟到达数据的处理

要求通过自定义水位线生成器和窗口处理逻辑，模拟 Flink 中对延迟到达数据的处理。输入数据是有序的，数据格式为"传感器 ID,时间戳,值"，并要求在处理过程中输出水位线生成器中的窗口信息，为了方便模拟，请设置并行度为 1。

实验的样例输入和输出见表 5-20，窗口时间为 10s，允许延迟时间为 2s。

表 5-20 实验的样例输入和输出

输入	输出	备注
s1,1,1 s1,5,5 s1,13,13	Key=s1 的窗口[1970-01-01 08:00:00.000,1970-01-01 08:00:10.000)包含 2 条数据===>[(s1,1,1), (s1,5,5)]	初始化窗口
s1,6,6	Key=s1 的窗口[1970-01-01 08:00:00.000,1970-01-01 08:00:10.000)包含 3 条数据===>[(s1,1,1), (s1,5,5), (s1,6,6)]	窗口关闭前的延迟到达数据
s1,3,3	Key=s1 的窗口[1970-01-01 08:00:00.000,1970-01-01 08:00:10.000)包含 4 条数据===>[(s1,1,1), (s1,5,5), (s1,6,6), (s1,3,3)]	窗口关闭前的延迟到达数据
s1,15,15	无输出（此时时间戳 15>窗口时间 10+允许延迟时间 2，第一个时间窗口关闭，重新开启一个窗口，之后时间戳在第一个时间窗口内的数据都是延迟到达数据）	
s1,4,4	窗口关闭后的延迟到达数据> (s1,4,4)	延迟到达数据
取消监听 （按"Ctrl+C" 快捷键）	Key=s1 的窗口[1970-01-01 08:00:10.000,1970-01-01 08:00:20.000)包含 2 条数据===>[(s1,13,13), (s1,15,15)]	第二个窗口的数据

10. 键控状态综合案例

信用卡欺诈检测可以有效预防信用卡犯罪情况的发生，下面的实验通过对信用卡交易的数据流的处理，来模拟一个简单的信用卡欺诈检测的数据分析过程，以此学习 Flink 中键控状态的处理。信用卡交易的数据流是监听到的 Socket 上的数据流，数据输入格式为"卡号,交易金额,时间戳"，例如"111111111,1000,1631502000"。请完成以下 5 个题目。

（1）数据分析人员需要利用 ValueState 检测每张信用卡的交易数据，如果同一张信用卡交易记录水位值连续超过 5000，就输出警告。

（2）数据分析人员需要检测信用卡的交易记录，要求利用 ListState 找到每张信用卡交易金额排名前 3 的交易，输出这 3 笔交易。

（3）数据分析人员需要利用 MapState 统计每张信用卡的每个交易金额出现的次数。

（4）数据分析人员需要统计每张信用卡的消费总金额，利用 ReducingState 实现这个需求，并输出每张信用卡的消费总金额。

（5）数据分析人员需要统计每张信用卡的平均消费金额，利用 AggregatingState 实现这个需求，并输出每张信用卡的平均消费金额。

可以将每笔交易抽象为一个交易类，如下所示：
```
public class transaction{
    String cardNumber;
    Double amount;
    Long timeStamp;
```

```
            public transaction(String cardNumber, Double amount, Long timeStamp) {
                this.cardNumber = cardNumber;
                this.amount = amount;
                this.timeStamp = timeStamp;
            }
        }
```

请按照题目要求，为每个题目各新建一个类，完成 Flink 代码的编写。

四、实验报告

《Flink 编程基础（Java 版）》实验报告		
题目：	姓名：	日期：
实验环境：		
实验内容与完成情况：		
出现的问题：		
解决方案（列出遇到并解决的问题和解决方案，以及没有解决的问题）：		

第6章 Table API&SQL

借助 DataStream API,我们已经可以解决复杂的数据处理问题。但是,这需要开发人员掌握 Java 语言,并能够熟练运用 DataStream API。因此,为了降低开发门槛,Flink 提供了同时支持批处理和流处理任务的、统一的、更简单的 API——Table API&SQL,以满足更多用户的使用需求。Table API 是用于 Java 语言的查询 API,允许以非常直观的方式构建基于关系运算符(例如 select、filter 和 join)的查询。SQL 的支持基于实现了 SQL 标准的 Apache Calcite。尽管 SQL 是 Table API 更高层次的抽象,但是,Table API 和 SQL 并没有被拆分成两层,应用程序可以同时使用 Table API、SQL 和 DataStream API。

本章首先介绍流处理中的表、编程模型,然后介绍 Table API 的各种操作,最后介绍 SQL 的编程方法、Catalog 和自定义函数的使用方法。

6.1 流处理中的表

传统关系数据库的 SQL 处理与流处理差别很大,Flink 采用了巧妙的设计,把 SQL 处理与流处理有效融合起来,本节将详细介绍背后的实现原理。

6.1.1 传统关系数据库的 SQL 处理与流处理的区别

传统关系数据库的 SQL 处理与流处理存在很大的区别,主要如表 6-1 所示。

表 6-1 传统关系数据库的 SQL 处理与流处理的区别

传统关系数据库的 SQL 处理	流处理
传统关系数据库中的表数据是有界限的	流处理中的实时数据是无界限的
SQL 查询需要获取全量数据	无法获取全量数据,必须等待新的数据输入
处理结束后就终止	不断地利用新到达的数据更新它的处理结果,不会终止

可以看到,传统关系数据库的 SQL 处理是针对批处理设计的,这和流处理有着天生的隔阂。

6.1.2 动态表和持续查询

Flink 采用了动态表和持续查询来解决流处理（实时 SQL 处理）的问题。动态表是 Flink 在 Table API 和 SQL 中的核心概念，它为流处理提供了表和 SQL 支持。与静态表相比，动态表随时间而变化，当有新的数据到达时，就会在动态表中加入新的一行。我们可以像查询静态表一样查询动态表，只不过动态表需要持续查询。持续查询永远不会终止，每次有新的数据到达，都会触发查询，会重新生成动态表作为结果表。查询不断更新其结果（动态）表以反映其输入（动态）表的更改。

持续查询的步骤如下（见图 6-1）。

（1）流被转换为动态表。

（2）对动态表进行持续查询，生成新的动态表。

（3）生成的新的动态表被转换为流。

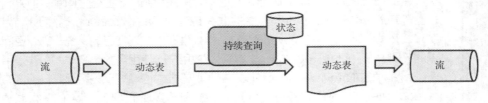

图 6-1　持续查询的步骤

这样，只要使用 API 把流和动态表的转换封装起来，就可以直接在数据流上执行 SQL 查询，用处理表的方式来进行流处理了。

6.1.3 将流转换为动态表

如图 6-2 所示，用户单击数据流 eventStream，生成用户单击事件，每当有新的用户单击事件到达时，就会在动态表 EventTable 中插入一条对应的记录，随着用户单击事件的不断生成、到达，动态表 EventTable 中的记录也会不断增加。

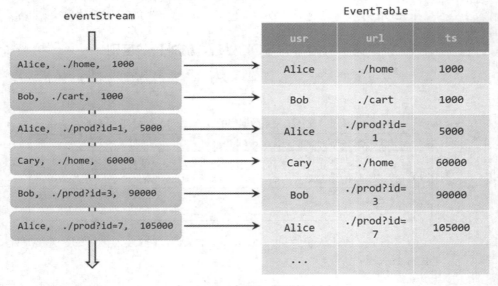

图 6-2　将流转换为动态表的实例

6.1.4 用 SQL 持续查询

1. 更新查询

当输入的动态表不停地插入新的记录时，查询得到的动态表也要持续地进行更新，这种持续查询称为"更新查询"。如图 6-3 所示，假设要对 EventTable 执行一个实时 SQL 查询，查询出每个用户访问的网址的数量，查询结果保存在动态表 urlCountTable 中。EventTable 是一个动态增加的表，当表中的第 1 条记录("Alice", "./home",1000)到达时，会触发实时 SQL 查询，查询动态表 urlCountTable 会新增加第 1 条记录("Alice",1)。当 EventTable 表中的第 2 条记录("Bob", "./cart",1000)到达时，会触发实时 SQL 查询，查询动态表 urlCountTable 会新增加第 2 条记录("Bob",1)。当 EventTable 表中的第 3 条记录("Alice", "./prod?id=1",5000)到达时，会触发实时 SQL 查询，查询动态表 urlCountTable 会把第 1 条记录更新为("Alice",2)，第 2 条记录保持不变，还是("Bob",1)。当 EventTable 表中的第 4 条记录("Cary", "./home",60000)到达时，会触发实时 SQL 查询，查询动态表 urlCountTable 会新增加第 3 条记录("Cary",1)，另两条记录保持不变，仍然是("Alice",2)和("Bob",1)。

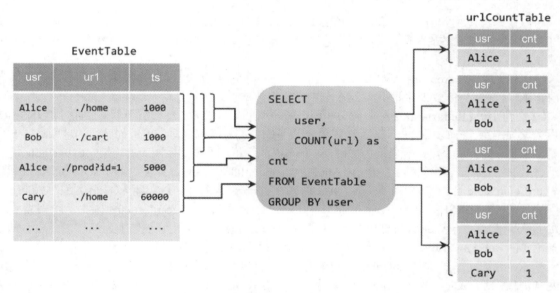

图 6-3 更新查询

2. 追加查询

在上面的更新查询中，查询动态表会发生对之前查询结果的动态更新，如果未发生对之前查询结果的动态更新，而只是不断在查询动态表中增加新的记录，那么这样的持续查询称为"追加查询"。

如图 6-4 所示，假设要对 EventTable 执行一个实时 SQL 查询，查询出每个用户在每个小时内访问的网址的数量，查询结果保存在动态表 urlCountTable 中。从 ts 字段的值可以看出，第 1 个小时(60*60000ms)窗口内包含 4 条数据，分别是("Alice", "./home",1000)、("Bob", "./cart",1000)、("Alice", "./prod?id=1",25*60000)、("Alice", "./prod?id=4",55*60000)，对这 4 条数据执行实时 SQL 查询，得到了 2 条结果，分别是("Alice", "01:00",3)和("Bob", "01:00",1)，它们被保存到动态表 result 中。第 2 个小时窗口内包含 3 条数据，分别是("Bob", "./prod?id=5",61*60000)、("Cary", "./home",90*60000)和("Cary", "./prod?id=7",119*60000)，对这 3 条数据执行实时 SQL 查询，又得到 2 条结果,分别是("Cary", "02:00",2)和("Bob", "02:00",1)，它们被保存到动态表 result 中。

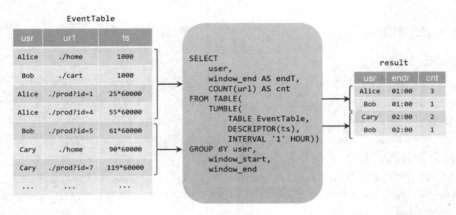

图 6-4 追加查询

6.1.5 将动态表转换为流

可以像修改传统数据表一样使用 INSERT、UPDATE 和 DELETE 修改动态表。当将动态表转换为流或者写入外部系统的时候，需要对动态表的变化进行编码。Flink 的 Table API 和 SQL 支持 3 种方式来编码动态表的变化。

（1）仅追加流（Append-only Stream）。假如动态表的更改操作仅仅是 INSERT，那么将其转换为流时，就仅仅需要将插入的行发出。这个流中发出的数据，其实就是动态表中新增的每一行。

（2）撤回流（Retract Stream）。包含两种类型的消息，即增加消息和撤回消息。通过将 INSERT 编码为增加消息，将 DELETE 编码为撤回消息，将 UPDATE 编码为对先前行的撤回消息和对新增行的增加消息，来完成将动态表转换为撤回流。图 6-5 演示了动态表到撤回流的转换。EventTable 是一个动态增加的表，当表中的第 1 条记录("Alice","./home",1000)到达时，会触发实时 SQL 查询，查询动态表 urlCountTable 会新增加第 1 条记录("Alice",1)，它被转换为流时，会被编码为一条消息(+ Alice,1)，其中的"+"表示 INSERT。当 EventTable 表中的第 2 条记录("Bob","./cart",1000)到达时，会触发实时 SQL 查询，查询动态表 urlCountTable 会新增加第 2 条记录("Bob",1)，它被转换为流时，会被编码为一条消息(+ Bob,1)。当 EventTable 表中的第 3 条记录("Alice","./prod?id=1",5000)到达时，会触发实时 SQL 查询，查询动态表 urlCountTable 会把第 1 条记录更新为("Alice",2)，它被转换为流时，会被编码为两条消息，即(- Alice,1)和(+ Alice,2)，其中，"-"表示 DELETE。当 EventTable 表中的第 4 条记录("Cary","./home",60000)到达时，会触发实时 SQL 查询，查询动态表 urlCountTable 会新增加第 3 条记录("Cary",1)，它被转换为流时，会被编码为一条消息(+ Cary,1)。

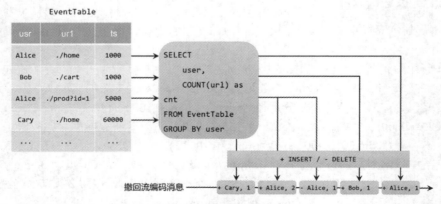

图 6-5 动态表到撤回流的转换

（3）更新插入流（Upsert Stream）。包含两种类型的消息，即更新插入消息和删除消息。转换为更新插入流的动态表需要具有唯一键。具有唯一键的动态表通过将 INSERT 和 UPDATE 编码为更新插入消息，将 DELETE 编码为删除消息，来完成动态表到更新插入流的转换。流算子需要知道唯一键属性才能正确处理消息。更新插入流与撤回流的主要区别在于，更新插入流使用单个消息对更新进行编码，因此更有效。图 6-6 显示了动态表到更新插入流的转换。EventTable 是一个动态增加的表，当表中的第 1 条记录（"Alice"，"./home"，1000）到达时，会触发实时 SQL 查询，查询动态表 urlCountTable 会新增加第 1 条记录（"Alice",1），它被转换为流时，会被编码为一条消息（* Alice,1），其中的 "*" 表示 UPSERT by KEY。当 EventTable 表中的第 2 条记录（"Bob"，"./cart"，1000）到达时，会触发实时 SQL 查询，查询动态表 urlCountTable 会新增加第 2 条记录（"Bob",1），它被转换为流时，会被编码为一条消息(* Bob,1)。当 EventTable 表中的第 3 条记录（"Alice"，"./prod?id=1"，5000）到达时，会触发实时 SQL 查询，查询动态表 urlCountTable 会把第 1 条记录更新为（"Alice",2），它被转换为流时，会被编码为一条消息(* Alice,2)。当 EventTable 表中的第 4 条记录（"Cary"，"./home"，60000）到达时，会触发实时 SQL 查询，查询动态表 urlCountTable 会新增加第 3 条记录（"Cary",1），它被转换为流时，会被编码为一条消息(* Cary,1)。

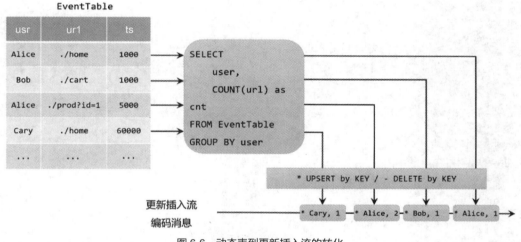

图 6-6　动态表到更新插入流的转化

6.2　编程模型

6.2.1　程序执行原理

如图 6-7 所示，一段使用 TableAPI &SQL 编写的程序，从输入到编译为可执行的 JobGraph 并将其提交、运行，主要经历如下 3 个阶段。

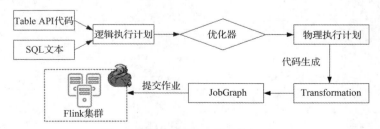

图 6-7　Table API&SQL 程序执行原理

（1）将 SQL 文本或 Table API 代码转换为逻辑执行计划（Logical Plan）。
（2）通过优化器把逻辑执行计划优化为物理执行计划（Physical Plan）。
（3）通过代码生成技术生成 Transformation 后，进一步将其编译为可执行的 JobGraph，然后提交给 Flink 集群运行。

6.2.2 程序结构

基于 Table API&SQL 的数据处理应用程序主要包括以下 6 个步骤。
（1）获取运行时。
（2）获取 TableEnvironment。
（3）输入数据。
（4）定义查询。
（5）输出结果。
（6）启动程序。
程序基本框架如下：

```
// 创建一个 TableEnvironment
EnvironmentSettings settings = EnvironmentSettings
    .newInstance()
    .inStreamingMode() // 声明为流任务
    //.inBatchMode() // 声明为批任务
    .build();

TableEnvironment tEnv = TableEnvironment.create(settings);

// 创建一个输入表
tableEnv.executeSql("CREATE TEMPORARY TABLE inputTable ... WITH ( 'connector' = ... )");
// 创建一个输出表
tableEnv.executeSql("CREATE TEMPORARY TABLE outputTable ... WITH ( 'connector' = ... )");

// 使用 Table API 执行查询并返回 Table
Table table1 = tableEnv.from("inputTable").select(...);
// 使用 SQl 语句执行查询并返回 Table
Table table2 = tableEnv.sqlQuery("SELECT ... FROM inputTable ... ");

// 将 table1 的结果使用 Table API 写入 outputTable 中，并返回结果
TableResult tableResult = table1.executeInsert("outputTable");
```

需要注意的是，如果需要在代码中使用 Table API，必须在 pom.xml 文件中加入相应的 flink-table-api-java-bridge 依赖库，具体如下：

```
<dependency>
    <groupId>org.apache.flink</groupId>
    <artifactId>flink-table-api-java-bridge</artifactId>
    <version>1.17.0</version>
</dependency>
```

此外，如果要在本地用 IDE（Integrated Development Environment，集成开发环境），比如 IDEA 或 Eclipse，调试 Table API&SQL 程序，则还需要在 pom.xml 文件中加入如下依赖库：

```
<dependency>
    <groupId>org.apache.flink</groupId>
    <artifactId>flink-table-planner-loader</artifactId>
    <version>1.17.0</version>
```

```xml
    </dependency>
    <dependency>
        <groupId>org.apache.flink</groupId>
        <artifactId>flink-table-runtime</artifactId>
        <version>1.17.0</version>
    </dependency>
    <dependency>
        <groupId>org.apache.flink</groupId>
        <artifactId>flink-connector-files</artifactId>
        <version>1.17.0</version>
    </dependency>
```

如果要实现用户自定义函数或者要与 Kafka 交互，则还需要在 pom.xml 文件中加入如下依赖库：

```xml
<dependency>
    <groupId>org.apache.flink</groupId>
    <artifactId>flink-table-common</artifactId>
    <version>1.17.0</version>
</dependency>
```

这里给出一个具体代码实例 SQLDemo.java，内容如下：

```java
package cn.edu.xmu;

import org.apache.flink.connector.datagen.table.DataGenConnectorOptions;
import org.apache.flink.streaming.api.environment.StreamExecutionEnvironment;
import org.apache.flink.table.api.*;
import org.apache.flink.table.api.bridge.java.StreamTableEnvironment;
public class SQLDemo {
    public static void main(String[] args) throws Exception {
        StreamExecutionEnvironment env = StreamExecutionEnvironment.getExecutionEnvironment();
        StreamTableEnvironment tableEnv = StreamTableEnvironment.create(env);
        env.setParallelism(1);
        // 创建一个输入表 SourceTable
        tableEnv.createTemporaryTable("SourceTable", TableDescriptor.forConnector("datagen")
                .schema(Schema.newBuilder()
                        .column("f0", DataTypes.STRING())
                        .build())
                .option(DataGenConnectorOptions.ROWS_PER_SECOND, 1L)
                .build());
        // 使用SQL语句创建一个输出表 SinkTable
        tableEnv.executeSql("CREATE TEMPORARY TABLE SinkTable(str STRING) WITH ('connector' = 'print')");
        // 使用 Table API 创建一个表对象 table1
        Table table1 = tableEnv.from("SourceTable");
        // 使用SQL语句创建一个表对象 table2
        Table table2 = tableEnv.sqlQuery("SELECT * FROM SourceTable");
        // 把表对象 table1 写入输出表 SinkTable
        TableResult tableResult = table1.executeInsert("SinkTable");
    }
}
```

该程序的功能是，随机生成字符串并将其输出，在 IDEA 中运行该程序，可以看到类似下面的结果：

```
+I[52c6b38193162a33491b7586ac744bfff0d520cce836f6cf0ec8bbaf8ca888863c473a6b39be3480e89ff491bd1261b527a7]
+I[a9d2ee0a65b377e7ca865d2fc38e8bfa1e2dcb8993bcdfc532946e708788df56537f11218d1e27163e
```

```
68cf714c5e4e992462]
......
```

6.2.3 TableEnvironment

使用 Table API 和 SQL 创建 Flink 应用程序，需要在环境中创建 TableEnvironment。TableEnvironment 提供了注册内部表、执行 Flink SQL 语句、注册自定义函数、将 DataStream 转换为表等功能。

TableEnvironment 的第一种创建方法如下：

```
import org.apache.flink.table.api.EnvironmentSettings;
import org.apache.flink.table.api.TableEnvironment;

EnvironmentSettings settings = EnvironmentSettings
    .newInstance()
    .inStreamingMode()
    //.inBatchMode()
    .build();

TableEnvironment tEnv = TableEnvironment.create(settings);
```

TableEnvironment 的第二种创建方法如下：

```
import org.apache.flink.streaming.api.environment.StreamExecutionEnvironment;
import org.apache.flink.table.api.bridge.java.StreamTableEnvironment;

StreamExecutionEnvironment env = StreamExecutionEnvironment.getExecutionEnvironment();
StreamTableEnvironment tEnv = StreamTableEnvironment.create(env);
```

采用第二种创建方法时，Table API 就可以和 DataStream API 集成在一个程序中。

6.2.4 输入数据

创建 Flink Table API&SQL 程序需要创建输入表，也就是构建输入数据。在 Flink 中，表可以分为视图（View）和常规的表（Table）。视图可以从一个已经存在的表对象（通常是一个查询结果）中创建，常规的表则描述来自外部（比如文件或者数据库等）的数据。下面是创建一个视图的代码实例：

```
// 创建 TableEnvironment
TableEnvironment tableEnv = ...;

//使用 Table API 从表 X 中查询，并将结果创建为一个表对象 projTable
Table projTable = tableEnv.from("X").select(...);

// 把表对象 projTable 注册成临时表 projectedTable
tableEnv.createTemporaryView("projectedTable", projTable);
```

在 Flink 中，常规的表可以通过表连接器（Table Connector）来创建，可以使用 Table API，也可以使用 SQL 语句。在 Table API&SQL 中，Flink 可以通过表连接器直接连接外部系统，将批数据或者流数据从外部系统中获取到 Flink 系统中，或者从 Flink 系统中将数据发送到外部系统中。表连接器描述了存储表数据的外部系统。存储系统（例如 Kafka 或者常规的文件系统）都可以通过这种方式来创建表。具体使用方法如下：

```
// 方法一：使用 Table API
final TableDescriptor sourceDescriptor = TableDescriptor.forConnector("datagen")
    .schema(Schema.newBuilder()
    .column("f0", DataTypes.STRING())
```

```
            .build())
            .option(DataGenConnectorOptions.ROWS_PER_SECOND, 10L)
            .build();

tableEnv.createTable("SourceTableA", sourceDescriptor);
tableEnv.createTemporaryTable("SourceTableB", sourceDescriptor);

// 方法二:使用 SQL 语句
tableEnv.executeSql("CREATE [TEMPORARY] TABLE MyTable (...) WITH (...)");
```

Flink 提供了一些内置的表连接器,包括文件系统连接器、Kafka 连接器、Elasticsearch 连接器、JDBC SQL 连接器等。下面介绍文件系统连接器、JDBC SQL 连接器和 Kafka 连接器的用法。

1. 文件系统连接器

文件系统连接器允许用户从本地或者分布式文件系统中读取和写入数据,支持的数据格式包括 CSV、JSON(JavaScript Object Notation,JavaScript 对象表示法)、Avro、Parquet、Orc 等。下面是一个关于读取 CSV 文件的具体实例,新建一个代码文件 InputFromFileDemo.java,内容如下:

```java
package cn.edu.xmu;

import org.apache.flink.streaming.api.environment.StreamExecutionEnvironment;
import org.apache.flink.table.api.Table;
import org.apache.flink.table.api.TableResult;
import org.apache.flink.table.api.bridge.java.StreamTableEnvironment;

public class InputFromFileDemo {
    public static void main(String[] args) throws Exception {
        StreamExecutionEnvironment env = StreamExecutionEnvironment.getExecutionEnvironment();
        StreamTableEnvironment tableEnv = StreamTableEnvironment.create(env);
        env.setParallelism(1);
        // 创建一个输入表 stockPriceTable
        String sourceDDL =
                "create table stockPriceTable (" +
                        "stockId STRING," +
                        "price DOUBLE" +
                        ") with (" +
                        " 'connector' = 'filesystem', " +
                        " 'path' = 'file:///home/hadoop/stockprice.csv', " +
                        " 'format' = 'csv', " +
                        " 'csv.field-delimiter' = ',', " +
                        " 'csv.ignore-parse-errors' = 'true' " +
                        " )";
        tableEnv.executeSql(sourceDDL);
        // 使用 SQL 语句创建一个输出表 SinkTable
        tableEnv.executeSql("CREATE TEMPORARY TABLE SinkTable(stockId STRING,price DOUBLE) WITH ('connector' = 'print')");
        // 使用 Table API 创建一个表对象 table1
        Table table1 = tableEnv.from("stockPriceTable");
        // 把表对象 table1 写入输出表 SinkTable 中
        TableResult tableResult = table1.executeInsert("SinkTable");
    }
}
```

要想在 IDEA 中运行该程序,还需要在 pom.xml 中添加如下依赖库:

```xml
<dependency>
    <groupId>org.apache.flink</groupId>
```

```xml
        <artifactId>flink-csv</artifactId>
        <version>1.17.0</version>
</dependency>
```

在 Linux 中新建一个文件"file:///home/hadoop/stockprice.csv",在文件中输入如下两行内容:
```
stock1,123
stock2,456
```

在 IDEA 中运行 InputFromFileDemo.java,就可以在 IDEA 中看到如下输出结果:
```
+I[stock1, 123.0]
+I[stock2, 456.0]
```

如果要从 HDFS 中读取文件,可以把代码中的文件路径替换成 HDFS 文件路径,例如:
```
'path' = 'hdfs://hadoop01:9000/stockprice.csv'
```

2. JDBC SQL 连接器

JDBC SQL 连接器允许用户从支持 JDBC 驱动程序的关系数据库中读取和写入数据。

下面是一个从 MySQL 数据库中读取数据的具体实例。在 Linux 中启动 MySQL,进入 MySQL Shell 交互式执行环境,执行如下命令创建数据库:
```
mysql> create database stockdb;
mysql> use stockdb;
mysql> create table stockprice (stockId varchar(20),price double);
mysql> insert into stockprice values("stock1",123);
mysql> insert into stockprice values("stock2",456);
mysql> select * from stockprice;
```

新建一个代码文件 SQLDemo2.java,内容如下:
```java
package cn.edu.xmu;

import org.apache.flink.streaming.api.environment.StreamExecutionEnvironment;
import org.apache.flink.table.api.Table;
import org.apache.flink.table.api.TableResult;
import org.apache.flink.table.api.bridge.java.StreamTableEnvironment;

public class SQLDemo2 {
    public static void main(String[] args) throws Exception {
        StreamExecutionEnvironment env = StreamExecutionEnvironment.getExecutionEnvironment();
        StreamTableEnvironment tableEnv = StreamTableEnvironment.create(env);
        env.setParallelism(1);
        // 创建一个输入表 stockPriceTable
        String sourceDDL =
                "create table stockPriceTable (" +
                        " stockId STRING, " +
                        " price DOUBLE " +
                        ") with (" +
                        " 'connector' = 'jdbc', " +
                        " 'url' = 'jdbc:mysql://localhost:3306/stockdb', " +
                        " 'table-name' = 'stockprice', " +
                        " 'driver' = 'com.mysql.jdbc.Driver', " +
                        " 'username' = 'root', " +
                        " 'password' = '123456' )";
        tableEnv.executeSql(sourceDDL);
        // 使用 SQL 语句创建一个输出表 SinkTable
        tableEnv.executeSql("CREATE TEMPORARY TABLE SinkTable(stockId STRING,price DOUBLE) WITH ('connector' = 'print')");
        // 使用 Table API 创建一个表对象 table1
```

```
        Table table1 = tableEnv.from("stockPriceTable");
        // 把表对象table1写入输出表SinkTable
        TableResult tableResult = table1.executeInsert("SinkTable");
    }
}
```
上面这个实例中,with从句中提供了6个参数,具体参数及其含义可以参见表6-2。

表6-2 JDBC SQL 连接器的主要参数及其含义

参数名称	是否必需	含义
connector	必需	确定连接器类型,对于JDBC SQL连接器来说类型就是"jdbc"
url	必需	要连接的JDBC数据库的地址
table-name	必需	要连接的JDBC表的名称
driver	可选	JDBC驱动类的名称,如果没有提供,则自动从url中获取
username	可选	JDBC数据库的用户名,必须和password一起提供
password	可选	JDBC数据库的密码,必须和username一起提供

要想在IDEA中运行该程序,需要在pom.xml中添加如下依赖库:
```xml
<dependency>
    <groupId>org.apache.flink</groupId>
    <artifactId>flink-connector-jdbc</artifactId>
    <version>3.1.1-1.17</version>
</dependency>
<dependency>
    <groupId>mysql</groupId>
    <artifactId>mysql-connector-java</artifactId>
    <version>8.0.33</version>
</dependency>
```
在IDEA中运行该程序,可以看到如下输出结果:
```
+I[stock1, 123.0]
+I[stock2, 456.0]
```

3. Kafka 连接器

这里给出一个实例,要求使用Flink Table API将Kafka消费单击日志(JSON格式)转换为CSV格式之后输出到Kafka。

需要在pom.xml中添加如下依赖库:
```xml
<dependency>
    <groupId>org.apache.flink</groupId>
    <artifactId>flink-csv</artifactId>
    <version>1.17.0</version>
</dependency>
<dependency>
    <groupId>org.apache.flink</groupId>
    <artifactId>flink-json</artifactId>
    <version>1.17.0</version>
</dependency>
<dependency>
    <groupId>org.apache.flink</groupId>
    <artifactId>flink-connector-kafka</artifactId>
    <version>1.17.0</version>
</dependency>
```
新建一个代码文件FlinkTableAPIKafka2Kafka.java,内容如下:
```
package cn.edu.xmu;
```

```java
import org.apache.flink.streaming.api.environment.StreamExecutionEnvironment;
import org.apache.flink.table.api.*;
import org.apache.flink.table.api.bridge.java.StreamTableEnvironment;
import static org.apache.flink.table.api.Expressions.$;

public class FlinkTableAPIKafka2Kafka {
    public static final String input_topic = "clicklog_input";
    public static final String out_topic = "clicklog_output";

    public static void main(String[] args) {
        //1. 创建 TableEnvironment
        StreamExecutionEnvironment env = StreamExecutionEnvironment.getExecutionEnvironment();
        StreamTableEnvironment tableEnv = StreamTableEnvironment.create(env);
        env.setParallelism(1);

        //2. 创建 Kafka 输入表 sourceTable
        final Schema schema = Schema.newBuilder()
                .column("user", DataTypes.STRING())
                .column("url", DataTypes.STRING())
                .column("cTime", DataTypes.STRING())
                .build();

        tableEnv.createTemporaryTable("sourceTable", TableDescriptor.forConnector("kafka")
                .schema(schema)
                .format("json")
                .option("topic",input_topic)
                .option("properties.bootstrap.servers","hadoop01:9092")
                .option("properties.group.id","clicklog")
                .option("scan.startup.mode","latest-offset")  //每次都从最早的 offset 开始
                .build());

        //3. 创建 Kafka 输出表 sinkTable
        tableEnv.createTemporaryTable("sinkTable", TableDescriptor.forConnector("kafka")
                .schema(schema)
                .format("csv")
                .option("topic",out_topic)
                .option("properties.bootstrap.servers","hadoop01:9092")
                .build());

        //4. 输出
        tableEnv.from("sourceTable")
                .select($("user"), $("url"),$("cTime"))
                .executeInsert("sinkTable");
    }
}
```

首先需要启动 Kafka。在 Linux 系统中打开第一个终端，输入如下命令启动 ZooKeeper 服务：

```
$ cd /usr/local/kafka
$ ./bin/zookeeper-server-start.sh config/zookeeper.properties
```

打开第二个终端，输入如下命令启动 Kafka 服务：

```
$ cd /usr/local/kafka
$ ./bin/kafka-server-start.sh config/server.properties
```

打开第三个终端，输入如下命令创建 Producer 和 Consumer：

```
$ cd /usr/local/kafka
$ bin/kafka-topics.sh --bootstrap-server localhost:9092 --create --topic clicklog_input --replication-factor 1 --partitions 1
$ bin/kafka-topics.sh --bootstrap-server localhost:9092 --create --topic clicklog_output --replication-factor 1 --partitions 1
$ bin/kafka-topics.sh --zookeeper localhost:2181 --list
```

在第三个终端中继续执行如下命令启动 Consumer：

```
$ bin/kafka-console-consumer.sh --bootstrap-server localhost:9092 --topic clicklog_output
```

打开第四个终端，执行如下命令启动 Producer：

```
$ bin/kafka-console-producer.sh --bootstrap-server localhost:9092 --topic clicklog_input
```

在 IDEA 中运行程序 FlinkTableAPIKafka2Kafka.java。

在 Producer 终端内输入如下内容：

```
{"user":"Mary","url":"./home","cTime":"2023-09-02 12:00:00"}
```

这时，在 Consumer 终端内就可以看到如下信息：

```
Mary,./home,"2023-09-02 12:00:00"
```

6.2.5 查询表

创建好输入表以后，就可以使用 Table API 或者 SQL 语句对表进行查询了。

1. Table API

Table API 是基于 Table 类的，该类表示一个表（流或批处理），并提供使用关系操作的方法。这些方法返回一个新的表对象，该对象表示对输入表进行关系操作的结果。一些关系操作由多个方法调用组成，例如 table.groupBy(...).select(...)，其中，table 替换为表名，groupBy(...) 指定表的分组，select(...) 则在表分组上进行投影操作。

下面是一个简单的 Table API 聚合查询实例：

```java
import org.apache.flink.table.api.*;

import static org.apache.flink.table.api.Expressions.*;

EnvironmentSettings settings = EnvironmentSettings
    .newInstance()
    .inStreamingMode()
    .build();

TableEnvironment tEnv = TableEnvironment.create(settings);

// 创建输入表 Orders（具体创建语句省略）
// ...

// 从输入表 Orders 中构建表对象 orders
Table orders = tEnv.from("Orders"); // 表结构(a, b, c, rowtime)

Table counts = orders
        .groupBy($("a"))
        .select($("a"), $("b").count().as("cnt"));

// 输出
counts.execute().print();
```

2. SQL

Flink SQL 是基于 Calcite 实现的。Calcite 是为不同计算平台和数据源提供统一动态数据管理服务的高层框架。Calcite 在各种数据源上构建了标准的 SQL，并提供多种查询优化方案，而且 Calcite 引擎也适用于流处理场景。Calcite 的目标是为不同计算平台和数据源提供统一的查询引擎，并以 SQL 访问不同数据源。

Calcite 执行 SQL 查询的主要步骤如下。

（1）将 SQL 解析成未经校验的抽象语法树，抽象语法树是和语言无关的形式。
（2）校验抽象语法树，主要校验 SQL 语句是否合法，校验后的结果是 RelNode 树。
（3）优化 RelNode 树并生成物理执行计划。
（4）将物理执行计划转换成特定平台的执行代码，如 Flink 的 DataStream 应用程序代码。

下面的实例演示了如何指定查询并将结果作为表对象返回：

```
// 创建一个 TableEnvironment
EnvironmentSettings settings = EnvironmentSettings
    .newInstance()
    .inStreamingMode() // 声明为流任务
    //.inBatchMode() // 声明为批任务
    .build();

TableEnvironment tEnv = TableEnvironment.create(settings);

// 创建一个输入表 Orders
tableEnv.executeSql("CREATE TEMPORARY TABLE Orders ... WITH ( 'connector' = ... )");
// 创建一个输出表 outputTable
tableEnv.executeSql("CREATE TEMPORARY TABLE outputTable ... WITH ( 'connector' = ... )");

// 使用 SQL 语句执行查询并返回表对象
Table table1 = tableEnv.sqlQuery("SELECT product, amount FROM Orders WHERE product LIKE '%Rubber%'");

// 将 table1 的结果使用 Table API 写入 outputTable 中，并返回结果
TableResult tableResult = table1.executeInsert("outputTable");
```

3. 应用实例

这里给出一个简单的 Table API 和 SQL 数据处理应用程序实例。假设已经存在一个文本文件"/home/hadoop/stockprice0.csv"，文件内容如下：

```
stock1,123
stock2,456
stock1,100
stock2,200
```

为了简化问题，这里的数据集只设置了两个字段，即股票 ID 和股票交易价格，没有设置时间戳字段。

下面编写一个程序，这个程序分别使用了 Table API 和 SQL 语句进行查询操作。

新建一个代码文件 TableAPIandSQLDemo.java，程序内容如下：

```java
package cn.edu.xmu;

import org.apache.flink.streaming.api.environment.StreamExecutionEnvironment;
import org.apache.flink.table.api.Table;
import org.apache.flink.table.api.bridge.java.StreamTableEnvironment;
```

```java
    import static org.apache.flink.table.api.Expressions.$;

    public class TableAPIandSQLDemo {
        public static void main(String[] args) throws Exception {
            StreamExecutionEnvironment env = StreamExecutionEnvironment.getExecutionEnvironment();
            StreamTableEnvironment tableEnv = StreamTableEnvironment.create(env);
            env.setParallelism(1);
            // 使用SQL语句创建一个输入表sourceTable
            String sourceDDL =
                    "create table sourceTable (" +
                            "stockId STRING," +
                            "price DOUBLE" +
                            ") with (" +
                            " 'connector' = 'filesystem', " +
                            " 'path' = 'file:///home/hadoop/stockprice0.csv', " +
                            " 'format' = 'csv', " +
                            " 'csv.field-delimiter' = ',', " +
                            " 'csv.ignore-parse-errors' = 'true' " +
                            " )";
            tableEnv.executeSql(sourceDDL);
            // 使用SQL语句创建一个输出表sinkTable
            tableEnv.executeSql("CREATE TEMPORARY TABLE sinkTable(stockId STRING,price DOUBLE) WITH ('connector' = 'print')");
            // 使用Table API创建一个表对象table1
            Table table1 = tableEnv.from("sourceTable");
            // 把table1注册成一个临时表
            tableEnv.createTemporaryView("myTable1", table1);
            // 使用Table API进行查询
            Table result1 = table1.groupBy($("stockId")).select($("stockId"), $("price").sum().as("sum-price"));
            result1.execute().print();
            // 使用SQL语句进行查询
            Table result2 = tableEnv.sqlQuery("select * from sourceTable where price>200");
            result2.execute().print();
            Table result3 = tableEnv.sqlQuery("select * from myTable1 where price>200");
            result3.execute().print();
        }
    }
```

在IDEA中运行该程序，程序执行以后会输出图6-8所示结果。从结果可以看出，当第1条数据(stock1,123)到达时，输出第 1 行结果(+I,stock1,123.0)。当第 2 条数据(stock2,456)到达时，输出第 2 行结果(+I,stock2,456.0)。当第 3 条数据(stock1,100)到达时，输出第 3 行结果(-U,stock1,123.0)，表示撤销这个结果，并输出第 4 行结果(+U,stock1,223.0)，这个结果是对股票 ID 为 stock1 的股票的两次交易价格(123 和 100)求和的结果。当第4条数据(stock2,200)到达时，输出第5行结果(-U,stock2,456.0)，表示撤销这个结果，并输出第 6 行结果(+U,stock2,656.0)，这个结果是对股票 ID 为 stock2 的股票的两次交易价格（456 和 200）求和的结果。

从该程序也可以看出，Table API 和 SQL 查询可以混合在同一个代码文件中，因为二者都返回表对象。一个 SQL 查询返回一个表对象以后，可以继续使用 Table API 对这个表对象进行操作。同理，一个 Table API 查询返回一个表对象以后，可以把这个表对象注册成一个临时表，然后就可以继续使用 SQL 语句对这个临时表进行操作了。

```
+----+----------------------+--------------+
| op |             stockId  |   sum-price  |
+----+----------------------+--------------+
| +I |               stock1 |       123.0  |
| +I |               stock2 |       456.0  |
| -U |               stock1 |       123.0  |
| +U |               stock1 |       223.0  |
| -U |               stock2 |       456.0  |
| +U |               stock2 |       656.0  |
+----+----------------------+--------------+
6 rows in set

+----+----------------------+--------------+
| op |             stockId  |       price  |
+----+----------------------+--------------+
| +I |               stock2 |       456.0  |
+----+----------------------+--------------+
1 row in set

+----+----------------------+--------------+
| op |             stockId  |       price  |
+----+----------------------+--------------+
| +I |               stock2 |       456.0  |
+----+----------------------+--------------+
1 row in set
```

图 6-8　程序输出结果

6.2.6　输出数据

Flink 通常通过表连接器把数据输出到外部存储。这里介绍通过文件系统连接器和 JDBC SQL 连接器输出数据的方法。

1. 文件系统连接器

文件系统连接器允许用户把数据输出到文件中。下面是一个关于读取 CSV 文件的具体实例，新建一个代码文件 OutputToFileDemo1.java，内容如下：

```
package cn.edu.xmu;

import org.apache.flink.streaming.api.environment.StreamExecutionEnvironment;
import org.apache.flink.table.api.Table;
import org.apache.flink.table.api.TableResult;
import org.apache.flink.table.api.bridge.java.StreamTableEnvironment;

public class OutputToFileDemo1 {
    public static void main(String[] args) throws Exception {
        StreamExecutionEnvironment env = StreamExecutionEnvironment.getExecutionEnvironment();
        StreamTableEnvironment tableEnv = StreamTableEnvironment.create(env);
        env.setParallelism(1);
        // 创建一个输入表 sourceTable
        String sourceDDL =
                "create table sourceTable (" +
                        "stockId STRING," +
```

```
                        "price DOUBLE" +
                        ") with (" +
                        " 'connector' = 'filesystem', " +
                        " 'path' = 'file:///home/hadoop/stockprice0.csv', " +
                        " 'format' = 'csv', " +
                        " 'csv.field-delimiter' = ',', " +
                        " 'csv.ignore-parse-errors' = 'true' " +
                        " )";
        tableEnv.executeSql(sourceDDL);
        // 使用SQL语句创建一个输出表sinkTable
        String sinkDDL =
                "create table sinkTable (" +
                        "stockId STRING," +
                        "price DOUBLE" +
                        ") with (" +
                        " 'connector' = 'filesystem', " +
                        " 'path' = 'file:///home/hadoop/stockprice2', " +
                        " 'format' = 'csv', " +
                        " 'csv.field-delimiter' = ',', " +
                        " 'csv.ignore-parse-errors' = 'true' " +
                        " )";
        tableEnv.executeSql(sinkDDL);
        // 使用Table API创建一个表对象table1
        Table table1 = tableEnv.from("sourceTable");
        // 把表对象table1写入输出表sinkTable中
        TableResult tableResult = table1.executeInsert("sinkTable");
    }
}
```

在IDEA中运行该程序,"file:///home/hadoop/"目录下会生成一个名称为"stockprice2"的目录,在该目录中,会包含类似如下名称的文件:
```
part-60f14088-1cc3-4e8f-a463-56d9bdbcbcca-0-0
```
打开该文件,就可以看到程序写入文件的内容。

也可以使用表连接器来定义输出表。新建代码文件 OutputToFileDemo2.java,内容如下:
```
package cn.edu.xmu;

import org.apache.flink.streaming.api.environment.StreamExecutionEnvironment;
import org.apache.flink.table.api.*;
import org.apache.flink.table.api.bridge.java.StreamTableEnvironment;

public class OutputToFileDemo2 {
    public static void main(String[] args) throws Exception {
        StreamExecutionEnvironment env = StreamExecutionEnvironment.getExecutionEnvironment();
        StreamTableEnvironment tableEnv = StreamTableEnvironment.create(env);
        env.setParallelism(1);
        // 创建一个输入表sourceTable
        String sourceDDL =
                "create table sourceTable (" +
                        "stockId STRING," +
                        "price DOUBLE" +
                        ") with (" +
                        " 'connector' = 'filesystem', " +
                        " 'path' = 'file:///home/hadoop/stockprice0.csv', " +
                        " 'format' = 'csv', " +
```

```
                        " 'csv.field-delimiter' = ',', " +
                        " 'csv.ignore-parse-errors' = 'true' " +
                        " )";
            tableEnv.executeSql(sourceDDL);
            Table table1 = tableEnv.from("sourceTable");
            final Schema schema = Schema.newBuilder()
                    .column("stockId", DataTypes.STRING())
                    .column("price", DataTypes.DOUBLE())
                    .build();
            tableEnv.createTemporaryTable("CsvSinkTable",
TableDescriptor.forConnector("filesystem")
                    .schema(schema)
                    .option("path", "file:///home/hadoop/stockprice")
                    .format(FormatDescriptor.forFormat("csv")
                            .option("field-delimiter", ",")
                            .build())
                    .build());
            // 把表对象table1插入pipeline中
            TablePipeline pipeline =table1.insertInto("CsvSinkTable");
            // 输出执行过程的明细
            pipeline.printExplain();
            // 调用pipeline的execute()方法，把表对象table1的数据发送到注册好的CsvSinkTable中
            pipeline.execute();
        }
    }
```

2. JDBC SQL 连接器

JDBC SQL 连接器允许用户把数据写入支持 JDBC 驱动程序的关系数据库中。

这里给出一个实例，从"file:///home/hadoop/stockprice.csv"文件中读取数据，然后将数据写入 MySQL 数据库中。

新建一个代码文件 OutputToMySQLDemo.java，内容如下：

```
package cn.edu.xmu;

import org.apache.flink.streaming.api.environment.StreamExecutionEnvironment;
import org.apache.flink.table.api.Table;
import org.apache.flink.table.api.TableResult;
import org.apache.flink.table.api.bridge.java.StreamTableEnvironment;

public class OutputToMySQLDemo {
    public static void main(String[] args) throws Exception {
        StreamExecutionEnvironment env = StreamExecutionEnvironment.getExecutionEnvironment();
        StreamTableEnvironment tableEnv = StreamTableEnvironment.create(env);
        env.setParallelism(1);
        // 创建一个输入表sourceTable
        String sourceDDL =
                "create table sourceTable (" +
                        "stockId STRING," +
                        "price DOUBLE" +
                        ") with (" +
                        " 'connector' = 'filesystem', " +
                        " 'path' = 'file:///home/hadoop/stockprice.csv', " +
                        " 'format' = 'csv', " +
                        " 'csv.field-delimiter' = ',', " +
                        " 'csv.ignore-parse-errors' = 'true' " +
```

```
                        " )";
            tableEnv.executeSql(sourceDDL);
            // 使用SQL语句创建一个输出表sinkTable
            String sinkDDL =
                    "create table sinkTable (" +
                        " stockId STRING, " +
                        " price DOUBLE " +
                        ") with (" +
                        " 'connector' = 'jdbc', " +
                        " 'url' = 'jdbc:mysql://localhost:3306/stockdb', " +
                        " 'table-name' = 'stockprice', " +
                        " 'driver' = 'com.mysql.jdbc.Driver', " +
                        " 'username' = 'root', " +
                        " 'password' = '123456' )";
            tableEnv.executeSql(sinkDDL);
            // 使用Table API创建一个表对象table1
            Table table1 = tableEnv.from("sourceTable");
            // 把表对象table1写入输出表sinkTable中
            TableResult tableResult = table1.executeInsert("sinkTable");
        }
    }
```

在IDEA中运行该程序后，就可以在MySQL数据库中看到新插入的记录。

6.2.7　表和DataStream的相互转换

在定义一个数据处理应用程序时，Table API和DataStream API是同等重要的。DataStream API提供了数据流处理的原始语义（包括时间、状态、数据流管理等），属于较低层次的API。Table API对很多内部操作进行了抽象，生成了一个结构化、声明式的API，属于较高层次的API。两种API都可以处理有界和无界数据流。两种API可以独立运行，互相不发生依赖，但是，将二者混合使用可以带来3个方面的突出优势。

（1）在DataStream API中实现主管道之前，使用表生态系统轻松访问目录或连接到外部系统。

（2）在DataStream API中实现主管道之前，访问一些SQL函数以进行无状态数据规范化和清理。

（3）如果Table API中没有更低层次的操作（例如自定义计时器处理），则可以随时切换到DataStream API。

Flink提供了Table API和DataStream API集成，也就是说，Flink可以将一个DataStream转换成一个表，也可以将一个表转换成一个DataStream。

在TableEnvironment中可以将DataStream注册成视图。结果视图的模式（Schema）取决于注册的DataStream的数据类型。需要注意的是，通过DataStream注册的视图只能是临时视图。

新建一个代码文件DataStreamToTableDemo.java，内容如下：

```
package cn.edu.xmu;

import org.apache.flink.streaming.api.datastream.DataStream;
import org.apache.flink.streaming.api.environment.StreamExecutionEnvironment;
import org.apache.flink.table.api.Table;
import org.apache.flink.table.api.bridge.java.StreamTableEnvironment;
import org.apache.flink.types.Row;

public class DataStreamToTableDemo {
    public static void main(String[] args) throws Exception {
        StreamExecutionEnvironment env = StreamExecutionEnvironment.getExecutionEnvironment();
```

```java
        StreamTableEnvironment tableEnv = StreamTableEnvironment.create(env);
        env.setParallelism(1);
        // 创建一个DataStream
        DataStream<String> dataStream = env.fromElements("Alice", "Bob", "John");
        //把DataStream转换成一个表对象
        Table inputTable = tableEnv.fromDataStream(dataStream);
        // 把表对象注册成一个视图
        tableEnv.createTemporaryView("InputTable", inputTable);
        // 对视图进行查询
        Table resultTable = tableEnv.sqlQuery("SELECT UPPER(f0) FROM InputTable");
        // 把insert-only类型的表对象转换成一个DataStream
        DataStream<Row> resultStream = tableEnv.toDataStream(resultTable);
        // 调用DataStream API执行流计算
        resultStream.print();
        env.execute();
    }
}
```

在IDEA中运行该程序,结果如下:

```
+I[ALICE]
+I[BOB]
+I[JOHN]
```

上面这个实例中,表对象resultTable属于insert-only类型,也就是表中的记录只会增加,它会被转换成一个DataStream。下面给出一个实例,需要把表对象转换成一个ChangelogDataStream。新建一个代码文件DataStreamToTableDemo2.java,内容如下:

```java
package cn.edu.xmu;

import org.apache.flink.streaming.api.datastream.DataStream;
import org.apache.flink.streaming.api.environment.StreamExecutionEnvironment;
import org.apache.flink.table.api.Table;
import org.apache.flink.table.api.bridge.java.StreamTableEnvironment;
import org.apache.flink.types.Row;

public class DataStreamToTableDemo2 {
    public static void main(String[] args) throws Exception {
        StreamExecutionEnvironment env = StreamExecutionEnvironment.getExecutionEnvironment();
        StreamTableEnvironment tableEnv = StreamTableEnvironment.create(env);
        env.setParallelism(1);
        // 创建一个DataStream
        DataStream<Row> dataStream = env.fromElements(
                Row.of("Alice", 12),
                Row.of("Bob", 10),
                Row.of("Alice", 100));
        // 把DataStream转换成一个表对象
        Table inputTable = tableEnv.fromDataStream(dataStream).as("name", "score");
        // 把表对象注册成一个视图并进行查询
        // 这个查询包含聚合结果,并且聚合结果会发生更新
        tableEnv.createTemporaryView("InputTable", inputTable);
        Table resultTable = tableEnv.sqlQuery(
                "SELECT name, SUM(score) FROM InputTable GROUP BY name");
        // 把updating类型的表对象转换为一个ChangelogDataStream
        DataStream<Row> resultStream = tableEnv.toChangelogStream(resultTable);
```

```
        // 调用DataStream API执行流计算
        resultStream.print();
        env.execute();
    }
}
```

在上面的代码中,表对象 resultTable 属于 updating 类型,也就是表中记录的值会不断发生更新,因此,它会被转换成一个 ChangelogDataStream。

在 IDEA 中运行该程序,结果如下:

```
+I[Alice, 12]
+I[Bob, 10]
-U[Alice, 12]
+U[Alice, 112]
```

6.2.8 时间属性

Table API 和 SQL 接口中的算子,其中部分需要依赖时间属性,如 groupBy 算子等,对于这类算子,我们需要在表模式中定义时间属性。

1. 事件时间的定义

和 DataStream API 一样,Table API 中的事件时间也是从输入事件中提取而来的。定义事件时间的方法有两种:在创建表的 DDL(Data Description Language,数据描述语言)中定义、在 DataStream 到表转换时定义。

在创建表的 DDL 中定义事件时间的方法如下:

```
CREATE TABLE user_actions (
  user_name STRING,
  data STRING,
  user_action_time TIMESTAMP(3),
  // 把 user_action_time 声明为事件时间属性,并且使用5s延迟时间的水位线生成策略
  WATERMARK FOR user_action_time AS user_action_time - INTERVAL '5' SECOND
) WITH (
  ...
);
```

关于在创建表的 DDL 中定义事件时间的具体方法,6.3.12 小节的 WindowAggregateFunctionDemo.java 中会给出一个完整的实例。

在 DataStream 到表转换时定义事件时间的方法如下:

```
// 方法1:
// 在数据流中提取时间戳,分配水位线
DataStream<Tuple2<String, String>> stream = inputStream.assignTimestampsAndWatermarks
(...);
// 声明一个额外的字段作为事件时间属性
Table table = tEnv.fromDataStream(stream, $("user_name"), $("data"), $("user_action_
time").rowtime());

// 方法2:
// 在数据流中提取时间戳,分配水位线
DataStream<Tuple3<Long, String, String>> stream = inputStream.assignTimestampsAndWatermarks
(...);
// 第1个字段已经被用来提取时间戳,因此不再是必需的
// 用一个逻辑上的事件时间属性来替换第1个字段
Table table = tEnv.fromDataStream(stream, $("user_action_time").rowtime(), $("user_name"),
$("data"));
```

2. 处理时间的定义

处理时间基于机器的本地时间来处理数据，是较简单的一种时间属性，但是它不能提供确定性。它既不需要从数据中获取时间，也不需要生成水位线。定义处理时间的方法有两种：在创建表的 DDL 中定义、在 DataStream 到表转换时定义。

在创建表的 DDL 中定义处理时间的方法如下：
```
CREATE TABLE user_actions (
  user_name STRING,
  data STRING,
  user_action_time AS PROCTIME() -- 声明一个额外的字段作为处理时间属性
) WITH (
  ...
);
```

在 DataStream 到表转换时定义处理时间的方法如下：
```
// 声明一个额外的逻辑字段作为处理时间属性
Table table = tEnv.fromDataStream(stream, $("user_name"), $("data"), $("user_action_time").proctime());
```

6.3 Table API

Flink 针对不同的用户场景提供了 3 层用户 API。最下层是 ProcessFunction API，可以对状态、时间等复杂机制进行有效的控制，但用户使用的便捷性很差，也就是说，即使很简单的统计逻辑，也需要较多的代码才能实现。中间层是 DataStream API，对窗口、聚合等算子进行了封装，用户使用的便捷性有所增强。最上层是 Table API，这是一种可被查询优化器优化的高级分析 API。Table API 具备 SQL 的下述各种优点。

（1）声明式。用户只用关心做什么，不用关心怎么做。
（2）高性能。支持查询优化，可以获取较好的执行性能。
（3）批流统一。对于相同的统计逻辑，既可以流模式运行，也可以批模式运行。
（4）标准稳定。语义遵循 SQL 标准，语法和语义明确、不易变动。

下面先给出一个简单的 Table API 应用实例，然后详细介绍各种 Table API 的用法。

6.3.1 Table API 应用实例

这里给出一个简单的 Table API 应用实例，在这个实例中，我们会对单词进行词频统计并输出。新建一个代码文件 TableAPIDemo.java，内容如下：

```java
package cn.edu.xmu;

import org.apache.flink.streaming.api.datastream.DataStream;
import org.apache.flink.streaming.api.environment.StreamExecutionEnvironment;
import org.apache.flink.table.api.Table;
import org.apache.flink.table.api.bridge.java.StreamTableEnvironment;
import static org.apache.flink.table.api.Expressions.$;

public class TableAPIDemo {
    public static void main(String[] args) throws Exception {
        StreamExecutionEnvironment env = StreamExecutionEnvironment.getExecutionEnvironment();
        StreamTableEnvironment tableEnv = StreamTableEnvironment.create(env);
        env.setParallelism(1);
```

```
        // 创建一个DataStream
        DataStream<String> dataStream = env.fromElements("Flink", "Spark", "Spark", "Flink");
        //把DataStream转换成一个表对象
        Table inputTable = tableEnv.fromDataStream(dataStream).as("word");
        Table wordCount = inputTable.groupBy($("word"))
             .select($("word"), $("word").count().as("cnt"));
        wordCount.execute().print();
    }
}
```

在 IDEA 中执行该程序以后的输出结果如图 6-9 所示。

```
+----+--------------------------------+----------------------+
| op |                           word |                  cnt |
+----+--------------------------------+----------------------+
| +I |                          Flink |                    1 |
| +I |                          Spark |                    1 |
| -U |                          Spark |                    1 |
| +U |                          Spark |                    2 |
| -U |                          Flink |                    1 |
| +U |                          Flink |                    2 |
+----+--------------------------------+----------------------+
6 rows in set
```

图 6-9 词频统计输出结果

6.3.2 扫描、投影和过滤

Table API 提供了 from、fromValues、select、as、where、filter 等方法，可以实现扫描、投影和过滤等功能。

1. from

from 的用法和 SQL 语句中的 FROM 从句的用法类似，用于对一个已经注册的表进行扫描。具体实例如下：
```
Table stock = tableEnv.from("stockPriceTable");
```
其中，stockPriceTable 是系统中已经注册的表名称（参考 6.2.4 小节中的实例 InputFromFileDemo.java）。

2. fromValues

fromValues 的用法和 SQL 语句中的 VALUES 从句的用法类似，它会从用户提供的行中生成一个表对象。具体实例如下：
```
import static org.apache.flink.table.api.Expressions.row;
Table table = tableEnv.fromValues(
   row(1, "ABC"),
   row(2L, "ABCDE")
);
```
也可以在生成一个表对象的时候指定字段名称，具体实例如下：
```
Table table = tableEnv.fromValues(
            DataTypes.ROW(
```

```
                    DataTypes.FIELD("id", DataTypes.DECIMAL(10, 2)),
                    DataTypes.FIELD("name", DataTypes.STRING())
            ),
            row(1, "ABC"),
            row(2L, "ABCDE")
    );
```

3. select

select 的用法和 SQL 语句中的 SELECT 从句的用法类似，会执行选择操作。具体实例如下：

```
Table stock = tableEnv.from("stockPriceTable");
Table result = stock.select($("stockId"), $("price").as("stockPrice"));
```

可以使用"*"选择表中的所有列，具体实例如下：

```
Table stock = tableEnv.from("stockPriceTable");
Table result = stock.select($("*"));
```

4. as

as 用于对字段进行重命名操作，具体实例如下：

```
Table stock = tableEnv.from("stockPriceTable");
Table result =stock.as("myStockId,myTimeStamp,myPrice");
```

5. where

where 的用法和 SQL 语句中的 WHERE 从句的用法类似，会执行条件筛选操作。具体实例如下：

```
Table stock = tableEnv.from("stockPriceTable");
Table result = stock.where($("stockId").isEqual("stock_1"));
```

6. filter

filter 用于对表中的行进行过滤操作。具体实例如下：

```
Table stock = tableEnv.from("stockPriceTable");
Table result =stock.filter($("stockId").isEqual("stock_1"));
```

6.3.3 列操作

1. addColumns

addColumns 会为表增加一个列，如果表中已经存在这个列，则会报错。具体实例如下：

```
Table stock = tableEnv.from("stockPriceTable");
Table result = stock.addColumns(concat($("stockId"), "_good"));
```

增加一个列以后的效果类似于：

```
(stock_2,1602031562148,43.5,stock_2_good)
(stock_1,1602031562148,22.9,stock_1_good)
(stock_0,1602031562153,8.3,stock_0_good)
(stock_2,1602031562153,42.1,stock_2_good)
(stock_1,1602031562158,22.2,stock_1_good)
```

2. addOrReplaceColumns

addOrReplaceColumns 会为表增加一个列，如果表中已经存在同名的列，则表中已经存在的这个列会被替换。具体实例如下：

```
Table stock = tableEnv.from("stockPriceTable");
Table result = stock.addOrReplaceColumns(concat($("stockId"), "_good").as("goodstock"));
```

3. dropColumns

dropColumns 用于执行列的删除操作，只有已经存在的列才能被删除。具体实例如下：

```
Table stock = tableEnv.from("stockPriceTable");
Table result = stock.dropColumns($("timeStamp"), $("price"));
```

4. renameColumns

renameColumns 用于对列进行重命名。具体实例如下：
```
Table stock = tableEnv.from("stockPriceTable");
Table result = stock.renameColumns($("stockId").as("id"), $("price").as("stockprice"));
```

6.3.4 聚合操作

这里介绍常用的聚合操作，即 groupBy 聚合、基于窗口的 groupBy 聚合和 distinct，其他聚合操作可以参考 Flink 官网资料。

1. groupBy 聚合

groupBy 的用法和 SQL 语句中的 GROUP BY 从句的用法类似，它会根据分组键对表中的行进行分组。分组以后的表可以用于后续的聚合操作。具体实例如下：
```
Table stock = tableEnv.from("stockPriceTable");
Table result = stock.groupBy($("stockId")).select($("stockId"), $("price").sum().as("price_sum"));
```

2. 基于窗口的 groupBy 聚合

基于窗口的 groupBy 聚合的用法和 DataStream API 中提供的窗口的用法一致，都是将流数据集根据窗口类型切分成有界数据集，然后在有界数据集上进行聚合类计算。

可以使用如下方式实现基于窗口的 groupBy 聚合：
```
Table stock = tableEnv.from("stockPriceTable");
Table result = stock
    .window(Tumble.over(lit(5).minutes()).on($("timeStamp")).as("w")) // 定义窗口
    .groupBy($("stockId"), $("w")) //根据键和窗口进行分组
    // 访问窗口属性并聚合
    .select(
        $("stockId"),
        $("w").start(),
        $("w").end(),
        $("w").rowtime(),
        $("price").sum().as("price_sum")
    );
```

其中，over 操作符指定窗口的长度，on 操作符指定事件时间字段。

下面是运用滚动窗口执行基于窗口的 groupBy 聚合计算的一个实例。新建一个代码文件 GroupByWindowAggregationDemo.java，内容如下：
```
package cn.edu.xmu;

import org.apache.flink.api.common.eventtime.*;
import org.apache.flink.streaming.api.datastream.DataStreamSource;
import org.apache.flink.streaming.api.datastream.SingleOutputStreamOperator;
import org.apache.flink.streaming.api.environment.StreamExecutionEnvironment;
import org.apache.flink.table.api.Table;
import org.apache.flink.table.api.Tumble;
import org.apache.flink.table.api.bridge.java.StreamTableEnvironment;
import java.text.Format;
import java.text.SimpleDateFormat;
import static org.apache.flink.table.api.Expressions.$;
import static org.apache.flink.table.api.Expressions.lit;

public class GroupByWindowAggregationDemo {
    public static void main(String[] args) throws Exception {
```

```java
            StreamExecutionEnvironment env = StreamExecutionEnvironment.getExecution
Environment();
            StreamTableEnvironment tableEnv = StreamTableEnvironment.create(env);
            env.setParallelism(1);
            DataStreamSource<String> source = env.socketTextStream("hadoop01", 9999);
            SingleOutputStreamOperator<StockPrice> stockPriceDS = source.map(s -> {
                String[] element = s.split(",");
                return new StockPrice(element[0], Long.valueOf(element[1]), Double.valueOf
(element[2]));
            });
            SingleOutputStreamOperator<StockPrice>stockPriceDSWithWatermark=
stockPriceDS.assignTimestampsAndWatermarks(new MyWatermarkStrategy());
            Tablestock=tableEnv.fromDataStream(stockPriceDSWithWatermark,
$("timeStamp").rowtime(), $("stockId"), $("price"));
            Table result = stock
                    .window(Tumble.over(lit(10).seconds()).on($("timeStamp")).as("w"))  // 定
义窗口
                    .groupBy($("stockId"), $("w"))  //根据键和窗口进行分组
                    // 访问窗口属性并聚合
                    .select(
                            $("stockId"),
                            $("w").start(),
                            $("w").end(),
                            $("w").rowtime(),
                            $("price").sum().as("price_sum")
                    );
            result.execute().print();
        }
        public static class MyWatermarkStrategy implements WatermarkStrategy<StockPrice>{

            @Override
            publicWatermarkGenerator<StockPrice>
createWatermarkGenerator(WatermarkGeneratorSupplier.Context context) {
                return new WatermarkGenerator<StockPrice>(){
                    long maxOutOfOrderness = 10000L;  //设定最大延迟时间为10s
                    long currentMaxTimestamp = 0L;
                    Watermark a = null;
                    Format format = new SimpleDateFormat("yyyy-MM-dd HH:mm:ss.SSS");
                    @Override
                    publicvoidonEvent(StockPriceevent,longeventTimestamp,WatermarkOutput
output) {
                        currentMaxTimestamp=Math.max(eventTimestamp, currentMaxTimestamp);
                        a = new Watermark(currentMaxTimestamp - maxOutOfOrderness);
                        output.emitWatermark(a);
                        System.out.println("timestamp:" + event.stockId + "," + event.timeStamp
+ "|" + format.format(event.timeStamp) + "," + currentMaxTimestamp + "|" +
format.format(currentMaxTimestamp) + "," + a.toString());
                    }

                    @Override
                    public void onPeriodicEmit(WatermarkOutput output) {
                        // 没有使用周期性发送水印,因此这里没有执行任何操作
                    }
                };
            }
```

```
        @Override
        publicTimestampAssigner<StockPrice>
createTimestampAssigner(TimestampAssignerSupplier.Context context) {
            return new SerializableTimestampAssigner<StockPrice>() {
                @Override
                public long extractTimestamp(StockPrice element, long recordTimestamp) {
                    return element.timeStamp; //从到达消息中提取时间戳
                }
            };
        }
    }
}
```

在 Linux 终端中，使用如下命令启动 NC 程序：

```
$ nc -lk 9999
```

然后在 IDEA 中运行程序 GroupByWindowAggregationDemo.java，再在 NC 窗口内逐行输入如下数据：

```
stock_1,1602031567000,8.14
stock_1,1602031568000,8.22
stock_1,1602031575000,8.14
stock_1,1602031577000,8.14
stock_1,1602031593000,8.14
```

程序运行以后的部分输出结果如图 6-10 所示，可以看出，两个滚动窗口内对股票交易价格进行聚合计算的结果分别是 16.36 和 16.28。

```
             EXPR$1 |                EXPR$2 |                       price_sum |
-------------------------+-------------------------+-----------------------------+
2020-10-07 00:46:10.000 | 2020-10-07 00:46:09.999 |                       16.36 |
2020-10-07 00:46:20.000 | 2020-10-07 00:46:19.999 |                       16.28 |
```

图 6-10　程序的部分输出结果

3. distinct

distinct 的作用和 SQL 语句中的 DISTINCT 从句的作用类似，返回的是具有唯一值的记录。具体实例如下：

```
Table stock = tableEnv.from("stockPriceTable");
Table result = stock.distinct();
```

6.3.5　连接操作

这里介绍常用的连接操作，即内连接和外连接，其他连接操作可以参考 Flink 官网资料。

1. 内连接

内连接操作的功能和 SQL 语句中的 JOIN 从句的功能类似，会对两个表进行连接操作。参与连接的两个表必须都存在具有唯一值的字段，并且具有至少一个等值连接谓词。具体实例如下：

```
Table left = tableEnv.from("MyTable").select($("a"), $("b"), $("c"));
Table right = tableEnv.from("MyTable").select($("d"), $("e"), $("f"));
Table result = left.join(right)
    .where($("a").isEqual($("d")))
    .select($("a"), $("b"), $("e"));
```

2. 外连接

外连接操作的功能和 SQL 语句中的 LEFT/RIGHT/FULL OUTER JOIN 从句的功能类似，会对两个表进行连接操作。参与连接的两个表必须都存在具有唯一值的字段，并且具有至少一个等值连接谓词。具体实例如下：
```
Table left = tableEnv.from("MyTable").select($("a"), $("b"), $("c"));
Table right = tableEnv.from("MyTable").select($("d"), $("e"), $("f"));

Table leftOuterResult = left.leftOuterJoin(right, $("a").isEqual($("d")))
                    .select($("a"), $("b"), $("e"));
Table rightOuterResult = left.rightOuterJoin(right, $("a").isEqual($("d")))
                    .select($("a"), $("b"), $("e"));
Table fullOuterResult = left.fullOuterJoin(right, $("a").isEqual($("d")))
                    .select($("a"), $("b"), $("e"));
```

6.3.6 集合操作

1. union

union 操作和 SQL 语句中的 UNION 从句类似，会对两个表进行集合操作，并且删除重复的记录，要求两个表必须具有相同的字段类型。具体实例如下：
```
Table left = tableEnv.from("orders1");
Table right = tableEnv.from("orders2");
left.union(right);
```

2. unionAll

unionAll 操作和 SQL 语句中的 UNION ALL 从句类似，会对两个表进行集合操作，要求两个表必须具有相同的字段类型。具体实例如下：
```
Table left = tableEnv.from("orders1");
Table right = tableEnv.from("orders2");
left.unionAll(right);
```

3. intersect

intersect 操作和 SQL 语句中的 INTERSECT 从句类似，对两个表进行集合操作以后，会返回两个表的交集，也就是在两个表中都存在的记录。如果一条记录在一个表或两个表中出现了两次以上，则在返回的结果中只会出现一次，也就是说，在返回的结果集中不会存在重复的记录。此外，intersect 操作还要求两个表必须具有相同的字段类型。具体实例如下：
```
Table left = tableEnv.from("orders1");
Table right = tableEnv.from("orders2");
left.intersect(right);
```

4. intersectAll

intersectAll 操作与 SQL 语句中的 INTERSECT ALL 从句类似，会返回两个表的交集，也就是在两个表中都存在的记录。如果一条记录在一个表或两个表中出现了两次以上，则在返回的结果中也会出现相应的次数，也就是说，在返回的结果集中会存在重复的记录。此外，intersectAll 操作还要求两个表必须具有相同的字段类型。具体实例如下：
```
Table left = tableEnv.from("orders1");
Table right = tableEnv.from("orders2");
left.intersectAll(right);
```

5. minus

minus 操作和 SQL 语句中的 EXCEPT 从句类似，它返回的结果是在左表中存在但是在右表中不存在的记录。左表中重复的记录，在返回的结果中只会出现一次。此外，minus 操作还要求两个表必须具有相同的字段类型。具体实例如下：
```
Table left = tableEnv.from("orders1");
Table right = tableEnv.from("orders2");
left.minus(right);
```

6. minusAll

minusAll 操作和 SQL 语句中的 EXCEPT ALL 从句类似，它返回的结果是在左表中存在但是在右表中不存在的记录。如果一条记录在左表中出现了 *n* 次，并且在右表中出现了 *m* 次，那么，在返回的结果中会出现 *n-m* 次。此外，minusAll 操作还要求两个表必须具有相同的字段类型。具体实例如下：

```
Table left = tableEnv.from("orders1");
Table right = tableEnv.from("orders2");
left.minusAll(right);
```

7. in

in 操作和 SQL 语句中的 IN 从句类似，当一个表达式存在于给定的查询表当中时，in 操作会返回 true，并且要求这个查询表只能有一个列，而且这个列和这个表达式必须具有相同的数据类型。具体实例如下：

```
Table left = tableEnv.from("Orders1");
Table right = tableEnv.from("Orders2");
Table result = left.select($("a"), $("b"), $("c")).where($("a").in(right));
```

6.3.7 排序操作

orderBy 操作和 SQL 语句中的 ORDER BY 从句类似，返回的结果是有序的。具体实例如下：

```
Table result = tab.orderBy($("a").asc());
```

6.3.8 插入操作

insertInto 操作和 SQL 语句中的 INSERT INTO 从句类似，可以向一个已经注册的表中插入记录。需要注意的是，已经注册的输出表的模式必须和查询的模式匹配。具体实例如下：

```
Table orders = tableEnv.from("Orders");
orders.insertInto("OutOrders").execute();
```

6.3.9 滚动窗口

滚动窗口是通过 Tumble 类定义的，该类包含 3 个方法。
（1）over()。定义窗口的长度。
（2）on()。用于进行分组或排序的时间属性。
（3）as()。为窗口分配一个别名。
具体实例如下：

```
// 基于事件时间的滚动窗口
.window(Tumble.over(lit(10).minutes()).on($("rowtime")).as("w"));

// 基于处理时间的滚动窗口（使用处理时间属性 proctime）
.window(Tumble.over(lit(10).minutes()).on($("proctime")).as("w"));

// 基于行数量的滚动窗口（使用处理时间属性 proctime）
.window(Tumble.over(rowInterval(10)).on($("proctime")).as("w"));
```

6.3.10 滑动窗口

滑动窗口是通过 Slide 类定义的，该类包含 4 个方法。
（1）over()。定义窗口的长度。
（2）every()。定义滑动步长。

（3）on()。用于进行分组或排序的时间属性。
（4）as()。为窗口分配一个别名。
具体实例如下：
```
// 基于事件时间的滑动窗口
.window(Slide.over(lit(10).minutes())
              .every(lit(5).minutes())
              .on($("rowtime"))
              .as("w"));
// 基于处理时间的滑动窗口（使用处理时间属性 proctime）
.window(Slide.over(lit(10).minutes())
              .every(lit(5).minutes())
              .on($("proctime"))
              .as("w"));
// 基于行数量的滑动窗口（使用处理时间属性 proctime）
.window(Slide.over(rowInterval(10)).every(rowInterval(5)).on($("proctime")).as("w"));
```

6.3.11　会话窗口

会话窗口是通过 Session 类定义的，该类包含 3 个方法。
（1）withGap()。定义两个窗口之间的时间间隙。
（2）on()。用于进行分组或排序的时间属性。
（3）as()。为窗口分配一个别名。
具体实例如下：
```
// 基于事件时间的会话窗口
.window(Session.withGap(lit(10).minutes()).on($("rowtime")).as("w"));
// 基于处理时间的会话窗口（使用处理时间属性 proctime）
.window(Session.withGap(lit(10).minutes()).on($("proctime")).as("w"));
```

6.3.12　基于行的操作

基于行的操作的输出结果中会包含多个列。这里只介绍 map、flatMap、聚合等操作，其他操作请参考 Flink 官网资料。

1. map

执行 map 操作时，可以使用用户自定义的函数，也可以使用系统内置的函数。
新建代码文件 MapFunctionDemo.java，内容如下：
```java
package cn.edu.xmu;

import org.apache.flink.api.common.typeinfo.TypeInformation;
import org.apache.flink.api.common.typeinfo.Types;
import org.apache.flink.streaming.api.environment.StreamExecutionEnvironment;
import org.apache.flink.table.api.Table;
import org.apache.flink.table.api.bridge.java.StreamTableEnvironment;
import org.apache.flink.table.functions.ScalarFunction;
import org.apache.flink.types.Row;
import static org.apache.flink.table.api.Expressions.$;
import static org.apache.flink.table.api.Expressions.call;

public class MapFunctionDemo {
    public static void main(String[] args) throws Exception {
        StreamExecutionEnvironment env = StreamExecutionEnvironment.getExecutionEnvironment();
```

```java
        StreamTableEnvironment tableEnv = StreamTableEnvironment.create(env);
        env.setParallelism(1);
        // 创建一个输入表stockPriceTable
        String sourceDDL =
                "create table stockPriceTable (" +
                        "stockId STRING," +
                        "myTimeStamp BIGINT," +
                        "price DOUBLE" +
                        ") with (" +
                        " 'connector' = 'filesystem', " +
                        " 'path' = 'file:///home/hadoop/stockprice.csv', " +
                        " 'format' = 'csv', " +
                        " 'csv.field-delimiter' = ',', " +
                        " 'csv.ignore-parse-errors' = 'true' " +
                        " )";
        tableEnv.executeSql(sourceDDL);
        Table inputTable = tableEnv.from("stockPriceTable");
        ScalarFunction func = new MyMapFunction();
        tableEnv.registerFunction("func", func);
        Table result = inputTable
                .map(call("func", $("stockId"))).as("stockId", "myStockId");
        result.execute().print();
    }
    public static class MyMapFunction extends ScalarFunction {
        public Row eval(String a) {
            return Row.of(a, "my-" + a);
        }
        @Override
        public TypeInformation<?> getResultType(Class<?>[] signature) {
            return Types.ROW(Types.STRING, Types.STRING);
        }
    }
}
```

在 Linux 中新建一个文件 "file:///home/hadoop/stockprice.csv"，内容如下：
```
stock_1,1602031567000,8.17
stock_2,1602031568000,8.22
stock_1,1602031575000,8.14
```
在 IDEA 中运行该程序，程序执行结果如图 6-11 所示。

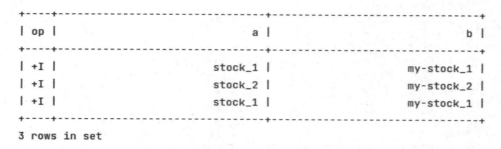

图 6-11　MapFunctionDemo.java 程序执行结果

2．flatMap

新建代码文件 FlatMapFunctionDemo.java，内容如下：
```
package cn.edu.xmu;
```

```java
import org.apache.flink.api.common.typeinfo.TypeInformation;
import org.apache.flink.api.common.typeinfo.Types;
import org.apache.flink.streaming.api.environment.StreamExecutionEnvironment;
import org.apache.flink.table.api.Table;
import org.apache.flink.table.api.bridge.java.StreamTableEnvironment;
import org.apache.flink.table.functions.ScalarFunction;
import org.apache.flink.table.functions.TableFunction;
import org.apache.flink.types.Row;
import static org.apache.flink.table.api.Expressions.$;
import static org.apache.flink.table.api.Expressions.call;

public class FlatMapFunctionDemo {
    public static void main(String[] args) throws Exception {
        StreamExecutionEnvironment env = StreamExecutionEnvironment.getExecutionEnvironment();
        StreamTableEnvironment tableEnv = StreamTableEnvironment.create(env);
        env.setParallelism(1);
        // 创建一个输入表stockPriceTable
        String sourceDDL =
                "create table stockPriceTable (" +
                        "stockId STRING," +
                        "myTimeStamp BIGINT," +
                        "price DOUBLE" +
                        ") with (" +
                        " 'connector' = 'filesystem', " +
                        " 'path' = 'file:///home/hadoop/stockprice.csv', " +
                        " 'format' = 'csv', " +
                        " 'csv.field-delimiter' = ',', " +
                        " 'csv.ignore-parse-errors' = 'true' " +
                        " )";
        tableEnv.executeSql(sourceDDL);
        Table inputTable = tableEnv.from("stockPriceTable");
        TableFunction func = new MyFlatMapFunction();
        tableEnv.registerFunction("func", func);
        Table result = inputTable
                .flatMap(call("func", $("stockId"))).as("a", "b");
        result.execute().print();
    }
    public static class MyFlatMapFunction extends TableFunction<Row> {
        public void eval(String str) {
            if (str.contains("#")) {
                String[] array = str.split("#");
                for (int i = 0; i < array.length; ++i) {
                    collect(Row.of(array[i], array[i].length()));
                }
            }
        }

        @Override
        public TypeInformation<Row> getResultType() {
            return Types.ROW(Types.STRING, Types.INT);
        }
    }
}
```

在Linux中新建一个文件"file:///home/hadoop/stockprice.csv",内容如下:
stock#01,1602031567000,8.17

```
stock#02,1602031568000,8.22
stock#01,1602031575000,8.14
```

在 IDEA 中运行该程序，执行结果如图 6-12 所示。该程序的功能是把股票 ID 字段的值用 "#" 进行切分，切分后对得到的两个字符串分别计算出长度。

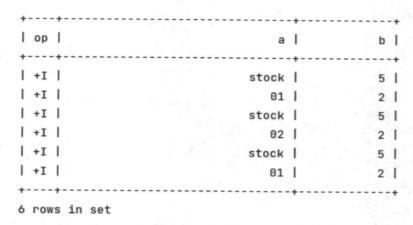

图 6-12　FlatMapFunctionDemo.java 程序执行结果

3. 聚合

聚合（Aggregate）指使用聚合函数对表进行操作。需要注意的是，必须在聚合函数后面再加上 select 操作，而这个 select 操作本身是不支持聚合操作的。

新建一个代码文件 AggregateFunctionDemo.java，内容如下：

```java
package cn.edu.xmu;

import org.apache.flink.api.common.typeinfo.TypeInformation;
import org.apache.flink.api.common.typeinfo.Types;
import org.apache.flink.api.java.typeutils.RowTypeInfo;
import org.apache.flink.streaming.api.environment.StreamExecutionEnvironment;
import org.apache.flink.table.api.Table;
import org.apache.flink.table.api.bridge.java.StreamTableEnvironment;
import org.apache.flink.table.functions.AggregateFunction;
import org.apache.flink.table.functions.ScalarFunction;
import org.apache.flink.table.functions.TableFunction;
import org.apache.flink.types.Row;
import static org.apache.flink.table.api.Expressions.$;
import static org.apache.flink.table.api.Expressions.call;

public class AggregateFunctionDemo {
    public static void main(String[] args) throws Exception {
        StreamExecutionEnvironment env = StreamExecutionEnvironment.getExecutionEnvironment();
        StreamTableEnvironment tableEnv = StreamTableEnvironment.create(env);
        env.setParallelism(1);
        // 创建一个输入表 stockPriceTable
        String sourceDDL =
                "create table stockPriceTable (" +
                        "stockId STRING," +
                        "myTimeStamp BIGINT," +
                        "price DOUBLE" +
                        ") with (" +
                        " 'connector' = 'filesystem', " +
```

```java
                    " 'path' = 'file:///home/hadoop/stockprice.csv', " +
                    " 'format' = 'csv', " +
                    " 'csv.field-delimiter' = ',', " +
                    " 'csv.ignore-parse-errors' = 'true' " +
                    " )";
        tableEnv.executeSql(sourceDDL);
        Table inputTable = tableEnv.from("stockPriceTable");
        AggregateFunction myAggFunc = new MyMinMax();
        tableEnv.registerFunction("myAggFunc", myAggFunc);
        Table result = inputTable
                .groupBy($("stockId"))
                .aggregate(call("myAggFunc", $("price")).as("min_price", "max_price"))
                .select($("stockId"), $("min_price"), $("max_price"));
        result.execute().print();
    }
    public static class MyMinMaxAcc {
        public double min = Double.MAX_VALUE;
        public double max = 0D;
    }

    public static class MyMinMax extends AggregateFunction<Row, MyMinMaxAcc> {

        public void accumulate(MyMinMaxAcc acc, double value) {
            if (value < acc.min) {
                acc.min = value;
            }
            if (value > acc.max) {
                acc.max = value;
            }
        }

        @Override
        public MyMinMaxAcc createAccumulator() {
            return new MyMinMaxAcc();
        }

        public void resetAccumulator(MyMinMaxAcc acc) {
            acc.min = 0D;
            acc.max = 0D;
        }

        @Override
        public Row getValue(MyMinMaxAcc acc) {
            return Row.of(acc.min, acc.max);
        }

        @Override
        public TypeInformation<Row> getResultType() {
            return new RowTypeInfo(Types.DOUBLE, Types.DOUBLE);
        }
    }
}
```

在 Linux 中新建一个文件 "file:///home/hadoop/stockprice.csv",内容如下:

```
stock_1,1602031567000,8.17
stock_2,1602031568000,6.22
stock_1,1602031575000,5.14
```

```
stock_2,1602031573000,3.29
```

在 IDEA 中运行该程序,执行结果如图 6-13 所示。

```
+----------+------------------------------+------------------------------+
| stockId  |                    min_price |                    max_price |
+----------+------------------------------+------------------------------+
| stock_1  |                         8.17 |                         8.17 |
| stock_2  |                         6.22 |                         6.22 |
| stock_1  |                         8.17 |                         8.17 |
| stock_1  |                         5.14 |                         8.17 |
| stock_2  |                         6.22 |                         6.22 |
| stock_2  |                         3.29 |                         6.22 |
+----------+------------------------------+------------------------------+
```

图 6-13 AggregateFunctionDemo.java 程序执行结果

4. 基于分组和窗口的聚合

基于分组和窗口的聚合操作会对表进行分组和聚合,并且通常会有一个或多个分组键。需要注意的是,必须在聚合函数后面再加上 select 操作,而这个 select 操作是不支持聚合操作的。

新建一个代码文件 WindowAggregateFunctionDemo.java,内容如下:

```java
package cn.edu.xmu;

import org.apache.flink.api.common.typeinfo.TypeInformation;
import org.apache.flink.api.common.typeinfo.Types;
import org.apache.flink.api.java.typeutils.RowTypeInfo;
import org.apache.flink.streaming.api.environment.StreamExecutionEnvironment;
import org.apache.flink.table.api.Table;
import org.apache.flink.table.api.Tumble;
import org.apache.flink.table.api.bridge.java.StreamTableEnvironment;
import org.apache.flink.table.functions.AggregateFunction;
import org.apache.flink.types.Row;
import static org.apache.flink.table.api.Expressions.*;

public class WindowAggregateFunctionDemo {
    public static void main(String[] args) throws Exception {
        StreamExecutionEnvironment env = StreamExecutionEnvironment.getExecutionEnvironment();
        StreamTableEnvironment tableEnv = StreamTableEnvironment.create(env);
        env.setParallelism(1);
        // 创建一个输入表 stockPriceTable
        String sourceDDL =
                "create table stockPriceTable (" +
                    "stockId STRING," +
                    "ts BIGINT," +
                    "price DOUBLE," +
                    "ts_ltz AS TO_TIMESTAMP_LTZ(ts, 3)," +
                    "WATERMARK FOR ts_ltz AS ts_ltz - INTERVAL '5' SECOND" +
                ") with (" +
                    " 'connector' = 'filesystem', " +
                    " 'path' = 'file:///home/hadoop/stockprice.csv', " +
                    " 'format' = 'csv', " +
                    " 'csv.field-delimiter' = ',', " +
                    " 'csv.ignore-parse-errors' = 'true' " +
```

```java
                    " )";
        tableEnv.executeSql(sourceDDL);
        Table inputTable = tableEnv.from("stockPriceTable");
        AggregateFunction myAggFunc = new MyMinMax();
        tableEnv.registerFunction("myAggFunc", myAggFunc);
        Table result = inputTable
                .window(Tumble.over(lit(5).seconds())
                    .on($("ts_ltz"))
                    .as("w"))
                .groupBy($("stockId"), $("w"))
                .aggregate(call("myAggFunc", $("price")).as("min_price", "max_price"))
                .select($("stockId"),   $("min_price"),   $("max_price"),$("w").start(), $("w").end());
        result.execute().print();
    }
    public static class MyMinMaxAcc {
        public double min = Double.MAX_VALUE;
        public double max = 0D;
    }

    public static class MyMinMax extends AggregateFunction<Row, MyMinMaxAcc> {

        public void accumulate(MyMinMaxAcc acc, double value) {
            if (value < acc.min) {
                acc.min = value;
            }
            if (value > acc.max) {
                acc.max = value;
            }
        }

        @Override
        public MyMinMaxAcc createAccumulator() {
            return new MyMinMaxAcc();
        }

        public void resetAccumulator(MyMinMaxAcc acc) {
            acc.min = 0D;
            acc.max = 0D;
        }

        @Override
        public Row getValue(MyMinMaxAcc acc) {
            return Row.of(acc.min, acc.max);
        }

        @Override
        public TypeInformation<Row> getResultType() {
            return new RowTypeInfo(Types.DOUBLE, Types.DOUBLE);
        }
    }
}
```

需要说明的是，本程序输入的数据的时间戳使用长整型的毫秒格式（比如，1602031567000），这里需要先使用语句"ts_ltz AS TO_TIMESTAMP_LTZ(ts, 3)"把长整型的毫秒格式的时间戳转换成满足 Flink 要求的 TIMESTAMP(3)格式，然后才能将其作为时间属性。程序中的"WATERMARK FOR ts_ltz AS ts_ltz - INTERVAL '5' SECOND"用于设置水位线生成策略，表示基于 ts_ltz 生成水位线，并且把 ts_ltz 的值减 5（单位为 s）作为水位线。

在 Linux 中新建一个文件"file:///home/hadoop/stockprice.csv"，内容如下：

```
stock_1,1602031567000,8.14
stock_2,1602031568000,18.22
stock_2,1602031575000,8.14
stock_1,1602031577000,18.21
stock_1,1602031593000,8.98
```

在 IDEA 中执行该程序，执行后的输出结果如图 6-14 所示。

```
+-----------+-------------------------+-------------------------+
| max_price |                  EXPR$0 |                  EXPR$1 |
+-----------+-------------------------+-------------------------+
|      8.14 | 2020-10-07 08:46:05.000 | 2020-10-07 08:46:10.000 |
|     18.22 | 2020-10-07 08:46:05.000 | 2020-10-07 08:46:10.000 |
|      8.14 | 2020-10-07 08:46:15.000 | 2020-10-07 08:46:20.000 |
|     18.21 | 2020-10-07 08:46:15.000 | 2020-10-07 08:46:20.000 |
|      8.98 | 2020-10-07 08:46:30.000 | 2020-10-07 08:46:35.000 |
+-----------+-------------------------+-------------------------+
```

图 6-14　WindowAggregateFunctionDemo.java 程序的执行结果

6.4　SQL

SQL 作为 Flink 提供的接口之一，占据着非常重要的地位，主要是因为 SQL 具有灵活和丰富的语法，能够应用于大部分的计算场景。SQL 底层使用 Calcite 框架，将标准的 SQL 语句解析并转换成底层的算子处理逻辑，且在转换过程中会基于语法规则层面进行性能优化。另外，用户在使用 SQL 编写 Flink 应用程序时，能够屏蔽底层技术细节，从而更加方便且高效地通过 SQL 语句来构建 Flink 应用。SQL 构建在 Table API 基础之上，并涵盖了大部分的 Table API 功能特性。同时，SQL 可以与 Table API 混用，Flink 最终会从整体上将代码合并在同一套代码逻辑中，另外构建一套 SQL 代码可以同时应用在相同数据结构的流计算场景和批计算场景上，不需要用户对 SQL 语句做任何调整，最终达到批流统一的目的。

本节介绍 Flink 所支持的 SQL，包括数据定义语言、数据查询语言以及数据操作语言。

6.4.1　Flink SQL Client

Flink SQL 程序支持两种运行方式，一种是编写独立应用程序运行，另一种是在 Flink SQL Client 中运行。之前在 6.2.2 小节中我们已经使用了编写独立应用程序的方式运行 SQL 程序，现在介绍如何在 Flink SQL Client 中运行 SQL 程序。可以在 Linux 系统中执行如下命令启动 Flink SQL Client：

```
$ cd /usr/local/flink
$ ./bin/start-cluster.sh
$ ./bin/sql-client.sh
```

启动成功以后的界面如图 6-15 所示，在命令提示符"Flink SQL>"后面，可以输入 SQL 语句并执行。

图 6-15　Flink SQL Client 界面

Flink 支持 SQL 标准，因此，可以在 Flink SQL Client 里面输入如下 SQL 语句进行测试：
```
Flink SQL> SHOW DATABASES;
Flink SQL> EXIT;
```
需要注意的是，SQL 语句是不区分大小写的，比如，下面的 SQL 语句采用了小写：
```
Flink SQL> show databases;
Flink SQL> exit;
```
退出 Flink SQL Client，不仅可以使用"EXIT"命令，也可以使用"QUIT"命令，具体如下：
```
Flink SQL> QUIT;
```
退出 Flink SQL Client 以后，还要执行如下命令关闭 Flink 集群：
```
$ cd /usr/local/flink
$ ./bin/stop-cluster.sh
```
Flink SQL Client 包含 3 种结果显示模式，分别是 table、changelog 和 tableau，可以分别使用如下语句进行设置：
```
SET 'sql-client.execution.result-mode' = 'table';
SET 'sql-client.execution.result-mode' = 'changelog';
SET 'sql-client.execution.result-mode' = 'tableau';
```
在 table 模式下，Flink 会在内存中实体化结果，并将结果用规则的分页表格可视化展示。在 changelog 模式下，Flink 不会实体化和可视化结果，而是由插入（+）和撤销（-）组成的持续查询产生结果流。tableau 模式更接近传统的数据库，它会将执行的结果以表格的形式呈现。

下面对比不同模式下的显示效果。首先启动并进入 Flink SQL Client。

将当前模式设置为 table 模式然后执行 SELECT 语句：
```
Flink SQL> SET 'sql-client.execution.result-mode' = 'table';
Flink SQL> SELECT ' Hello World';
```
Flink SQL Client 会弹出一个新的界面，里面会显示"Hello World"，显示效果如图 6-16 所示，按"Q"键就可以退出该界面。

```
                                              SQL Query Result (Table)
Table program finished.                          Page: Last of 1

                         EXPR$0
                    Hello World
```

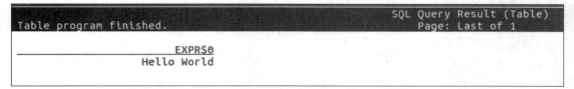

图 6-16　table 模式下的显示效果

将当前模式设置为 changelog 模式然后执行 SELECT 语句：

```
Flink SQL> SET 'sql-client.execution.result-mode' = 'changelog';
Flink SQL> SELECT  ' Hello World';
```

Flink SQL Client 会弹出一个新的界面，里面会显示“Hello World”，显示效果如图 6-17 所示。与 table 模式不同的是，changelog 模式下会显示一个“op”列，表示执行了什么操作，比如，这里的“op”列的值是“+I”，表示执行了插入操作。按“Q”键可以退出该界面。

```
                                          SQL Query Result (Changelog)
Table program finished.

op                          EXPR$0
+I                     Hello World
```

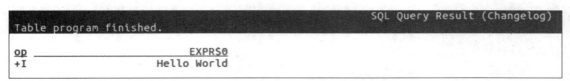

图 6-17　changelog 模式下的显示效果

最后，将当前模式设置为 tableau 模式然后执行 SELECT 语句：

```
Flink SQL> SET 'sql-client.execution.result-mode' = 'tableau';
Flink SQL> SELECT  ' Hello World';
```

Flink SQL Client 不会弹出新的界面，而是直接在原来的界面里面显示结果，显示效果如图 6-18 所示。

```
Flink SQL> SET 'sql-client.execution.result-mode' = 'tableau';
[INFO] Execute statement succeed.

Flink SQL> SELECT  ' Hello World';
+----+--------------------------------+
| op |                         EXPR$0 |
+----+--------------------------------+
| +I |                    Hello World |
+----+--------------------------------+
Received a total of 1 row
```

图 6-18　tableau 模式下的显示效果

6.4.2　数据定义

1. 定义数据库

在 Flink SQL Client 中执行如下 SQL 语句创建一个名称为“mydatabase”的数据库（注意，这里不再给出命令提示符“Flink SQL>”，而是直接给出要执行的 SQL 语句，在实际执行的时候，记住是在命令提示符“Flink SQL>”后面输入 SQL 语句）：

```
CREATE DATABASE mydatabase;
```

可以使用如下 SQL 语句查询所有数据库：

```
SHOW DATABASES;
```

可以使用如下 SQL 语句查询当前数据库：

```
SHOW CURRENT DATABASE;
```

可以使用如下 SQL 语句把数据库“mydatabase”设置为当前数据库：

```
USE mydatabase;
```
可以使用如下 SQL 语句删除名称为"mydatabase"的数据库：
```
DROP DATABASE mydatabase;
```
需要注意的是，Flink 中会包含两种类型的表，一种是临时表，另一种是永久表。临时表只存在于某个 Flink 会话当中，一旦这个 Flink 会话关闭，临时表就会被自动删除。永久表则可以永久存在，可以在多个不同的 Flink 会话中被使用。永久表需要一个 Catalog 来维护关于表的元数据，一旦一个永久表被创建，它对于连接到该 Catalog 的所有 Flink 会话都是可见的，并且会一直存在，直到被手动删除。用户可以创建一个和永久表同名的临时表，这个同名的临时表会暂时"遮住"永久表，只要这个临时表存在，Flink 会话就无法访问到永久表，所有的查询都会针对这个临时表。这种做法在测试阶段非常有用，用户可以使用临时表进行测试，测试通过以后再删除临时表，这样，查询操作就会被导向到永久表。

关于如何创建永久表，这里不做介绍，具体细节可以参考 Flink 官网资料。这里使用的是临时表，这就意味着，在 Flink SQL Client 中创建好数据库和表以后，如果退出 Flink SQL Client，这些数据库和表都会自动被删除（即使没有手动执行删除操作），下一次启动并进入 Flink SQL Client 以后，无法看到这些数据库和表。

2. 定义表

定义表的语法比较复杂，详细的语法格式可以参考 Flink 官网资料，这里以举例的方式介绍定义表的基本方法。

在 Flink SQL Client 中执行如下 SQL 语句创建一个数据库"mydatabase"并将其设置为当前数据库：
```
CREATE DATABASE mydatabase;
USE mydatabase;
```
执行如下语句创建一个表 stockprice：
```
CREATE TABLE stockprice(
stockId STRING,
myTimeStamp BIGINT,
price DOUBLE
) WITH (
    'connector' = 'print'
);
```
上面的语句中，把连接器的类型设置为"print"，这样设置以后，当向 stockprice 表插入新的数据时，相关数据就会显示到控制台。

执行如下语句查询已经创建好的表：
```
SHOW TABLES;
```
执行如下语句查看表结构：
```
DESC stockprice;
```
执行结果如图 6-19 所示。

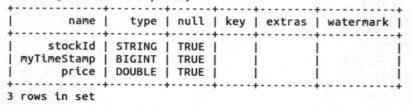

图 6-19　查看表结构

执行如下语句删除表：

```
DROP TABLE stockprice;
```

执行如下语句，在 mydatabase 数据库中创建表 source：

```
CREATE TABLE source (
   f_sequence INT,
   f_random INT,
   f_random_str STRING
) WITH (
   'connector' = 'datagen', --连接器类型是“datagen”，会自动生成数据
   'rows-per-second'='5', --每秒生成 5 行数据
   'fields.f_sequence.kind'='sequence', --设置 f_sequence 字段的类型为序列类型
   'fields.f_sequence.start'='1',  --设置 f_sequence 字段的起始值是 1
   'fields.f_sequence.end'='1000', --设置 f_sequence 字段的终止值是 1000
   'fields.f_random.min'='1', --设置 f_random 字段的随机数的最小值是 1
   'fields.f_random.max'='1000', --设置 f_random 字段的随机数的最大值是 1000
   'fields.f_random_str.length'='5' --设置 f_random_str 字段的随机字符串的长度是 5
);
```

执行如下语句对 source 表进行查询：

```
SELECT * FROM source;
```

这时，会弹出图 6-20 所示的界面，其中会不断动态生成数据，可以输入字符“Q”退出该界面。

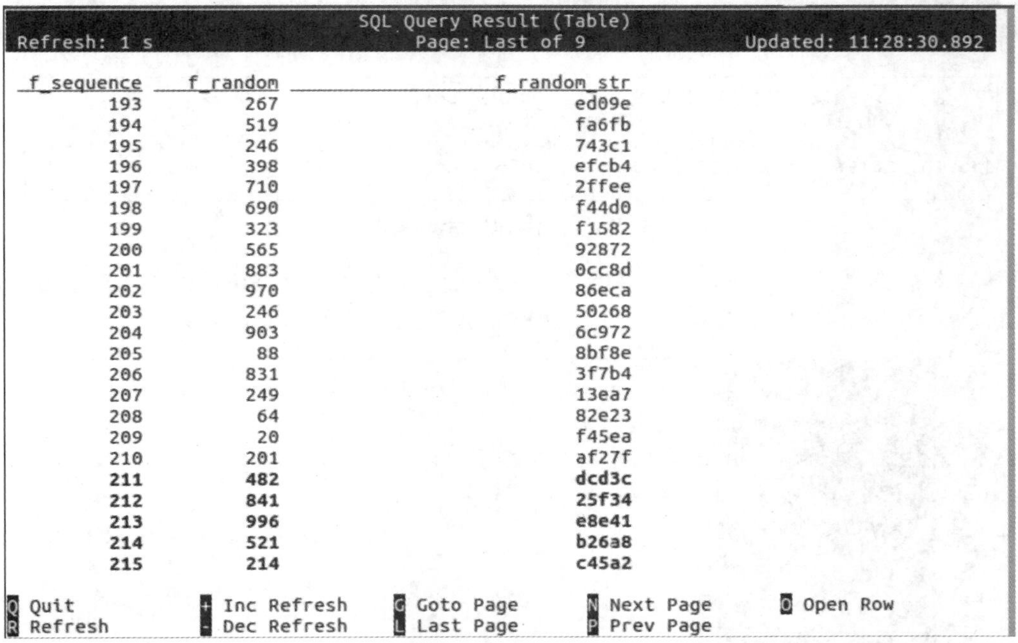
SQL Query Result (Table)
Refresh: 1 s　　Page: Last of 9　　Updated: 11:28:30.892

f_sequence	f_random	f_random_str
193	267	ed09e
194	519	fa6fb
195	246	743c1
196	398	efcb4
197	710	2ffee
198	690	f44d0
199	323	f1582
200	565	92872
201	883	0cc8d
202	970	86eca
203	246	50268
204	903	6c972
205	88	8bf8e
206	831	3f7b4
207	249	13ea7
208	64	82e23
209	20	f45ea
210	201	af27f
211	482	dcd3c
212	841	25f34
213	996	e8e41
214	521	b26a8
215	214	c45a2

Q Quit　+ Inc Refresh　G Goto Page　N Next Page　O Open Row
R Refresh　- Dec Refresh　L Last Page　P Prev Page

图 6-20　数据动态生成界面

如果不想弹出图 6-17 所示的界面，可以在 Flink SQL Client 中输入如下命令：

```
SET sql-client.execution.result-mode=tableau;
```

然后执行查询语句：

```
SELECT * FROM source;
```

这时，查询结果就直接显示在原来的界面上（见图 6-21），不会弹出新界面。

```
Flink SQL> SET sql-client.execution.result-mode=tableau;
[INFO] Execute statement succeed.

Flink SQL> SELECT * FROM source;
+----+------------+----------+----------------+
| op | f_sequence | f_random |   f_random_str |
+----+------------+----------+----------------+
| +I |          1 |      884 |          dd465 |
| +I |          2 |       45 |          74a67 |
| +I |          3 |      983 |          13d51 |
| +I |          4 |      294 |          20687 |
| +I |          5 |      191 |          fb4cb |
```

图 6-21 tableau 模式下的语句执行效果

在 Flink SQL Client 中输入如下命令：
```
SET 'sql-client.execution.result-mode' = 'changelog';
```
在 Flink SQL Client 中执行如下语句创建一个表 sink：
```
CREATE TABLE sink(
    f_sequence INT,
    f_random INT,
    f_random_str STRING
) WITH (
    'connector' = 'print'
);
```
在 Flink SQL Client 中执行如下语句：
```
INSERT INTO sink SELECT * FROM source;
```
执行成功以后，会显示一个 Job ID（见图 6-22）。

```
Flink SQL> INSERT INTO sink SELECT * FROM source;
[INFO] Submitting SQL update statement to the cluster...
[INFO] SQL update statement has been successfully submitted to the cluster:
Job ID: 2019fcdc4e2357712fa25ca63553207d
```

图 6-22 INSERT 语句执行结果

打开浏览器，访问"http://hadoop01:8081"，就可以通过浏览器查看 Flink 集群信息（见图 6-23），在里面可以看到"INSERT INTO sink SELECT * FROM source"语句执行的结果。

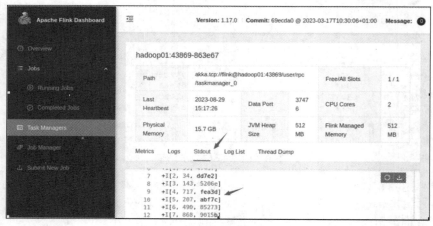

图 6-23 查看 SQL 语句执行结果

3. 从文件创建表的实例

在 Linux 系统中新建一个文件"file:///home/hadoop/stockprice.csv"，内容如下：

```
stock_1,1602031567000,8.14
stock_2,1602031568000,18.22
stock_2,1602031575000,8.14
stock_1,1602031577000,18.21
stock_1,1602031593000,8.98
```

在 Flink SQL Client 中执行如下语句创建一个表：

```
CREATE TABLE stockPriceTable (
    stockId STRING,
    ts BIGINT,
    price DOUBLE,
    ts_ltz AS TO_TIMESTAMP_LTZ(ts, 3),
    WATERMARK FOR ts_ltz AS ts_ltz - INTERVAL '5' SECOND
) WITH (
    'connector' = 'filesystem',
    'path' = 'file:///home/hadoop/stockprice.csv',
    'format' = 'csv',
    'csv.field-delimiter' = ',',
    'csv.ignore-parse-errors' = 'true'
);
```

在 Flink SQL Client 中执行如下语句设置结果显示模式：

```
SET 'sql-client.execution.result-mode' = 'tableau';
```

继续在 Flink SQL Client 中执行如下语句进行查询：

```
SELECT stockId,price FROM stockPriceTable;
```

查询结果如图 6-24 所示。

```
Flink SQL> SELECT stockId,price FROM stockPriceTable;
+----+----------+---------+
| op | stockId  |  price  |
+----+----------+---------+
| +I |  stock_1 |    8.14 |
| +I |  stock_2 |   18.22 |
| +I |  stock_2 |    8.14 |
| +I |  stock_1 |   18.21 |
| +I |  stock_1 |    8.98 |
+----+----------+---------+
Received a total of 5 rows
```

图 6-24 查询结果

6.4.3 数据查询与过滤操作

可以通过 SELECT 语句查询表中的数据，并使用 WHERE 语句设定过滤条件，将符合条件的数据过滤出来，具体语句如下：

```
SELECT * FROM stockPriceTable;
SELECT stockId, price AS stockprice FROM stockPriceTable;
SELECT * FROM stockPriceTable WHERE stockId = 'stock_1';
SELECT * FROM stockPriceTable WHERE price > 10;
```

6.4.4 聚合操作

1. 分组聚合

分组聚合的实例如下：

```
SELECT stockId, AVG(price) AS avg_price
FROM stockPriceTable
GROUP BY stockId;
```

2. 分组窗口聚合

分组窗口聚合的实例如下：

```
SELECT stockId, AVG(price)
FROM stockPriceTable
GROUP BY stockId, TUMBLE(ts_ltz, INTERVAL '5' SECOND);
```

TUMBLE(ts_ltz, INTERVAL '5' SECOND)表示滚动窗口，第1个参数"ts_ltz"表示时间属性，第2个参数"INTERVAL '5' SECOND"表示水位线生成策略，即在时间属性 ts_ltz 的基础上延迟 5s 作为水位线。Flink 也支持滑动窗口和会话窗口，具体可以参考 Flink 官网资料。

3. 窗口表值函数聚合

窗口表值函数（Table-Valued Function，TVF）聚合的功能要比分组窗口聚合的功能更加强大，它提供了更多的性能优化手段。窗口表值函数聚合支持滚动窗口（Tumble Window）、滑动窗口（Hop Window）和累积窗口（Cumulate Window）。

下面是一个采用滚动窗口的具体实例：

```
SELECT
stockId,
sum(price) AS priceSum,
window_start,
window_end
FROM TABLE(
    TUMBLE(TABLE stockPriceTable, DESCRIPTOR(ts_ltz), INTERVAL '5' SECOND )
)
GROUP BY window_start, window_end, stockId;
```

上面的语句中，"TUMBLE(TABLE stockPriceTable, DESCRIPTOR(ts_ltz), INTERVAL '5' SECOND)"这个语句表示一个滚动窗口，第1个参数表示数据源表，第2个参数表示时间属性，第3个参数表示水位线生成策略。语句的执行结果如图 6-25 所示。

```
Flink SQL> SELECT
> stockId,
> sum(price) AS priceSum,
> window_start,
> window_end
> FROM TABLE(
>     TUMBLE(TABLE stockPriceTable, DESCRIPTOR(ts_ltz), INTERVAL '5' SECOND )
> )
> GROUP BY window_start, window_end, stockId;
+----+-------------+----------+-------------------------+-------------------------+
| op |     stockId | priceSum |            window_start |              window_end |
+----+-------------+----------+-------------------------+-------------------------+
| +I |     stock_1 |     8.14 | 2020-10-07 08:46:05.000 | 2020-10-07 08:46:10.000 |
| +I |     stock_2 |    18.22 | 2020-10-07 08:46:05.000 | 2020-10-07 08:46:10.000 |
| +I |     stock_2 |     8.14 | 2020-10-07 08:46:15.000 | 2020-10-07 08:46:20.000 |
| +I |     stock_1 |    18.21 | 2020-10-07 08:46:15.000 | 2020-10-07 08:46:20.000 |
| +I |     stock_1 |     8.98 | 2020-10-07 08:46:30.000 | 2020-10-07 08:46:35.000 |
+----+-------------+----------+-------------------------+-------------------------+
Received a total of 5 rows
```

图 6-25 滚动窗口聚合结果

也可以使用如下语句实现上面语句的功能：

```
SELECT
stockId,
sum(price) AS priceSum,
window_start,
window_end
FROM TABLE(
  TUMBLE(
    DATA => TABLE stockPriceTable,
    TIMECOL => DESCRIPTOR(ts_ltz),
    SIZE => INTERVAL '5' SECOND))
GROUP BY window_start, window_end, stockId;
```

下面是一个采用滑动窗口的具体实例：

```
SELECT
stockId,
```

```
sum(price) AS priceSum,
window_start,
window_end
FROM TABLE(
    HOP(TABLE stockPriceTable, DESCRIPTOR(ts_ltz), INTERVAL '5' SECOND, INTERVAL '10' SECOND)
)
GROUP BY window_start, window_end, stockId;
```

HOP 的参数中,"INTERVAL '5' SECOND"表示滑动步长,"INTERVAL '10' SECOND"表示窗口大小。语句的执行结果如图 6-26 所示。

```
Flink SQL> SELECT
> stockId,
> sum(price) AS priceSum,
> window_start,
> window_end
> FROM TABLE(
>     HOP(TABLE stockPriceTable, DESCRIPTOR(ts_ltz), INTERVAL '5' SECOND, INTERVAL '10' SECOND)
> )
> GROUP BY window_start, window_end, stockId;
+----+-----------+---------+-------------------------+-------------------------+
| op |  stockId  | priceSum|       window_start      |        window_end       |
+----+-----------+---------+-------------------------+-------------------------+
| +I |  stock_1  |    8.14 | 2020-10-07 08:46:00.000 | 2020-10-07 08:46:10.000 |
| +I |  stock_2  |   18.22 | 2020-10-07 08:46:00.000 | 2020-10-07 08:46:10.000 |
| +I |  stock_1  |    8.14 | 2020-10-07 08:46:05.000 | 2020-10-07 08:46:15.000 |
| +I |  stock_2  |   18.22 | 2020-10-07 08:46:05.000 | 2020-10-07 08:46:15.000 |
| +I |  stock_1  |   18.21 | 2020-10-07 08:46:10.000 | 2020-10-07 08:46:20.000 |
| +I |  stock_2  |    8.14 | 2020-10-07 08:46:10.000 | 2020-10-07 08:46:20.000 |
| +I |  stock_1  |   18.21 | 2020-10-07 08:46:15.000 | 2020-10-07 08:46:25.000 |
| +I |  stock_2  |    8.14 | 2020-10-07 08:46:15.000 | 2020-10-07 08:46:25.000 |
| +I |  stock_1  |    8.98 | 2020-10-07 08:46:25.000 | 2020-10-07 08:46:35.000 |
| +I |  stock_1  |    8.98 | 2020-10-07 08:46:30.000 | 2020-10-07 08:46:40.000 |
+----+-----------+---------+-------------------------+-------------------------+
Received a total of 10 rows
```

图 6-26 滑动窗口聚合结果

也可以使用如下语句实现上面语句的功能:

```
SELECT
stockId,
sum(price) AS priceSum,
window_start,
window_end
FROM TABLE(
    HOP(
      DATA => TABLE stockPriceTable,
      TIMECOL => DESCRIPTOR(ts_ltz),
      SLIDE => INTERVAL '5' SECOND,
      SIZE => INTERVAL '10' SECOND))
GROUP BY window_start, window_end, stockId;
```

4. Over 聚合

Over 聚合为一系列有序行的每个输入计算一个聚合值,与分组聚合相比,Over 聚合不会将每组的结果行数减少为一行,相反,Over 聚合会为每个输入行生成一个聚合值。

可以在事件时间或处理时间以及指定为时间间隔或行计数的范围内,定义 Over 聚合的窗口。

这里给出一个按照时间间隔进行聚合的具体实例,该实例要统计每只股票从 10s 前到现在收到的交易记录条数:

```
SELECT
stockId,
ts_ltz,
COUNT(stockId) OVER (PARTITION BY stockId ORDER BY ts_ltz range BETWEEN INTERVAL '10' SECOND PRECEDING AND CURRENT ROW) cnt
   FROM stockPriceTable;
```

上面的语句的执行结果如图 6-27 所示。

```
Flink SQL> SELECT
> stockId,
> ts_ltz,
> COUNT(stockId) OVER (PARTITION BY stockId ORDER BY ts_ltz range BETWEEN INTERVAL '10' SECOND PRECEDING AND CURRENT ROW) cnt
> FROM stockPriceTable;
+----+---------+-------------------------+-----+
| op | stockId |         ts_ltz          | cnt |
+----+---------+-------------------------+-----+
| +I | stock_1 | 2020-10-07 08:46:07.000 |   1 |
| +I | stock_2 | 2020-10-07 08:46:08.000 |   1 |
| +I | stock_2 | 2020-10-07 08:46:15.000 |   2 |
| +I | stock_1 | 2020-10-07 08:46:17.000 |   2 |
| +I | stock_1 | 2020-10-07 08:46:33.000 |   1 |
+----+---------+-------------------------+-----+
Received a total of 5 rows
```

图 6-27　Over 聚合结果

也可以采用如下语句实现上面语句的功能：
```
SELECT
stockId,
ts_ltz,
COUNT(stockId) OVER w AS cnt
FROM stockPriceTable
WINDOW w AS (
PARTITION BY stockId
ORDER BY ts_ltz
RANGE BETWEEN INTERVAL '10' SECOND PRECEDING AND CURRENT ROW
);
```

这里再给出一个按照行数进行聚合的具体实例，该实例要统计每只股票从前 5 条到现在收到的交易数据的平均交易价格：
```
SELECT
stockId,
ts_ltz,
AVG(price) OVER (PARTITION BY stockId ORDER BY ts_ltz ROWS BETWEEN 5 PRECEDING AND CURRENT ROW) avgPrice
FROM stockPriceTable;
```

上面的语句的执行结果如图 6-28 所示。

```
Flink SQL> SELECT
> stockId,
> ts_ltz,
> AVG(price) OVER (PARTITION BY stockId ORDER BY ts_ltz ROWS BETWEEN 5 PRECEDING AND CURRENT ROW) avgPrice
> FROM stockPriceTable;
+----+---------+-------------------------+--------------------+
| op | stockId |         ts_ltz          |      avgPrice      |
+----+---------+-------------------------+--------------------+
| +I | stock_1 | 2020-10-07 08:46:07.000 |               8.14 |
| +I | stock_2 | 2020-10-07 08:46:08.000 |              18.22 |
| +I | stock_2 | 2020-10-07 08:46:15.000 |              13.18 |
| +I | stock_1 | 2020-10-07 08:46:17.000 |             13.175 |
| +I | stock_1 | 2020-10-07 08:46:33.000 | 11.776666666666666 |
+----+---------+-------------------------+--------------------+
Received a total of 5 rows
```

图 6-28　按照行数进行聚合的结果

也可以采用如下语句实现上面语句的功能：
```
SELECT
stockId,
ts_ltz,
AVG(price) OVER w AS avgPrice
FROM stockPriceTable
WINDOW w AS (
PARTITION BY stockId
ORDER BY ts_ltz
ROWS BETWEEN 5 PRECEDING AND CURRENT ROW
);
```

5. Top N

目前，Flink SQL 中还没有提供能够直接调用的 Top N 函数，而是提供了比较复杂的变通实现方法，具体实例如下（要求对每个 stockId 对应的股票取出按降序排列排名前 2 的股票交易价格）:

```
SELECT
stockId,
price,
rownum
FROM
(
SELECT
stockId,
ts_ltz,
price,
ROW_NUMBER() OVER (PARTITION BY stockId ORDER BY price DESC) AS rownum
FROM stockPriceTable
)
WHERE rownum<=2;
```

rownum 表示排名。上面的语句的执行结果如图 6-29 所示。

```
Flink SQL> SELECT
> stockId,
> price,
> rownum
> FROM
> (
> SELECT
> stockId,
> ts_ltz,
> price,
> ROW_NUMBER() OVER (PARTITION BY stockId ORDER BY price DESC) AS rownum
> FROM stockPriceTable
> )
> WHERE rownum<=2;
+----+--------------------------------+--------------------------------+--------------------------+
| op |                        stockId |                          price |                   rownum |
+----+--------------------------------+--------------------------------+--------------------------+
| +I |                        stock_1 |                           8.14 |                        1 |
| +I |                        stock_2 |                          18.22 |                        1 |
| +I |                        stock_2 |                           8.14 |                        2 |
| -U |                        stock_1 |                           8.14 |                        1 |
| +U |                        stock_1 |                          18.21 |                        1 |
| +I |                        stock_1 |                           8.14 |                        2 |
| -U |                        stock_1 |                           8.14 |                        2 |
| +U |                        stock_1 |                           8.98 |                        2 |
+----+--------------------------------+--------------------------------+--------------------------+
Received a total of 8 rows
```

图 6-29 Top N 函数执行结果

6. DISTINCT

DISTINCT 的具体实例如下：

```
SELECT DISTINCT stockId FROM stockPriceTable;
```

7. HAVING

HAVING 的具体实例如下：

```
SELECT AVG(price)
FROM stockPriceTable
GROUP BY stockId
HAVING AVG(price) > 20;
```

6.4.5 连接操作

1. 内连接

目前仅支持等值连接，具体实例如下：

```
SELECT *
FROM stockPriceTable INNER JOIN stock_info
ON stockPriceTable.stockId = stock_info.stockId;
```

2. 外连接

目前仅支持等值连接,具体实例如下:

```
SELECT * FROM stockPriceTable LEFT JOIN stock_info
ON stockPriceTable.stockId = stock_info.stockId;

SELECT * FROM stockPriceTable RIGHT JOIN stock_info
ON stockPriceTable.stockId = stock_info.stockId;

SELECT * FROM stockPriceTable FULL OUTER JOIN stock_info
ON stockPriceTable.stockId = stock_info.stockId;
```

6.4.6 集合操作

1. UNION

UNION 操作的具体实例如下:

```
SELECT *
FROM (
   (SELECT stockId FROM stockPriceTable WHERE stockId='stock_1')
   UNION
   (SELECT stockId FROM stockPriceTable WHERE stockId='stock_2')
);
```

2. UNION ALL

UNION ALL 操作的具体实例如下:

```
SELECT *
FROM (
   (SELECT stockId FROM stockPriceTable WHERE stockId='stock_1')
   UNION ALL
   (SELECT stockId FROM stockPriceTable WHERE stockId='stock_2')
);
```

3. INTERSECT/EXCEPT

INTERSECT/EXCEPT 操作的具体实例如下:

```
SELECT *
FROM (
   (SELECT stockId FROM stockPriceTable WHERE price > 10.0)
   INTERSECT
   (SELECT stockId FROM stockPriceTable WHERE stockId='stock_1')
);

SELECT *
FROM (
   (SELECT stockId FROM stockPriceTable WHERE price > 10.0)
   EXCEPT
   (SELECT stockId FROM stockPriceTable WHERE stockId='stock_1')
);
```

4. IN

若表达式在给定的查询表中存在,则返回 true。查询表必须由单个列构成,且该列的数据类型需与表达式的数据类型保持一致。IN 操作的具体实例如下:

```
SELECT stockId, price
FROM stockPriceTable
```

```
WHERE stockId IN (
    SELECT stockId FROM newstock
);
```

5. EXISTS

若子查询的结果多于一行,将返回 true 。EXISTS 操作仅支持可以通过 join 和 group 重写的操作。具体实例如下:

```
SELECT stockId, price
FROM stockPriceTable
WHERE stockId EXISTS (
    SELECT stockId FROM newstock
);
```

6. ORDER BY

ORDER BY 操作的具体实例如下:

```
SELECT *
FROM stockPriceTable
ORDER BY ts_ltz;
```

7. LIMIT

LIMIT 操作的具体实例如下:

```
SELECT *
FROM stockPriceTable
ORDER BY ts_ltz
LIMIT 3;
```

6.5 Catalog

Catalog 提供了元数据信息,例如数据库、表、分区、视图以及数据库或其他外部系统中存储的函数和信息。

数据处理最关键的一个方面就是管理元数据。元数据可以是临时的,例如临时表、用户自定义函数,也可以是持久化的,例如 Hive MetaStore 中的元数据。Catalog 提供了一个统一的 API,用于管理元数据,并使其可以通过 Table API 和 SQL 查询语句访问。

Catalog 允许用户引用其数据存储系统中现有的元数据,并自动将其映射到 Flink 的相应元数据。Catalog 极大简化了用户使用 Flink 的步骤,并极大提升了用户的体验。

6.5.1 Catalog 的分类

Catalog 包含 GenericInMemoryCatalog、JdbcCatalog、HiveCatalog、自定义 Catalog 等类型,表 6-3 给出了这 4 种类型的描述和缺陷。后面将着重介绍 JdbcCatalog。

表 6-3　Catalog 的类型

类型	描述	缺陷
GenericInMemoryCatalog	基于内存实现的 Catalog	所有元数据只在当前会话的生命周期内可用
JdbcCatalog	可以将 Flink 通过 JDBC 协议连接到关系数据库	JdbcCatalog 目前只支持 MySQL、PostgreSQL 等少数关系数据库
HiveCatalog	作为原生 Flink 元数据的持久化存储,以及作为读写现有 Hive 元数据的接口	Hive Metastore 以小写形式存储所有元数据对象名称。而 GenericInMemoryCatalog 区分大小写
自定义 Catalog	通过实现 Catalog 接口来开发自定义 Catalog	无

6.5.2 JdbcCatalog

JdbcCatalog 不支持建表，它只打通 Flink 和关系数据库 MySQL 之间的连接，让 Flink 可以读写 MySQL 中的数据库和表。

为了让 Flink 能够连接 MySQL 数据库，需要下载两个 JAR 包，第 1 个 JAR 包是 flink-connector-jdbc-3.1.1-1.17.jar，第 2 个 JAR 包是 mysql-connector-j-8.0.33.jar，这两个包可从 MVNREPOSITORY 网站下载。

把这两个 JAR 包复制到"/usr/local/flink/lib"目录下，然后重新启动 Flink 集群和 Flink SQL Client，从而让这些 JAR 包能够被加载到系统中。

在 Linux 中启动 MySQL，进入 MySQL Shell 交互式执行环境，执行如下命令创建数据库：

```
mysql> CREATE DATABASE stockdb;
mysql> USE stockdb;
mysql> CREATE TABLE stockprice (stockId VARCHAR(20),price DOUBLE);
mysql> INSERT INTO stockprice VALUES("stock1",123);
mysql> INSERT INTO stockprice VALUES("stock2",456);
mysql> SELECT * FROM stockprice;
```

可以在 Flink SQL Client 中输入如下命令设置结果显示模式：

```
SET sql-client.execution.result-mode=tableau;
```

在 Flink SQL Client 中使用如下语句查看当前系统中所有的 Catalog：

```
SHOW CATALOGS;
```

系统中有一个默认的 Catalog，名称是"default_catalog"。在 Flink SQL Client 中使用如下语句把这个 Catalog 设置为当前 Catalog：

```
USE catalog default_catalog;
```

可以执行如下语句查看当前 Catalog 下包含哪些数据库：

```
SHOW DATABASES;
```

可以看出，Catalog 是顶级层次，其下包含若干个数据库，数据库下又包含若干个表。

使用如下语句创建一个 Catalog：

```
CREATE CATALOG mysql_catalog WITH (
'type' = 'jdbc',
'default-database' = 'stockdb',
'username' = 'root',
'password' = '123456',
'base-url' = 'jdbc:mysql://localhost:3306'
);
```

使用"SHOW CATALOGS"语句就可以查询到新创建的 mysql_catalog。

使用如下语句把 mysql_catalog 设置为当前 Catalog：

```
USE catalog mysql_catalog;
```

可以执行如下语句查看当前的 Catalog 下包含哪些数据库：

```
SHOW DATABASES;
```

可以看到所有已经存在的数据库，并且 Flink 已经成功连接到 MySQL 数据库。在 Flink SQL Client 中使用如下语句把 stockdb 设置为当前数据库：

```
USE stockdb;
```

在 Flink SQL Client 中执行如下语句查看当前数据库中所有的表：

```
SHOW TABLES;
```

可以看到，当前数据库存在一个名称为"stockprice"的表。执行如下语句查询表的内容：

```
SELECT * FROM stockprice;
```

查询结果如图 6-30 所示。

在 Flink SQL Client 中执行如下语句，向表中插入 1 条新记录：
`INSERT INTO stockprice VALUES('stock1',789);`
在 MySQL Shell 中执行如下语句查询结果：
`mysql> SELECT * FROM stockprice;`
执行结果如图 6-31 所示，('stock1',789)这条记录成功被插入 MySQL 数据库中。

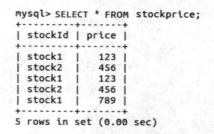

图 6-30　查询结果　　　　　图 6-31　MySQL Shell 中的查询语句执行结果

6.6　自定义函数

Table API 不仅提供了大量的内置函数，也支持用户实现自定义函数，这样极大地拓展了 Table API 和 SQL 的计算表达能力，使用户能够更加方便、灵活地使用 Table API 和 SQL 编写 Flink 应用。自定义函数是一种扩展开发机制，可以用来在查询语句里调用难以用其他方式表达的频繁使用或需自定义的逻辑。需要注意的是，自定义函数主要在 Table API 和 SQL 中使用，对于 DataStream 的应用，则无须借助自定义函数，在相应接口代码中构建计算逻辑即可。

在 Table API 中，根据处理的数据类型以及计算方式的不同，将自定义函数分为 4 种类型。
（1）标量函数（Scalar Function）。将标量值转换成一个新标量值。
（2）表值函数（Table Function）。将标量值转换成新的行数据。
（3）聚合函数（Aggregation Function）。将多行数据里的标量值转换成一个新标量值。
（4）表聚合函数（Table Aggregation Function）。将多行数据里的标量值转换成一个或多个新的行数据。

6.6.1　标量函数

标量函数可以把 0 个到多个标量值转换为 1 个标量值，数据类型里列出的任何类型都可作为求值方法的参数和返回值类型。想要实现标量函数，需要扩展 org.apache.flink.table.functions 里面的 ScalarFunction 并且实现一个或者多个求值方法。标量函数的行为取决于我们写的求值方法。求值方法必须是公有的，而且名称必须是 eval。对于不支持的输出结果的数据类型，可以通过实现 TableFunction 接口中的 getResultType()对输出结果的数据类型进行转换。

下面给出一个实例，介绍如何创建一个基本的标量函数，以及如何在 Table API 和 SQL 里调用这个函数。

在 Linux 中新建一个文件"file:///home/hadoop/stockprice.csv"，内容如下：
```
stock_1,1602031567000,8.14
stock_2,1602031568000,18.22
stock_2,1602031575000,8.14
stock_1,1602031577000,18.21
stock_1,1602031593000,8.98
```
新建代码文件 ScalarFunctionDemo.java，内容如下：

```java
package cn.edu.xmu;

import org.apache.flink.api.common.typeinfo.TypeInformation;
import org.apache.flink.api.common.typeinfo.Types;
import org.apache.flink.streaming.api.environment.StreamExecutionEnvironment;
import org.apache.flink.table.api.Table;
import org.apache.flink.table.api.bridge.java.StreamTableEnvironment;
import org.apache.flink.table.functions.ScalarFunction;
import org.apache.flink.types.Row;
import static org.apache.flink.table.api.Expressions.$;
import static org.apache.flink.table.api.Expressions.call;

public class ScalarFunctionDemo {
    public static void main(String[] args) throws Exception {
        StreamExecutionEnvironment env = StreamExecutionEnvironment.getExecutionEnvironment();
        StreamTableEnvironment tableEnv = StreamTableEnvironment.create(env);
        env.setParallelism(1);
        // 创建一个输入表stockPrice Table
        String sourceDDL =
                "create table stockPriceTable (" +
                        "stockId STRING," +
                        "myTimeStamp BIGINT," +
                        "price DOUBLE" +
                        ") with (" +
                        " 'connector' = 'filesystem', " +
                        " 'path' = 'file:///home/hadoop/stockprice.csv', " +
                        " 'format' = 'csv', " +
                        " 'csv.field-delimiter' = ',', " +
                        " 'csv.ignore-parse-errors' = 'true' " +
                        " )";
        tableEnv.executeSql(sourceDDL);
        Table inputTable = tableEnv.from("stockPriceTable");
        //注册函数
        tableEnv.createTemporarySystemFunction("SubstringFunction", SubstringFunction.class);
        //在Table API里调用注册好的函数
        Table table1 = inputTable.select(call("SubstringFunction",$("stockId"),6,7));
        table1.execute().print();
        //在SQL里调用注册好的函数
        Table table2 = tableEnv.sqlQuery("SELECT SubstringFunction(stockId, 6, 7) FROM stockPriceTable");
        table2.execute().print();
    }
    //用户自定义函数
    public static class SubstringFunction extends ScalarFunction {
        public String eval(String s, Integer begin, Integer end){
            return s.substring(begin, end);
        }
    }
}
```

在IDEA中运行该程序，它会把stockId字段中的编号提取出来，比如"stock_1"中的"1"会被提取出来。

6.6.2 表值函数

和标量函数一样,表值函数的输入参数也可以是 0 个到多个标量值。但是和标量函数只能返回一个值不同的是,表值函数可以返回任意多行。它返回的每一行可以包含 1 列到多列,如果输出行只包含 1 列,会省略结构化信息并生成标量值,这个标量值在运行阶段会被隐式地包装进行里。

要定义一个表值函数,我们需要扩展 org.apache.flink.table.functions 下的 TableFunction,可以通过实现多个名为 eval 的方法对求值方法进行重载。像其他函数一样,表值函数的输入和输出类型也可以通过反射自动提取出来。表值函数返回的表的类型取决于 TableFunction 类的泛型参数 T。不同于标量函数,表值函数的求值方法本身不包含返回类型,而是通过 collect(T)方法来发送要输出的行。

在 Table API 中,表值函数是通过.joinLateral(...)或者.leftOuterJoinLateral(...) 来使用的。joinLateral 算子会把外表(算子左侧的表)的每一行和表值函数返回的所有行(位于算子右侧)进行交叉连接(Cross Join)。leftOuterJoinLateral 算子也会把外表(算子左侧的表)的每一行和表值函数返回的所有行(位于算子右侧)进行交叉连接,并且如果表值函数返回 0 行也会保留外表的行。

在 SQL 里用 JOIN 或者以 ON TRUE 为条件的 LEFT JOIN 来配合 LATERAL TABLE(<TableFunction>)的使用。

下面是关于表值函数用法的一个实例。新建一个代码文件 TableFunctionDemo.java,内容如下:

```java
package cn.edu.xmu;

import org.apache.flink.streaming.api.environment.StreamExecutionEnvironment;
import org.apache.flink.table.annotation.DataTypeHint;
import org.apache.flink.table.annotation.FunctionHint;
import org.apache.flink.table.api.Table;
import org.apache.flink.table.api.bridge.java.StreamTableEnvironment;
import org.apache.flink.table.functions.TableFunction;
import org.apache.flink.types.Row;
import static org.apache.flink.table.api.Expressions.$;
import static org.apache.flink.table.api.Expressions.call;

public class TableFunctionDemo {
    public static void main(String[] args) throws Exception {
        StreamExecutionEnvironment env = StreamExecutionEnvironment.getExecutionEnvironment();
        StreamTableEnvironment tableEnv = StreamTableEnvironment.create(env);
        env.setParallelism(1);
        // 创建一个输入表 stockPriceTable
        String sourceDDL =
                "create table stockPriceTable (" +
                        "stockId STRING," +
                        "myTimeStamp BIGINT," +
                        "price DOUBLE" +
                        ") with (" +
                        " 'connector' = 'filesystem', " +
                        " 'path' = 'file:///home/hadoop/stockprice.csv', " +
                        " 'format' = 'csv', " +
                        " 'csv.field-delimiter' = ',', " +
                        " 'csv.ignore-parse-errors' = 'true' " +
                        " )";
        tableEnv.executeSql(sourceDDL);
        Table inputTable = tableEnv.from("stockPriceTable");
        tableEnv.createTemporarySystemFunction("SplitFunction", MySplitFunction.class);
        Table result = inputTable
```

```
                .leftOuterJoinLateral(call("SplitFunction", $("stockId")))
                .select($("stockId"), $("word"), $("length"));
        result.execute().print();
    }

    //通过注解指定返回类型
    @FunctionHint(output = @DataTypeHint("ROW<word STRING, length INT>"))
    public static class MySplitFunction extends TableFunction<Row>{
        public void eval(String str) {
            for (String s : str.split("_")) {
                //使用collect(...)把行发送(Emit)出去
                collect(Row.of(s, s.length()));
            }
        }
    }
}
```

该代码的功能是，把stockId字段的值根据"_"进行拆分，并且求出每个部分的长度，比如"stock_3"会被拆分成"stock"和"3"，求出这两个部分的长度分别是5和1。

6.6.3 聚合函数

聚合函数是把一个表（一行或者多行，每行可以有一列或者多列）聚合成一个标量值，它是通过扩展AggregateFunction来实现的。AggregateFunction的工作过程如下。

（1）创建一个累加器（Accumulator），它是一个数据结构，用于存储聚合的中间结果。通过调用AggregateFunction的createAccumulator()方法，可以创建一个空的累加器。

（2）对于每一行数据，AggregateFunction会调用accumulate()方法来更新累加器。当所有的数据都处理完毕之后，通过调用getValue()方法来计算和返回最终的结果。

每个AggregateFunction必须实现3个方法：createAccumulator()、accumulate()和getValue()。

这里再给出一个简单的实例，新建代码文件TableFunctionDemo.java，内容如下：

```
package cn.edu.xmu;

import org.apache.flink.streaming.api.environment.StreamExecutionEnvironment;
import org.apache.flink.table.api.Table;
import org.apache.flink.table.api.bridge.java.StreamTableEnvironment;
import org.apache.flink.table.functions.AggregateFunction;
import static org.apache.flink.table.api.Expressions.$;
import static org.apache.flink.table.api.Expressions.call;

public class TableFunctionDemo {
    public static void main(String[] args) throws Exception {
        StreamExecutionEnvironment env = StreamExecutionEnvironment.getExecutionEnvironment();
        StreamTableEnvironment tableEnv = StreamTableEnvironment.create(env);
        env.setParallelism(1);
        // 创建一个输入表stockPriceTable
        String sourceDDL =
                "create table stockPriceTable (" +
                    "stockId STRING," +
                    "myTimeStamp BIGINT," +
                    "price DOUBLE" +
                ") with (" +
                    " 'connector' = 'filesystem', " +
                    " 'path' = 'file:///home/hadoop/stockprice.csv', " +
```

```
                        " 'format' = 'csv', " +
                        " 'csv.field-delimiter' = ',', " +
                        " 'csv.ignore-parse-errors' = 'true' " +
                        " )";
            tableEnv.executeSql(sourceDDL);
            Table inputTable = tableEnv.from("stockPriceTable");
            // 注册函数
tableEnv.createTemporarySystemFunction("MyCountFunction",MyCountFunction.class);
            // 在 Table API 中调用函数
            Table table1 = inputTable
                    .groupBy($("stockId"))
                    .select($("stockId"), call("MyCountFunction"));
            table1.execute().print();
        }
        public static class MyCountAccumulator {
            public long count = 0L;
        }
        public static class MyCountFunction extends AggregateFunction<Long, MyCountAccumulator> {
            // 获取结果
            @Override
            public Long getValue(MyCountAccumulator myCountAccumulator) {
                return myCountAccumulator.count;
            }
            // 初始化累加器
            @Override
            public MyCountAccumulator createAccumulator() {
                return new MyCountAccumulator();
            }
            // 设置累加方法，每次新到达一条数据，count 值就增加 1
            public void accumulate(MyCountAccumulator myCountAccumulator){
                myCountAccumulator.count = myCountAccumulator.count + 1;
            }
            // 合并累加结果
            public void merge(MyCountAccumulator myCountAccumulator, Iterable<MyCountAccumulator> it) {
                for (MyCountAccumulator a : it) {
                    myCountAccumulator.count += a.count;
                }
            }
        }
    }
```

该程序的功能是，根据 stockId 进行分组聚合，统计出每个 stockId 对应的记录数量。

6.6.4 表聚合函数

表聚合函数可以把一行或者多行（也就是一个表）聚合成另一个表，结果表中可以包含多行多列。表聚合函数需要继承抽象类 TableAggregateFunction，TableAggregateFunction 的结构和原理与 AggregateFunction 非常相似，同样有两个泛型参数<T,ACC>，即用一个 ACC 类型的累加器来存储聚合的中间结果。表聚合函数中必须实现 3 个方法：createAccumulator()、accumulate()、emitValue()。

表聚合函数相对比较复杂，一个典型的应用场景就是 Top N 查询，比如，需要求出一组数据排序后的前 2 名。

新建一个代码文件TableAggregateFunctionDemo.java，内容如下：
```java
package cn.edu.xmu;

import org.apache.flink.api.java.tuple.Tuple2;
import org.apache.flink.streaming.api.datastream.DataStreamSource;
import org.apache.flink.streaming.api.environment.StreamExecutionEnvironment;
import org.apache.flink.table.api.Table;
import org.apache.flink.table.api.bridge.java.StreamTableEnvironment;
import org.apache.flink.table.functions.TableAggregateFunction;
import org.apache.flink.util.Collector;
import static org.apache.flink.table.api.Expressions.$;
import static org.apache.flink.table.api.Expressions.call;

public class TableAggregateFunctionDemo {
    public static void main(String[] args) {
        StreamExecutionEnvironment env = StreamExecutionEnvironment.getExecutionEnvironment();
        StreamTableEnvironment tableEnv = StreamTableEnvironment.create(env);
        env.setParallelism(1);
        DataStreamSource<Integer> numDS = env.fromElements(4, 7, 1, 3, 12, 9, 5);
        Table numTable = tableEnv.fromDataStream(numDS).as("num");
        // 注册函数
        tableEnv.createTemporarySystemFunction("Top2", Top2.class);
        // 在Table API中调用函数
        // call()调用函数返回二元组，使用as()方法把二元组的第1个元素赋值给value列，把二元组的第2个元素赋值给rank列
        Table result = numTable
                .flatAggregate(
                        call("Top2",$("num")).as("value","rank")
                )
                .select($("value"),$("rank"));
        result.execute().print();
    }
    // 继承TableAggregateFunction类
    // TableAggregateFunction的第1个参数类型是Tuple2<Integer,Integer>，表示输出数据类型
    // 输出数据时输出1个二元组，比如(12,1)，表示12这条数据排名第1
    // 第2个参数类型是Tuple2<Integer,Integer>，里面封装了2条最大的数据
    public static class Top2 extends TableAggregateFunction<Tuple2<Integer,Integer>,Tuple2<Integer,Integer>>{

        @Override
        public Tuple2<Integer, Integer> createAccumulator() {
            return Tuple2.of(0,0);
        }
        // 每到达一条数据就调用一次accumulate()方法比较数据的大小，并把最大的2个数据保存到acc中
        // 第1个参数类型Tuple2<Integer,Integer>表示累加器的类型，第2个参数类型Integer表示到达的数据的类型
        public void accumulate(Tuple2<Integer,Integer> acc, Integer num){
            if (num > acc.f0){
                // 新到达的数据变成排名第1，原来的数据变成排名第2
                acc.f1 = acc.f0;
                acc.f0 = num;
            }else if (num > acc.f1){
```

```
                    // 新到达的数据变成排名第 2，原来排名第 2 的数据被丢弃
                    acc.f1 = num;
                }
            }
        }
        //输出结果，输出格式是(数据,排名)
        // 采集器（Collector）的类型是<Tuple2<Integer,Integer>，表示输出数据的类型
        public void emitValue(Tuple2<Integer,Integer> acc, Collector<Tuple2<Integer, Integer>> out){
            if (acc.f0 != 0){
                out.collect(Tuple2.of(acc.f0,1));
            }
            if (acc.f1 != 0){
                out.collect(Tuple2.of(acc.f1,2));
            }
        }
    }
}
```

6.7 本章小结

关系型编程接口因其强大且灵活的表达能力，能够让用户通过非常丰富的接口对数据进行处理，有效降低了用户的使用成本，近年来逐渐成为主流大数据处理框架的主要接口形式之一。Table API 和 SQL 是 Flink 提供的关系型编程接口，能够让用户通过使用结构化编程接口高效地构建 Flink 应用。同时，Table API 和 SQL 能够统一处理批量和实时计算业务，无须切换、修改任何应用代码，就能够基于同一套 API 编写流式应用和批量应用，从而达到真正意义上的批流统一。本章详细介绍了如何使用 Table API 和 SQL 来构建应用程序。

6.8 习题

（1）请阐述基于 Table API 和 SQL 的数据处理应用程序主要包括哪几个步骤。
（2）请阐述在批处理和流处理两种情形下 TableEnvironment 的创建方法。
（3）请阐述在 Flink 中注册表有哪几种方式。
（4）请阐述 Calcite 执行 SQL 查询的主要步骤有哪些。
（5）Table API 中的事件时间也是从输入事件中提取而来的，请阐述定义事件时间的方法有哪几种。
（6）请阐述 Table API 有哪些不同类型的操作。
（7）请阐述 SQL 有哪些不同类型的操作。
（8）根据处理的数据类型以及计算方式的不同，请阐述自定义函数分为哪几种类型。

实验 4　Table API&SQL 编程实践

一、实验目的

（1）掌握使用 Table API 和 SQL 进行编程的方法。
（2）熟悉使用 IDEA 编写和调试 Flink 程序的基本方法。

二、实验平台

操作系统：Ubuntu 16.04。
Flink 版本：1.17.0。
Hadoop 版本：3.3.5。

三、实验内容和要求

本实验中所使用的数据集可以从本书官网的"下载专区"的"数据集"中下载。

1. 编写独立应用程序实现对 Kafka 数据的读取和处理

假设 Kafka 中会源源不断地收到商品销售数据，包含销售 ID、销售城市、销售金额、销售数量（本实验所涉数据均为假设数据，不考虑其实际意义）。商品销售数据格式如下：

```
1,shanghai,20000,240
2,beijing,100000,520
3,chongqing,3000,120
4,hebei,6000,80
5,xiamen,8050,315
6,guiyang,5000,150
```

请根据给定的实验数据格式，使用 Table API 读取数据后，过滤出销售金额不低于 5000 且销售数量不小于 100 的商品销售数据，并将其插入一个临时表暂存，同时输出插入数据。

2. 编写独立应用程序实现 Kafka 数据的写入

假设现有部分商品销售数据，包含销售 ID、销售城市、销售金额、销售数量。这部分数据以文件（commodity.txt）的形式存储在本地文件系统中，文件中的商品销售数据格式如下：

```
1,shanghai,20000,240
2,beijing,100000,520
3,chongqing,3000,120
4,hebei,6000,80
5,xiamen,8050,315
6,guiyang,5000,150
```

请根据给定的实验数据格式，使用 Table API 读取数据后，将平均金额不低于 75 元的商品销售数据写入 Kafka（用一个消费者进程接收）。

3. 编写独立应用程序实现简单的分组聚合

假设现有部分用户访问数据，包含用户名、访问时间、访问地址。这部分数据以文件（click.txt）的形式存储在本地文件系统中，文件中的用户访问数据格式如下：

```
Mary,2023-09-15 12:00:00,./home
Bob,2023-09-15 12:00:30,./cart
Mary,2023-09-15 12:02:00,./prod?id=1
Mary,2023-09-15 12:55:00,./prod?id=4
Bob,2023-09-15 13:01:00,./prod?id=5
Liza,2023-09-15 13:30:00,./home
Liza,2023-09-15 13:59:00,./prod?id=7
Mary,2023-09-15 14:00:00,./cart
Liza,2023-09-15 14:02:00,./home
Bob,2023-09-15 14:30:00,./prod?id=3
Bob,2023-09-15 14:40:00,./home
```

请根据给定的实验数据格式，使用 Table API 读取数据后，统计出每个用户访问网站的次数，查询结果表应该包含用户名和访问次数字段，最后输出查询结果表的模式结构和全部流数据。

第6章 Table API&SQL

4. 编写独立应用程序实现基于窗口的分组聚合

假设现有部分用户访问数据，包含用户名、访问时间、访问地址。这部分数据以文件（click.txt）的形式存储在本地文件系统中，文件中的用户访问数据格式和第 3 题的相同。

请根据给定的实验数据格式，使用 Table API 读取数据后，以小时为单位统计出每个用户该小时内访问网站的次数，查询结果表应该包含用户名、区间起始时间、区间结束时间以及访问次数字段，最后输出查询结果表的模式结构和全部流数据。

5. 编写独立应用程序实现基于内连接的连接查询

假设现有部分商品销售数据，包含销售 ID、销售城市、销售金额、销售数量。这部分数据以文件（commodity.txt）的形式存储在本地文件系统中，文件中的商品销售数据格式如下：

```
1,shanghai,20000,240
2,beijing,100000,520
3,chongqing,3000,120
4,hebei,6000,80
5,xiamen,8050,315
6,guiyang,5000,150
```

同时有部分商品运输数据，包含送货 ID、送货城市、送货数量、送货时间。这部分数据以文件（product.txt）的形式存储在本地文件系统中，文件中的商品运输数据格式如下：

```
1,shanghai,500,2023-9-15 08:00:00
2,beijing,300,2023-9-15 08:01:00
3,chongqing,100,2023-9-15 08:02:00
4,xiamen,300,2023-9-15 08:03:00
5,guiyang,100,2023-9-15 08:03:10
6,hebei,200,2023-9-15 08:05:00
7,chongqing,200,2023-9-15 08:05:30
8,guiyang,100,2023-9-15 08:05:40
9,beijing,200,2023-9-15 08:06:00
10,xiamen,100,2023-9-15 08:06:30
11,beijing,100,2023-9-15 08:07:40
12,beijing,50,2023-9-15 08:08:00
```

请根据给定的实验数据格式，使用 Table API 将两份数据转换为两个动态表，并以销售城市字段和送货城市字段相同为条件内连接两个表，连接表应该包含两个表的全部字段，最后输出连接表模式结构以及全部的流数据。

6. 编写独立应用程序实现基于外连接的连接查询

假设现有部分商品销售数据，包含销售 ID、销售城市、销售金额、销售数量。这部分数据以文件（commodity.txt）的形式存储在本地文件系统中，文件中的商品销售数据格式和第 5 题的相同。同时有部分商品运输数据，包含送货 ID、送货城市、送货数量、送货时间。这部分数据以文件（product.txt）的形式存储在本地文件系统中，文件中的商品运输数据格式和第 5 题的相同。

请根据给定的实验数据格式，使用 Table API 将两份数据转换为两个动态表，并以销售城市字段和送货城市字段相同为条件外连接两个表，连接表应该包含两个表的全部字段，最后输出连接表模式结构以及全部的流数据。

7. 编写独立应用程序实现基于行的映射转换

假设现有部分字符串数据，包含字符串 ID、所属组号、字符串内容。这部分数据以文件（word.txt）的形式存储在本地文件系统中，文件中的字符串数据格式如下：

```
1,1,abc123
2,2,456xyz
3,1,6gk3t
4,1,7ha9
```

```
5,2,jy55c
6,1,pc1814
7,2,9n1m
8,1,2yss
9,2,zyx13
10,2,wy14
11,2,0323
12,1,king
```

请根据给定的实验数据格式，使用 Table API 统计每行数据中的字符串内容所包含的字母数量和数字数量，查询结果表应该包含字符串 ID、所属组号、字符串内容、字母数量以及数字数量字段，最后输出查询结果表的模式结构和插入数据。

8. 编写独立应用程序实现基于行的数据聚合

假设现有部分字符串数据，包含字符串 ID、所属组号、字符串内容。这部分数据以文件（word.txt）的形式存储在本地文件系统中，文件中的字符串数据格式和第 7 题的相同。

请根据给定的实验数据格式，使用 Table API 统计所属组号相同的所有字符串内容所包含的总共的字母数量和总共的数字数量，查询结果表应该包含所属组号、拼接字符串内容、总共的字母数量以及总共的数字数量字段，最后输出查询结果表的模式结构和更新插入流数据。

9. 编写独立应用程序实现基于行的分组窗口聚合

假设现有部分字符串数据，包含字符串 ID、所属组号、字符串内容。这部分数据以文件（word.txt）的形式存储在本地文件系统中，文件中的字符串数据格式和第 7 题的相同。

请根据给定的实验数据格式，使用 Table API 将字符串数据按照所属组号分组，每当组内有 3 条数据到达时，统计该组内最新的这 3 条数据中的字符串内容所包含的总共的字母数量和总共的数字数量，查询结果表应该包含所属组号、组内拼接字符串内容、组内总共的字母数量以及组内总共的数字数量字段，最后输出查询结果表的模式结构和插入数据。

10. 编写独立应用程序实现简单的分组聚合

假设现有部分商品运输数据，包含送货 ID、送货城市、送货数量、送货时间。这部分数据以文件（product.txt）的形式存储在本地文件系统中，文件中的商品运输数据格式和第 5 题的相同。

请根据给定的实验数据格式，使用 SQL 读取数据后，统计出每个送货城市的送货次数，将送货城市和送货次数插入一个临时表暂存，输出临时表的模式结构以及全部的流数据。

11. 编写独立应用程序实现基于窗口的分组聚合

假设现有部分商品运输数据，包含送货 ID、送货城市、送货数量、送货时间。这部分数据以文件（product.txt）的形式存储在本地文件系统中，文件中的商品运输数据格式和第 5 题的相同。

请根据给定的实验数据格式，使用 SQL 读取数据后，以 3min 为单位统计出每个送货城市 3min 内的送货次数，查询结果表应该包含送货城市、区间起始时间、区间结束时间以及送货次数字段，最后输出查询结果表的模式结构以及全部的流数据。

12. 编写独立应用程序实现基于窗口表值函数的分组聚合

假设现有部分商品运输数据，包含送货 ID、送货城市、送货数量、送货时间。这部分数据以文件（product.txt）的形式存储在本地文件系统中，文件中的商品运输数据格式和第 5 题的相同。

请根据给定的实验数据格式，使用 SQL 读取数据后，以 3min 为单位统计出每个送货城市 3min 内的送货次数，查询结果表应该包含送货城市、区间起始时间、区间结束时间以及送货次数，最后输出查询结果表的模式结构以及全部的流数据。

13. 编写独立应用程序实现基于标量函数的映射转换

假设现有部分字符串数据，包含字符串 ID、所属组号、字符串内容。这部分数据以文件（word.txt）

的形式存储在本地文件系统中，文件中的字符串数据格式和第 7 题的相同。

请根据给定的实验数据格式，使用 SQL 统计每行数据中的字符串内容所包含的字母数量和数字数量，查询结果表应该包含字符串 ID、所属组号、字符串内容、字母数量以及数字数量字段，最后输出查询结果表的模式结构和插入数据。

14. 编写独立应用程序实现基于表函数的映射转换

假设现有部分字符串数据，包含字符串 ID、所属组号、字符串内容。这部分数据以文件（word.txt）的形式存储在本地文件系统中，文件中的字符串数据格式和第 7 题的相同。

请根据给定的实验数据格式，使用 SQL 统计每行数据中的字符串内容所包含的字母子序列和数字子序列以及它们各自的长度。对每行数据应该生成两条数据，其中一条包含字符串 ID、所属组号、字符串内容、字母子序列及其长度，另一条包含字符串 ID、所属组号、字符串内容、数字子序列及其长度，最后输出查询结果表的模式结构和插入数据。

15. 编写独立应用程序实现基于聚合函数的分组聚合

假设现有部分字符串数据，包含字符串 ID、所属组号、字符串内容。这部分数据以文件（word.txt）的形式存储在本地文件系统中，文件中的字符串数据格式和第 7 题的相同。

请根据给定的实验数据格式，使用 SQL 统计所属组号相同的所有字符串内容所包含的总共的字母数量和总共的数字数量，查询结果表应该包含所属组号、拼接字符串内容、总共的字母数量以及总共的数字数量字段，最后输出查询结果表的模式结构和更新插入流数据。

16. 编写独立应用程序实现基于表聚合函数的分组聚合

假设现有部分字符串数据，包含字符串 ID、所属组号、字符串内容。这部分数据以文件（word.txt）的形式存储在本地文件系统中，文件中的字符串数据格式和第 7 题的相同。

请根据给定的实验数据格式，使用 Table API 选出所属组号相同的各组数据中字符串内容最长的两条数据，查询结果表应该包含所属组号、字符串内容以及字符串内容的长度字段，最后输出查询结果表的模式结构和更新插入流数据。

四、实验报告

《Flink 编程基础（Java 版）》实验报告		
题目：	姓名：	日期：
实验环境：		
实验内容与完成情况：		
出现的问题：		
解决方案（列出遇到并解决的问题和解决方案，以及没有解决的问题）：		

参考文献

[1] 林子雨. 大数据导论[M]. 北京：人民邮电出版社，2020.

[2] 林子雨. 大数据导论——数据思维、数据能力和数据伦理（通识课版）[M]. 北京：高等教育出版社，2020.

[3] 林子雨. 大数据技术原理与应用——概念、存储、处理、分析与应用[M]. 3版. 北京：人民邮电出版社，2021.

[4] 林子雨. 大数据基础编程、实验和案例教程[M]. 2版. 北京：清华大学出版社，2020.

[5] 林子雨，赖永炫，陶继平. Spark编程基础（Scala版）[M]. 2版. 北京：人民邮电出版社，2022.

[6] 林子雨，郑海山，赖永炫. Spark编程基础（Python版）[M]. 北京：人民邮电出版社，2020.

[7] 林子雨. 大数据实训案例——电影推荐系统（Scala版）[M]. 北京：人民邮电出版社，2019.

[8] 林子雨. 大数据实训案例——电信用户行为分析（Scala版）[M]. 北京：人民邮电出版社，2019.

[9] 维克托·迈尔-舍恩伯格，肯尼思·库克耶. 大数据时代：生活、工作与思维的大变革[M]. 盛杨燕，周涛，译. 杭州：浙江人民出版社，2013.

[10] 汪明. Flink入门与实战[M]. 北京：清华大学出版社，2021.

[11] 汤姆·怀特. Hadoop权威指南（中文版）[M]. 曾大聃，周傲英，译. 北京：清华大学出版社，2010.

[12] 鲁蔚征. Flink原理与实践[M]. 北京：人民邮电出版社，2021.

[13] 黄伟哲. Flink核心技术：源码剖析与特性开发[M]. 北京：人民邮电出版社，2022.

[14] 冯飞，崔鹏云，陈冠华. Flink内核原理与实现[M]. 北京：机械工业出版社，2020.

[15] 阿纳德·拉贾拉曼，杰弗里·戴维·厄尔曼. 大数据：互联网大规模数据挖掘与分布式处理[M]. 王斌，译. 北京：人民邮电出版社，2012.

[16] 昆顿·安德森. Storm实时数据处理[M]. 卢誉声，译. 北京：机械工业出版社，2014.

[17] 于俊，向海，代其锋，等. Spark核心技术与高级应用[M]. 北京：机械工业出版社，2016.

[18] 霍尔登·卡劳，安迪·肯维尼斯科，帕特里克·温德尔，等. Spark快速大数据分析[M]. 王道远，译. 北京：人民邮电出版社，2015.

[19] 埃伦·弗里德曼，科斯塔斯·宙马斯. Flink基础教程，[M]. 王绍翾，译. 北京：人民邮电出版社，2018.

[20] 张利兵. Flink原理、实战与性能优化[M]. 北京：机械工业出版社，2019.

[21] 余海峰. 深入理解Flink实时大数据处理实践[M]. 北京：电子工业出版社，2019.